i&i 아이앤아이

꾸러미 과학대회

과학토론대회
과학탐구산출물대회
발명품대회

초등

무한상상

대회를 나가볼까?

이 책은

최신 과학 이슈를 중심으로 과학논술/서술 연습에 최적화되었습니다.

01

각종 과학대회를 해부하였습니다.

1. 과학토론대회를 해부하였습니다.
2. 과학탐구 산출물 관련 대회를 해부하였습니다.
3. 발명품대회를 해부하였습니다.

02

최신 과학 이슈를 모두 담았습니다.

기존에 다루었던 이슈에서부터
앞으로 이슈가 될만한 것들을 통틀어서
주제로 삼아 분석하였습니다.

03

이슈에 대한
심화 학습과 실전 연습을
담았습니다.

각종 이슈를 분석하여 문제를 푸는 심화 학습과 그로부터 창의적으로 연상되는 주제를 실전처럼 연습할 수 있도록 하였습니다

04

실전 과학대회 출품/입상작을
산출물 예시로 삼았습니다.

실전에 출품/입상되었던 탐구보고서, 산출물을 실어서 스스로의 작품에 완성도를 높이도록 하였습니다.

05

창의적인 해설과
평가표 제시

실전 과학대회 출품/입상작을 포함시켰습니다.
해설및 예시답안을 통해 작품에 창의성을 더하도록 하였고, 평가표를 통해 스스로 평가할 수 있도록 하였습니다.

이 책의 구성과 특징

PART I
각종 과학대회 해부
과학 대회 소개

각종 탐구토론대회, 과학탐구산출물대회, 발명품대회를 소개하고 있습니다.
자신이 참가하고 싶은 대회를 선별해 보세요

PART II
과학토론대회
과학 토론 대회 예비 논제 찾기
실전처럼 토론 준비하기

1. 신문보도 제목
   전체 주제 카툰

2. 토론주제
   자세히 알아보기 및 서술

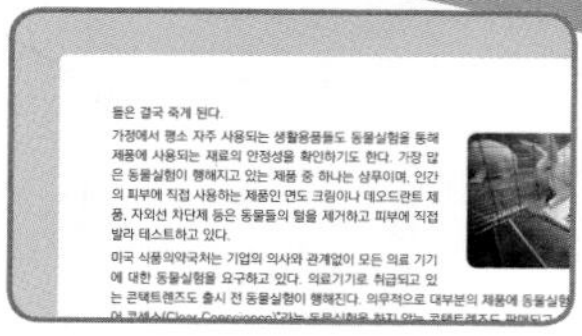

3. 용어 및 이론 정리
   및 서술

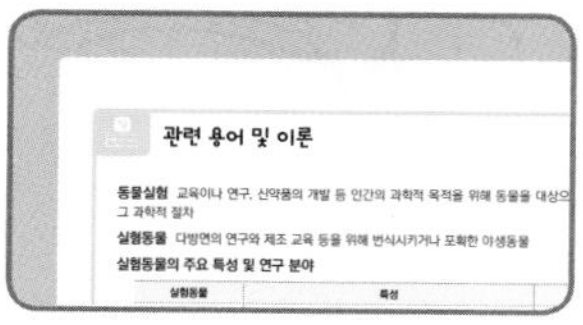

4. 관련 도서, 동영상,
   인터넷 사이트

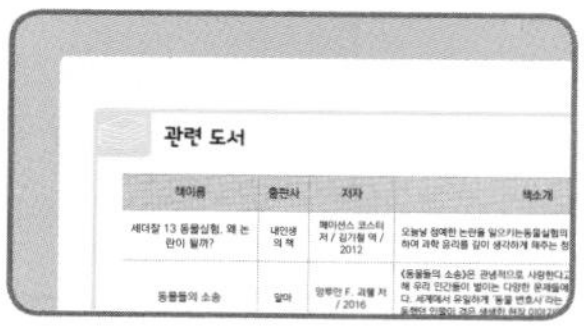

5. 주제 깊이 알기
   –서술형 문제

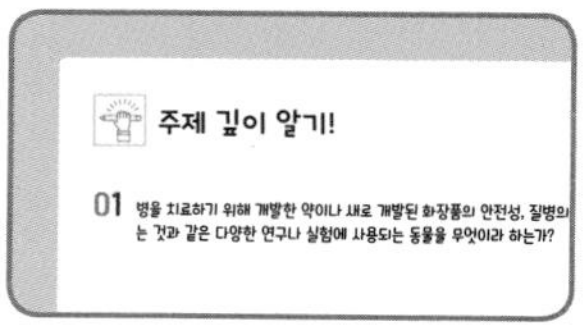

6. 토론개요서 작성하기
   –마인드맵

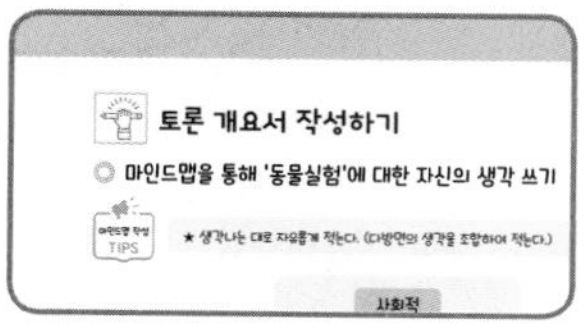

7. 발표 및 토론하기
   –서술 형식

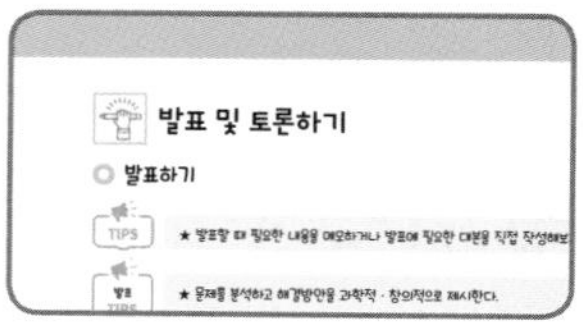

8. 평가하기
   – 활동에 대한 평가

PART Ⅲ
과학탐구 산출물 대회

대회 준비 Tip
주제 집중 탐구
탐구계획서 작성하기

1. 대회 준비
–탐구주제 찾기,
탐구하기, 발표하기

2. 주제 집중탐구
– 배경지식(카툰)
– 서술형 질문

3. 관련 용어 및 이론,
영상, 도서

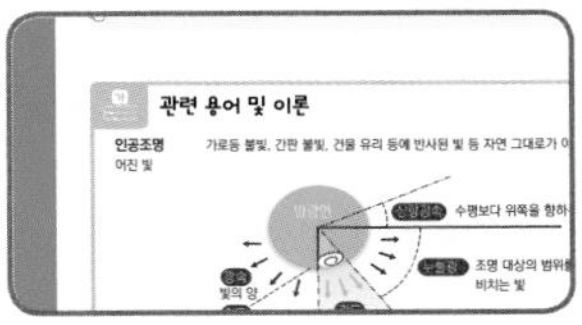

4. 주제 깊이 알기
–서술형 문제

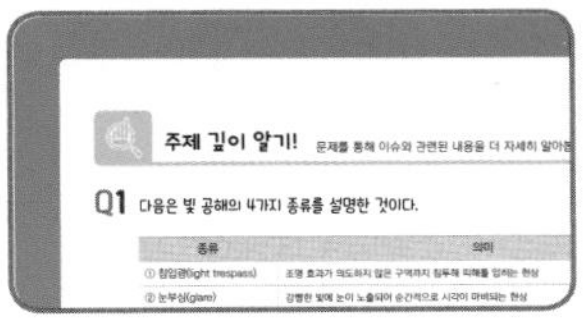

5. 탐구계획서 작성
/평가하기
–서술형 질문

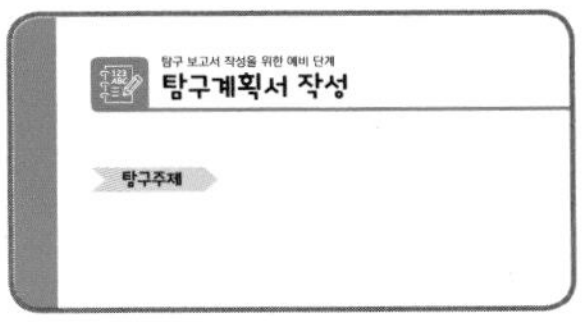

PART Ⅳ
발명품대회

창의력 개발 훈련
발명품대회 주제 찾기 / 주제 집중 탐구

1. 창의력 향상 기법
–서술형 질문

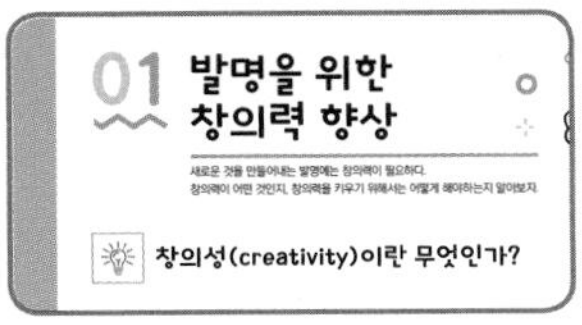

2. 창의력 개발 훈련
–서술형 문제

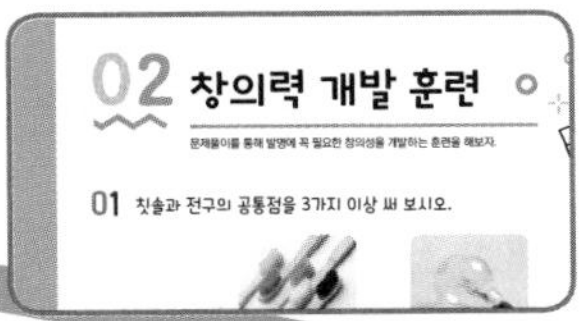

3. 발명품대회 주제찾기
–서술형 질문

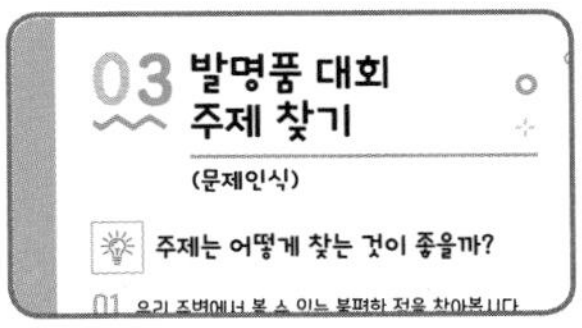

4. 발명 아이디어 연습하기
– 서술/논술형 질문

5. 주제 집중 탐구
– 배경이론/관련도서/
발명계획서/평가하기

<별책>
해설 / 예시 답안

다양한 해설 / 예시 답안

또래 친구의 출품/입상작

출품/입상한 탐구보고서, 다양한 예시 답안과 비교하여 스스로 서술한 답안을 평가하고, 또 다른 창의력의 가능성을 발견하고 개발할 수 있도록 합니다.

목차

PART Ⅰ
각종 과학대회 해부

PART Ⅱ
과학토론대회

PART Ⅲ
과학탐구 산출물 대회

PART Ⅳ
발명품대회

<별책>
해설 및 예시 답안

- 과학대회 출품 / 입상작이 포함되어 있습니다.

PART I
각종 과학대회 해부

다양한 과학대회에 대해 알아봅시다.

단원 살짝 엿보기

01 과학토론대회 소개

과학 토론 대회의 일정, 준비 방법, 단계별 활동 등 대회에 대한 전반적인 사항을 소개하고 있다.

CHECK!

참가 자격 및 구성

초등/ 중학/ 고교 재학 중인 2 ~ 3인 1팀

대회 방식

1. 단위학교 예선 대회 또는 서류 심사 : 각 학교별 대표 선발 대회
2. 예선 대회 : 지역 예선 또는 조별 리그
3. 본선 대회 : 도 대회 또는 토너먼트

(대회 절차 및 방식은 대회마다 다를 수 있으므로 해당 홈페이지를 참고해야 한다.)

문제 발표 및 발표 순서

- 대회에 따라 현장에서 주제를 공개하는 경우, 학교급별 사전에 토론 주제를 알려주는 경우가 있다.
- 발표 순서는 보통 대회 당일 현장에서 추첨을 통해 결정된다.

대회 방식 및 진행

- 토론 방식 : 아카데미식 토론(찬반 대립 토론)

* 아카데미식 토론 : 칼 포퍼가 주장한 토론 방법으로 하나의 논제에 대해 찬성과 반대 팀으로 나누어 미리 설정된 순서와 시간의 원칙을 지켜가며 서로의 의견을 개진하고 상대의 주장에 증거를 들어 반박하고 자신의 주장이 더 타당함을 증거를 들어 청중과 심사위원에게 설득력있게 보여주는 과정이다.

- 토론 진행 순서 : 시간 및 진행 순서는 대회에 따라 다르므로 해당 홈페이지를 참고해야 한다.

과학토론대회 개요서

- (문제 상황) : 논제 설정을 위한 문제인식
- 토론 논제

* 논제 : 논하고나 하는 것의 제목이나 주제로서 토론을 할 때 의견을 나눌 거리를 말한다. 자기 생각이나 주장을 내세우거나 찬성이나 반대 의견을 세울 수 있는 것이어야 한다.

- 주장
- 문제 원인의 과학적 분석
- 창의적 문제해결 방안
- 예상 질문 및 응답 전략
- 최종 변론

토론개요서 작성 방법

- 토론 논제에 대한 문제 원인을 다양한 측면에서 과학적으로 분석한다.
- 직접 수기로 간단 명료하게 작성한다.
- 주장은 문제 상황과 해결 방안이 포함되게 짧고 명료하게 하나의 문장으로 서술한다.
- 과학적 근거와 이를 뒷받침할 수 있는 근거 자료(표, 통계자료, 관련 실험연구결과 통계 등 과학적 탐구방법)를 인용하여 해결할 수 있는 방안을 제시한다.
- 문제해결 방안은 문제 원인에서 출발하여 과학적이며 구체적인 방안을 제시한다. 또한 방안의 구체적 사례를 조사하고, 과학적 지식과 연관시켜 창의적인 해결 방안이 되도록 한다.
- 예상 질문 및 응답 전략은 우리 팀 주장과 발표의 논리적 · 과학적 허점을 드러내기 위한 상대팀의 질문을 미리 예상하고, 이를 어떻게 방어할 것인지 전략을 세워두는 것이다.
- 약점을 최소화하되, 드러난 약점을 어떻게 보완할 것인지에 대한 전략을 갖고 방어할 수 있도록 준비한다.

[토론 논제 접근 tip]
토론 논제를 설정할 때에는 실생활 및 미래과학의 문제 상황을 창의적으로 해석해 본다. 토론 현장에서 제시되는 어떤 토론 논제든 접근에 어려움이 없도록 평소에 책을 읽거나 대회에 참가하는 등 과학적 소양을 갖추는 준비를 한다.

과학 토론 예시

(예시 주제) 미세먼지

- 토론 논제 – 건강을 위협하는 미세먼지의 주요 원인은 주변국가에서 유입된 결과인지, 국내에서 발생된 것이 주요 원인인지 과학적으로 분석하고, 이러한 미세먼지를 해결할 수 있는 방안을 과학적이고 창의적으로 제시하시오.

- 문제 원인 분석

– 대외적 측면 : 중국의 대기오염과 계절품의 영향(한반도에 PM2.5 분포)

– 대내적 측면 : 국내 화력발전소 및 자동차 수의 증가

– 원인 분석에 따른 쟁점 : 노후화된 경유차와 고등어구이 등의 생물성 연소, 미세먼지 2차 발생의 심각성

- 문제 해결 방안 과학적 접근

– (외교적 방안) : 중국 등 주변국과의 환경 협력을 통해 미세먼지 저감을 위한 국제 공조 → 대기질 모니터링 공유 도시 확대 및 측정망 구축

– (기술적 방안) : 국내 배출원의 과학적 저감 및 예보, 경보 체계 혁신 → 비도로 오염원의 저감 기술, 미세먼지와 이산화 탄소 동시 저감 기술, 미세먼지 측정 기술 및 장비 보강을 통해 정확한 측정 및 예보 시스템 구축, 수소나 천연가스 버스 보급, 전기나 수소 및 하이브리드차 보급

– (정책적 방안) : 초미세먼지 배출 허용 기준 강화, 총량 관계에 포함되지 않는 소규모 사업장 관리 강화, 화석연료 발전소의 합리적 관리 방안, 차량부제를 포함한 차량 이용 제한 정책 등

* https://blog.naver.com/minki0070/220980158150 (출처)

과학토론대회(예시)
(전국청소년과학탐구대회)

대회명

한국과학창의재단(https://www.kofac.re.kr/) 주최 '전국 청소년 과학탐구대회' 중 과학토론대회이다.

참가 자격 및 구성

초등/ 중학/ 고교 학생 2인 1팀 + 현직 지도교사 1인

대회 참가 절차

1. 예선대회(시·도 교육청 주관) : 각 학교 → 시, 군, 구 교육지원청 → 시 · 도 교육청
   (예선대회 절차는 시·도별로 다를 수 있으므로 각 홈페이지를 참고해야 한다.)
2. 본선대회(한국과학창의재단 주관)

문제 발표 및 발표 순서

대회 당일 현장에서 문제(주제)가 공개되며, 발표 순서 역시 대회 당일 현장에서 추첨을 통해 결정된다.

대회 단계별 활동

	진행 순서	소요 시간(분)	진행 내용
1	토론 논제 발표 및 안내	20	초·중·고 학급별로 각각 토론 논제 발표 및 요강, 주의사항 안내
2	본선 토론 순서 추첨	20	토론 순서는 참가자가 직접 추첨하며, 동일 시·도 소속 참가 팀이 같은 조에 편성될 경우, 재추첨을 통해 결정
3	본선 토론 준비	240	토론 개요서 작성, 발표 및 토론 연습 (점심 포함)
4	본선	5팀일 경우 155 4팀일 경우 128	주장 발표하기, 작전타임, 질의응답, 주장다지기 등
5	결선 토론 준비	85	결선 진출팀 발표, 결선 토론 위한 작전타임 (저녁포함)
6	결선	128	주장발표하기, 작전타임, 질의응답, 주장다지기 등

* 과학토론대회1 에 대한 일정 및 요강 안내 : 한국과학창의재단(https : //www.kofac.re.kr)의 공지사항에서 확인할 수 있다.

3 본선 토론 준비 (240분)

- 주최 측에서 팀별로 제공하는 노트북 컴퓨터를 활용하여 주어진 자료 범위(도서, 논문, 기사 등)에서 토론 논제에 관한 자료를 찾는다. (단, 인터넷을 사용할 수 없다.)

- 주최 측에서 제공한 개요서 양식을 활용하여 토론 논제에 대한 개요서를 작성한다.
→ 토론 개요서의 분량은 4매 이내로 제한된다.
→ 주최 측에서 제공하는 프로그램(예 : 아래아한글)을 활용하여 작성해야 한다. (글씨 폰트 크기, 자간, 줄 간격 등 제한 사항은 현장에서 안내)
→ 그림을 삽입할 때에는 주어진 자료에서 활용해야하며, 그에 따른 출처는 토론 개요서 마지막 장에 표기한다.

- 작성한 토론 개요서는 지정된 위치에 PDF 파일로 변환 · 저장한다.
- 각 팀은 토론 개요서를 중심으로 발표 및 토론 연습을 한다.
(종료 5분 전 1회 타종, 종료 시 2최 타종이 울린다.)

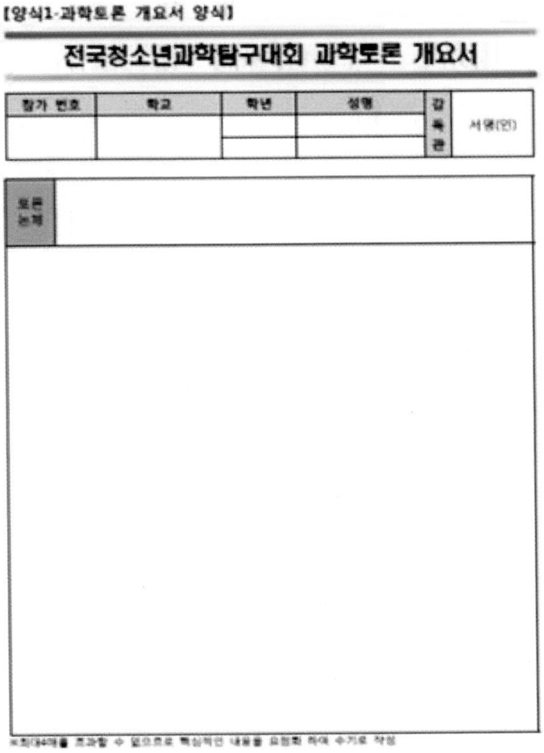
[양식1-과학토론 개요서 양식]

전국청소년과학탐구대회 과학토론 개요서

참가 번호	학교	학년	성명	감독관	서명(인)

토론 논제	

4 본선 (5팀일 경우 155분, 4팀일 경우 128분)

[본선 : 발표(팀당 5분)]
- 각 팀당 5분씩 A팀 → B팀 → C팀 ··· 순서로 발표하며, 그 기준은 토론 순서 추첨과 같다.
(종료 30초 전 1회 타종, 종료 시 2회 타종이 울린다.)

[본선 : 작전타임(15분)]
- 자기 팀을 제외한 나머지 각 팀들의 발표에 대해 논리적 · 과학적 허점을 찾아 간략하고 예리한 질문을 정리한다.
- 자기 팀이 받을 질의를 예상하여 팀원 간 상호 협력적으로 방어할 수 있는 답변을 미리 준비한다.
(종료 30초 전 1회 타종, 종료 시 2회 타종이 울린다.)

[본선 : 질의 · 응답하기(팀당 20분)]
- 발표와 동일하게 A팀 → B팀 → C팀 ··· 순서로 질의를 받는다.
- 질의의 기회는 응답자의 오른쪽에서 반시계 방향 순서로 5분씩 질의권을 갖는다.
(종료 30초 전 1회 타종, 종료 시 2회 타종이 울린다.)

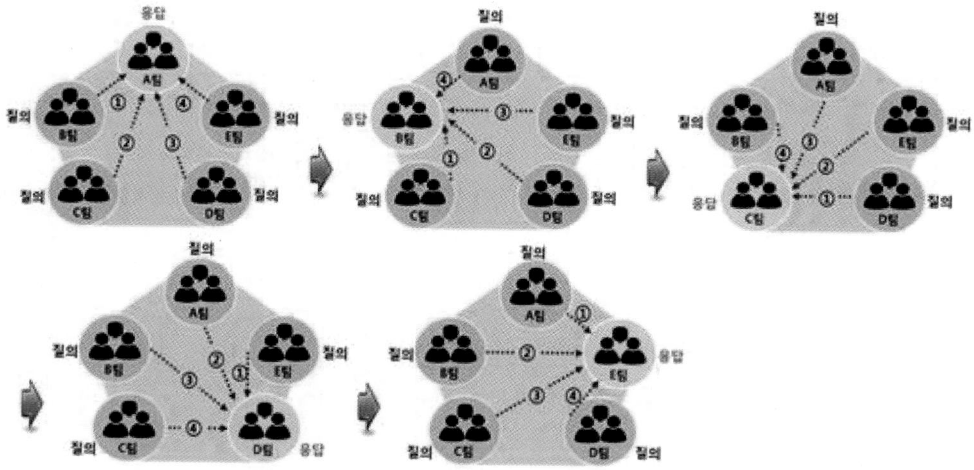

- 질의가 더 이상 없을 경우 조별 심사위원장(사회자)이 다음 팀에서 순서를 넘긴다.
- 질의 · 응답이 토론 쟁점에서 벗어나지 않도록 주의하며, 질의 · 응답하기에서 우선권은 질의팀에 있다.
- 상대팀의 질의나 답변이 쟁점에서 벗어나거나 논지가 흐린 답변으로 시간이 지연될 경우, 질의팀이 답변을 끊고 추가 질의를 통해 시간을 전략적으로 조절한다.

질의 · 응답 TIPS

★ 질의 시 상대방 주장의 허점을 찾아 간략하고 예리하게 질의한다.

★ 응답(답변) 시 상대방 질의의 요지를 파악하고 논리적으로 답변하여 우리 팀의 주장을 확실하게 한다.

[본선 : 작전 타임(15분)]

- 질의 · 응답을 통해 발견된 팀의 논리적 허점을 보완하여 자기 팀의 주장이 보다 설득력을 가질 수 있도록 논점을 요약하여 준비한다.
  (종료 30초 전 1회 타종, 종료 시 2회 타종이 울린다.)

[본선 : 주장 다지기(팀당 2분)]

- E팀 → D팀 → C팀 · · · 순서로 발표한다.
- 앞서 언급하지 않았던 새로운 논쟁거리는 제시하지 않는다.
  (종료 30초 전 1회 타종, 종료 시 2회 타종이 울린다.)

5 6 결선 토론 준비 및 결선

각 조 상위 1팀으로 구성하여 본선 절차와 동일하게 진행한다.

심사 규정

[심사 점수]

- 총 점수는 100점 만점으로 한다.
- 동점일 경우 심사 기준 항목에서 질의 · 응답 > 주장 발표 > 주장 다지기 > 역할 분담>토론 개요서 순으로 우선순위를 정한다.
- 항목별 점수 배분

[유의사항]

- 참가자는 각 단계별 시간 제한을 엄격히 준수한다.
- 사회 및 운영은 조별 심사위원장이 진행한다.
- 기타 규정되지 아니한 사항은 심사위원회의 결정에 따른다.

감점 및 실격 사항

구분	세부 내용		감점 및 실격 여부	
단계별 과정	토론 개요서	4페이지 분량 초과	−2점	
		제출 마감 시간 초과	2분 이하	−1점
			2분 초과~4분 이하	−2점
			4분 초과~6분 이하	−3점
			6분 초과~8분 이하	−4점
			8분 초과~10분 이하	−5점
			10분 초과	실격
	주장 발표하기	제한 시간 초과	10초 이하	−1점
			10초 초과~20초 이하	−2점
	작전 타임		20초 초과~30초 이하	−3점
	주장 다지기		30초 초과~40초 이하	−4점
			40초 초과~50초 이하	−5점
	질의 응답		50초 초과	실격
작품 모방	타인의 작품을 모방했을 경우		실격	
정보 이용 윤리 규정 위반	주최 측에서 제공하지 않는 자료를 사전에 지참하여 사용한 경우		실격	
전자 기기 소지	주최측에서 제공하지 않는 IT 기기 소지, 외부 연락 또는 도움을 받은 경우		실격	
외부 유출	대회 참가 중 토론 논제, 토론 개요서 등 대회에서 진행했던 일체의 제반 관련 사항을 외부로 유출한 경우		실격	
기타	참가자가 부적절한 행동을 할 경우		심사위원 합의 후 감점 혹은 실격	

본선 대회 시상 내역

- 대상 1팀
- 금상(초, 중, 고 각 1팀씩)
- 은상, 동상, 장려상은 참가 팀의 수에 비례하여 수여

상 격	수상팀 수	상 명	비 고
대 상	10팀	과학기술정보통신부장관상	10개 부문별 각 1팀
최우수 지도교사상	10인		대상 수상팀 지도교사
금 상	23팀	한국과학기술연구원장상	융합과학 초 · 중 · 고 각 2팀
		한국기계연구원장상	기계공학 초 · 중 각 2팀
		한국항공우주연구원장상	항공우주 초 · 중 각 2팀
		한국과학기술원장상	과학토론 초 · 중 · 고 각 3팀
우수 지도교사상	23인	종목별 후원기관장 상	금상 수상팀 지도교사
은 상	종목별 참가 팀 수 비례하여 수여	한국과학창의재단이사장상	종목별 참가 팀 수 비례하여 수여
동 상			
장려상			

02 과학탐구 산출물대회 소개

탐구 보고서 대회는 어떤 것이 있나요?

탐구 보고서 대회는 크게 주최 측에서 제공한 자료를 이용하여 탐구한 후, 이를 토대로 보고서를 작성하는 대회와 자유 주제로 탐구 과정을 스스로 설계하여 작성하는 대회로 나눌 수 있다.

01 자연관찰탐구대회

대회 목적

- 자연 현상에 대한 호기심을 관찰과 탐구를 통하여 과학적인 기초 개념을 체득하여 문제를 자기 주도적으로 해결할 수 있는 탐구 능력을 키운다.
- 과학적 문제해결을 위한 탐구 과정을 통해 미래세대가 필요로 하는 창의적인 문제해결력을 키운다.

대회 개요

- 초등학교부와 중학교부로 나누어 개최한다.
- 참가대상은 초등학교 5학년과 중학교 1학년이며, 학생 2명이 한 팀이며 지도교사 1인이 포함된다.
- 시.도 예선대회(4~7월)에서 선발된 팀이 전국대회(8월)에 참가한다.
- 관찰 계획부터 보고서 및 발표까지의 전 과정을 평가하며, 사전 지식에 의한 보고서를 작성하지 않도록 한다.
- 문의 : http://www.kofses.or.kr/index.php

더 알아보기 예선대회 예시 문제

주최 측 제공 도구 : 핀셋, 가위, 자, 돋보기, 루페, 모눈종이, 약숫가락, 삽, 페트리접시, 설탕, 스카치테이프, 배추흰나비 애벌레

문제 ① 여러가지 곤충들을 채집하여 기준을 정해서 분류를 하시오.

문제 ② {배추흰나비 애벌레 제공} 개미를 잡아서 개미와 배추흰나비 애벌레의 기능적인 부분에 대하여 공통점과 차이점을 비교하시오.

문제 ③ 개미의 생김새가 자연환경에서 살아가는데 유리한 점이 무엇일까요?

문제 ④ 여러 가지 곤충들을 관찰하고, 2가지 이상의 이동 방식을 조사한 뒤 이동 방식별 특징을 쓰시오.

더 알아보기 전국대회 예시 문제

초등/중등 동일 문제

- 지정된 장소에서 수생식물을 탐구하여, 다음 탐구과제를 해결하시오.

준비물 : 뜰채, 지퍼 백, 아크릴판, 루페, 칼(개인 지참물 제외). 그 외 식물도감이나 스마트 기기 사용은 불가함.

〈과제 1〉 A 지역(중등은 B 지역)에서 8종의 수생식물을 선택해서 직접 관찰하여 각각의 생김새를 그림으로 그리고, 그 특징을 설명하시오. 단, 식물의 이름을 모를 경우 쓰지 않아도 됩니다. (20점)

〈과제 2〉 〈과제 1〉에서 관찰한 수생식물을 대상으로 다양한 분류기준을 세워 분류하시오. (10점)

〈과제 3〉 〈과제 1〉에서 관찰한 수생식물 중 두 종류를 선택하여 다음 내용에 대해 탐구해 봅시다. (30점)

3-1) 두 식물을 선택한 이유와 두 식물에 대해 이미 알고 있는 점을 각각 쓰시오.

3-2) 선택한 두 수생식물의 구조와 기능을 각각 탐구하고, 비교하여 설명하시오.

3-3) 위에서 탐구한 두 수생식물의 특징을 근거로 하여, 그 식물이 살아가는데 유리한 점은 무엇인지 각각 설명하시오.

3-4) 위와 같이 수생식물을 탐구한 후, 더 탐구하고 싶은 내용을 모두 쓰시오.

02 과학탐구실험대회

대회 개요

- 중학교 1, 2학년 학생이 대상이며, 동일 학교 학생 2명을 한 모둠으로 지도교사 1인이 포함된다.
- 시·도 예선대회에서 선발된 모둠이 전국대회에 참가한다.
- 주어진 탐구주제에 대하여 창의적인 탐구실험을 수행(120~180분)하고 탐구의 전 과정과 실험결과를 실험보고서로 제출한다.
- 시.도 과교총 주관으로 4~7월경 예선대회를 실시하여 선발된 모둠은 한국과교총 주관으로 8월경에 전국대회에 참가하며, 개최 장소는 서울특별시교육청 과학전시관이다.
- 상위 수상 학생과 교사는 학생해외탐방 행사에 참가 자격을 얻는다.
- 문의 : http://www.kofses.or.kr/index.php

03 고등학교과학탐구대회

대회 개요

- 일반계 고등학교, 과학고등학교, 과학영재학교로 나누어 2학년 학생 2명이 한 모둠으로 지도교사 1인이 포함된다.
- 과학고등학교와 과학영재학교는 교내 예선대회에서 선발된 모둠이, 일반계 고등학교는 시·도 예선대회(4~6월)에서 선발된 모둠이 전국대회에 참가한다.
- 과학탐구 문제는 고등학교 2학년 교육과정 내용 범위 내에서 출제하고, 과학의 기본 개념(20% 내외), 과학적 탐구방법(60% 내외), 과학적 태도(20% 내외)를 평가한다.
- 탐구 평가 시간은 120~180분이며, 탐구주제에 따라 조정한다.
- 평가는 일반계 고등학교, 과학고등학교 및 과학영재학교로 구분하여 실시한다.
- 전국대회는 한국과교총 주관으로 7~8월경에 열리며, 개최장소는 서울특별시교육청 과학전시관이다.
- 상위 수상 학생과 교사는 학생해외탐방 행사에 참가 자격을 얻는다.
- 문의 : http://www.kofses.or.kr/index.php

03 각종 대회 요약

과학토론대회 / 과학탐구대회 / 발명품대회 / 창의력대회

01 한국학생과학탐구올림픽(과학의 달 행사)

대회 종목		대회 시기	참가 대상	대회 방침	심사 규정
자연관찰 탐구대회	각 시도 예선	4 ~ 7월	초등 5,6/ 중등1,2 (2인 1팀)	초등 5 : 시,도 예선 (49팀 : 98명) 중 1 : 시,도 예선 (49팀 : 98명)	- 관찰 계획부터 보고서 및 발표까지 전 과정을 평가
	전국대회 본선	9월			
과학탐구 실험대회	각 시도 예선	4 ~ 7월	초등 6 중등 2 (2인1팀)	초등 6 : 시,도 예선(35팀 : 70명) 중 2 : 시,도 예선(35팀 : 70명) ※ 실험 평가 시간 : 120분~180분	- 실험설계부터 실험하는 과정, 보고서 제출까지의 전 과정을 평가
	전국대회 본선	8월			
고등학교 과학탐구 대회	각 시도 예선	4 ~ 6월	일반고/ 과학고 및 과학영재학교 고2 대상 (동일학교 학생 2명)	[일반 고등학교] 35팀 [과학/영재고등학교] 28팀	- 2018년부터 지필평가 폐지 - 탐구평가 : 고등학교 2학년 범위 이내 기본개념(20%), 과학적 탐구(60%) 과학적 태도(20%)
	전국대회 본선	7월			
과학 동아리 활동 발표 대회	각 시도 예선	3 ~ 9월	초등 5,6/ 중,고등	[초,중] 각 25팀 [고] 43팀 ※ A4 용지 20쪽 이내 탐구활동 내용과 결과물에 대해 10분간 발표하고, 5분간 질의 응답	17개 시,도 과교총에서는 초,중,고등학교에서 학교 급별로 배정한 동아리 수만큼 선발하여 전국대회에 참가시킨다. ※ 과학전람회 성격의 내용보다는 순수한 동아리 활동 내용 위주
	전국대회 본선	10월			

*자세한 내용 과교총 홈페이지 참고 http://www.kofses.or.kr/index.php

02 청소년과학탐구대회

대회 종목	대회 시기	참가 대상	대회 방침	심사 규정
융합 과학	5 ~ 6월경	-초.중.고 2인 1팀 (타학교 가능) -학년 제한 없음	-1단계(30분) -2단계(60분) 작품 설계도 -3단계(120분)작품 제작 및 설명서 작성 -발표(5분)	100점 만점 -작품 설계도 -최종 산출물 -작품 설명서 -발표
과학 토론			예선(조별 2인) 본선(조별 4팀) -16개 결선(조별 4팀)	100점 만점 - 예선(토론 개요서) - 본선, 결선 (주장발표 → 질의응답 → 주장다지기)

*자세한 내용 한국과학창의재단 홈페이지 참고 https://www.kofac.re.kr/

03 학생탐구발표대회(예선)/전국과학전람회(본선)

대회 종목	대회 시기	참가 대상	출품 분야	심사 규정
예선	3 ~ 4월경	초,중,고 학생 분야 과학고 학생 분야 교원 분야	물리/화학/동물/식물/지구과학/농림수산/산업 및 에너지/환경 ※ 1인, 단체 출품 가능	예선 : 부문별 면담 심사 본선 : 100점 만점 1차 서류(30) + 2차 면담(70) 창의탐구성, 이론적 타당성, 실용성, 노력도
본선	5 ~ 6월경			
전국 대회	8 ~ 9월경			

*자세한 내용 국립중앙과학관 홈페이지 참고 https://www.science.go.kr

04 발명품대회

대회명	참여 대상	진행기간	주최기관 및 문의
학생 발명 전시회	초·중·고 학생 청소년	3~4월 신청, 접수 6월 작품 심사 7월 시상식 및 전시회	주최/주관 : 특허청, 조선일보사/한국발명 진흥회 https://www.ip-edu.net/kosie
대한민국 청소년 발명 아이디어 경진대회 (KYIC)	초·중·고 학생 청소년	4~5월 신청, 접수 8월 전시회	주최 : (사)한국대학발명협회, 한양대학교 후원 : 교육부, 과학기술정보통신부 http://www.invent21.com (02-533-9665)
세계 발명창의 올림픽 (WICO)	초·중·고 대학생 일반인	6월 신청, 접수 8월 전시회	주최 : 고려대학교 발명협회(KUIA), 세계 발명창의력 올림픽 조직위원회(WICO) 후원 : 한양대, 공주대, 한국산업기술진흥원 http://www.invent21.com (02-533-9665)
전국학생 과학발명품 경진대회	초·중·고 학생	3~5월 지역 대회 7~8월 작품 전시 9월 시상식	주최/주관 : 과학기술정보통신부, 동아일보사/국립중앙과학관 http://www.science.go.kr

05 한국과학창의력대회

대회 종목	대회 시기	참가 대상	대회 방침	심사 규정
1차 전국대회	7월	초등 4~6 중등 1~3 고등 1~3 과학고, 과학영재학교 ※학년별 4명 이내	창의적 문제해결 능력(지필 평가)	학교급별 및 학년별 시상
2차 전국대회	7 ~ 8월경		융합과학 창의적 산출물 제작 활동	1차 예선에서 선발된 각 학년별 10명 내외

*자세한 내용 과교총 홈페이지 참고 http://www.kofses.or.kr/index.php

※ 자세한 일정은 아래의 홈페이지를 참고한다.

01. 한국학생과학탐구올림픽 / 05. 한국과학창의력대회 - 한국과학교육단체총연합회 http://www.kofses.or.kr/index.php

02. 청소년과학탐구대회 - 한국과학창의재단 https://www.kofac.re.kr/

03. 전국과학전람회 / 04. 전국학생과학발명품경진대회 - 국립중앙과학관 https://www.science.go.kr

PART II

과학 토론 대회

토론대회는
어떻게 준비할까?

단원 살짝 엿보기

01 과학 토론 대회 예비 논제 찾기

(문제인식)

이슈가 되고 있는 예시 글(기사, 뉴스, 발췌 글 등)을 읽고 토론 대회 논제 뽑기

논제예상 TIPS

★ 과학토론대회의 논제는 사전에 정해지지 않으므로 책이나 인터넷 등 주변에서 찾아보자.

예비 논제 자료 1

눈에도 잘 보이지 않는 플라스틱이 위험하다고?

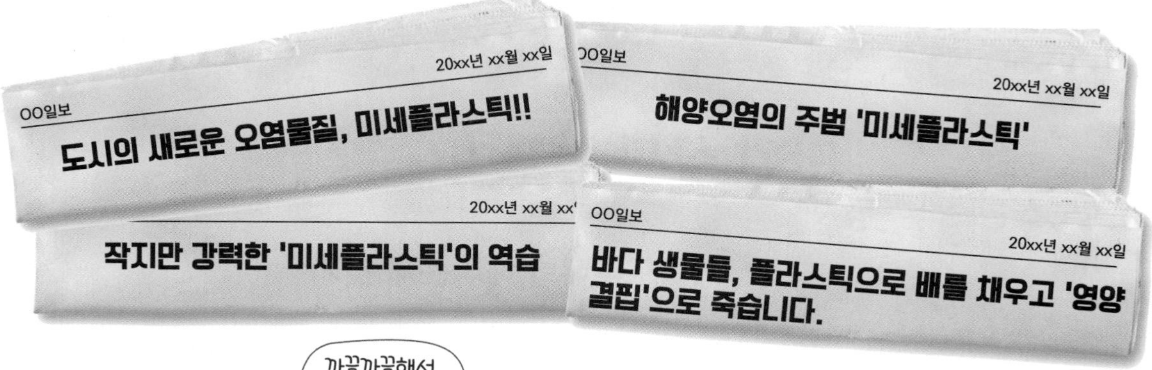

플라스틱은 자연 상태에서 저절로 분해되지 않는다. 그러므로 인류가 지금까지 생산한 플라스틱은 모두 어떠한 형태로든 지구 위에 존재한다고 할 수 있다. 오랜 세월을 흐르면서 플라스틱은 매우 작은 조각으로 부서져 지구 위에 남아있게 되는데, 5mm 보다 작은 플라스틱 조각이나 섬유를 마이크로플라스틱(미세플라스틱)이라고 한다. 독성을 함유하고 있기도 한 미세플라스틱은 바닷속 물고기의 배를 갈랐을 때 발견되기도 하고, 먹이사슬을 통해 전 생태계에 퍼져서 분포하고 있다.

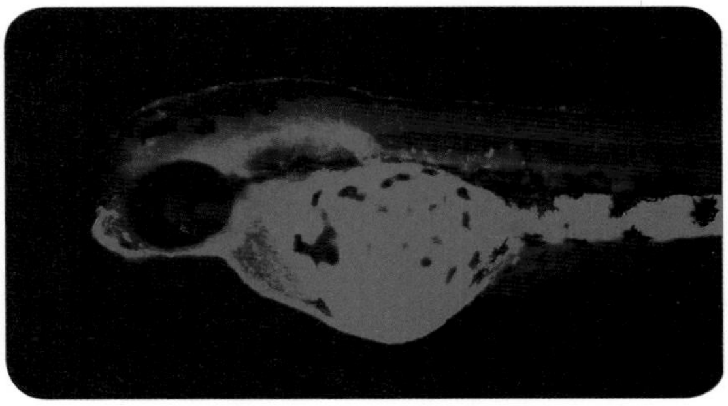
▲ 물고기 내부의 미세플라스틱(작고 검은 부분)

우리가 쉽게 접할 수 있는 생수에도 미세플라스틱이 발견되었다는 해외 자료가 있다.

해외의 생수의 경우, 크기가 100μm(마이크로미터 : 1000분의 1mm)에서 500mm 의 미세플라스틱이 평균적으로 1L 당 10.4개가 발견되었고, 6.5μm 에서 100μm 의 미세플라스틱까지 포함할 경우, 평균 1L 당 325개가 발견되었다.

미세플라스틱이 우리 몸에 들어올 때 환경호르몬, 내분비 교란 물질 등으로 인해 호르몬 관련 암들이 급증할 가능성이 있으며, 어류에게는 장폐색, 섭식 변화, 성장 및 번식 장애 등 많은 문제를 일으킨다.

▶ 미세플라스틱의 생태계 이동 경로

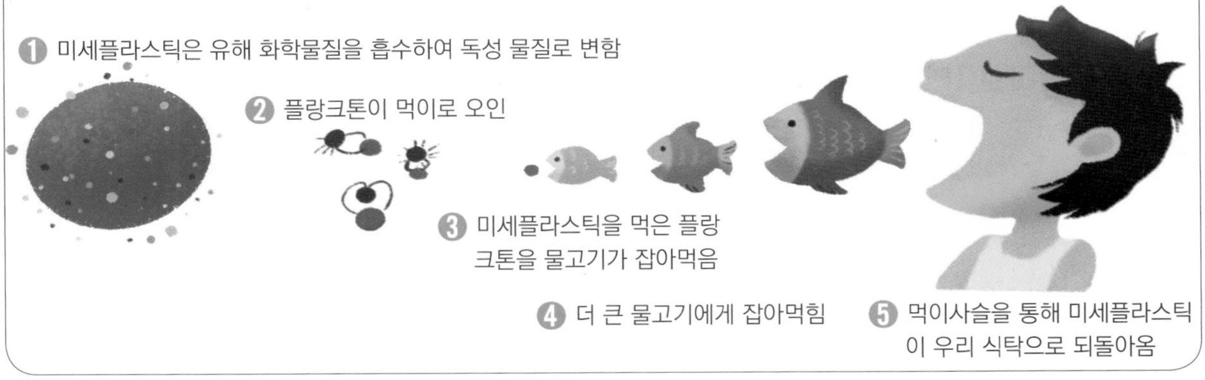

▶ 미세플라스틱의 크기별 분류

매크로 플라스틱 MACROPLASTICS

길이나 지름이 25mm 를 초과

미세 플라스틱 MICROPLASTICS

길이나 지름이 5mm 이하

1차 미세플라스틱	2차 미세플라스틱
'마이크로비즈'와 같이 제조 당시부터 5mm 이하	큰 플라스틱이 깨지거나 마모되어 작은 조각이 됨

메조 플라스틱 MESOPLASTICS

길이나 지름이 5mm 초과 25mm 이하

나노 플라스틱 NANOPLASTICS

길이나 지름이 1μm 미만.
미세 플라스틱의 한 종류

미세 플라스틱의 크기별 분류는 GESAMP(2015) 에 따름

[서술 1] 글을 읽고 느낀 점, 궁금한 점 등을 자유롭게 써 보시오.

[논제 뽑아보기 1] '미세플라스틱'에 관한 논제를 뽑아 보시오.

예비 논제 자료 2

안개도 안 꼈는데 하늘이 왜 뿌옇지? 미세먼지 때문이 맞을까?

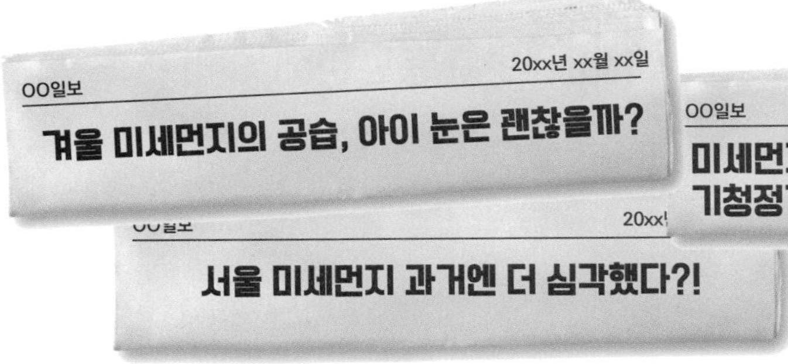

* 미세먼지 : 대기 중에 떠다니거나 쉽게 날리는 지름 0.001cm (10 ㎛ : PM 10)이하의 작은 물질로서 재료를 가공할 때, 자동차가 달릴 때 발생하는 먼지이다. 주로 마찰 시, 연소 시 발생한다.

* 초미세먼지 : 미세먼지보다 작은 지름 2.5 ㎛ (PM 2.5) 이하의 작은 물질로서 다양한 오염원에서 배출된 1차 오염물질이 대기 중에서 다양한 화학반응을 일으켜 생성된 2차 오염물질이 대부분이다.

1990년대까지만 해도 봄철 중국으로부터 황사가 오면 눈이 조금 따가운 정도였다. 하지만 2000년대 들어서는 비교가 안 될 정도의 '슈퍼급 황사'가 한반도를 강타하고 있다. 2002년 봄에는 극심한 황사로 초등학교가 집단 휴교를 하고, 비행기 운항이 중지되는 사태가 발생하기도 했다. 미세먼지는 석탄 · 석유 등 화석 연료를 태울 때 생기는 매연, 자동차 배기가스, 건설 현장에서 발생하는 날림먼지, 공장에서 원자재·부자재

취급 공정에서 생기는 가루 성분 등이다. 주로 사람들의 활동으로 발생하며, 중금속 · 유해 화학 물질 등이 들어있다. 최근 우리나라의 미세먼지 농도가 높아진 원인은 중국의 활발한 산업 활동으로 인해 배출된 미세먼지의 유입 때문이라고 하며, 여기에 보일러 · 발전 시설을 가동할 때 나오는 미세먼지, 자동차 배기가스, 산업 현장에서 배출된 오염물질 등이 더해져 심각성을 키우고 있다.

미세먼지 농도 이해

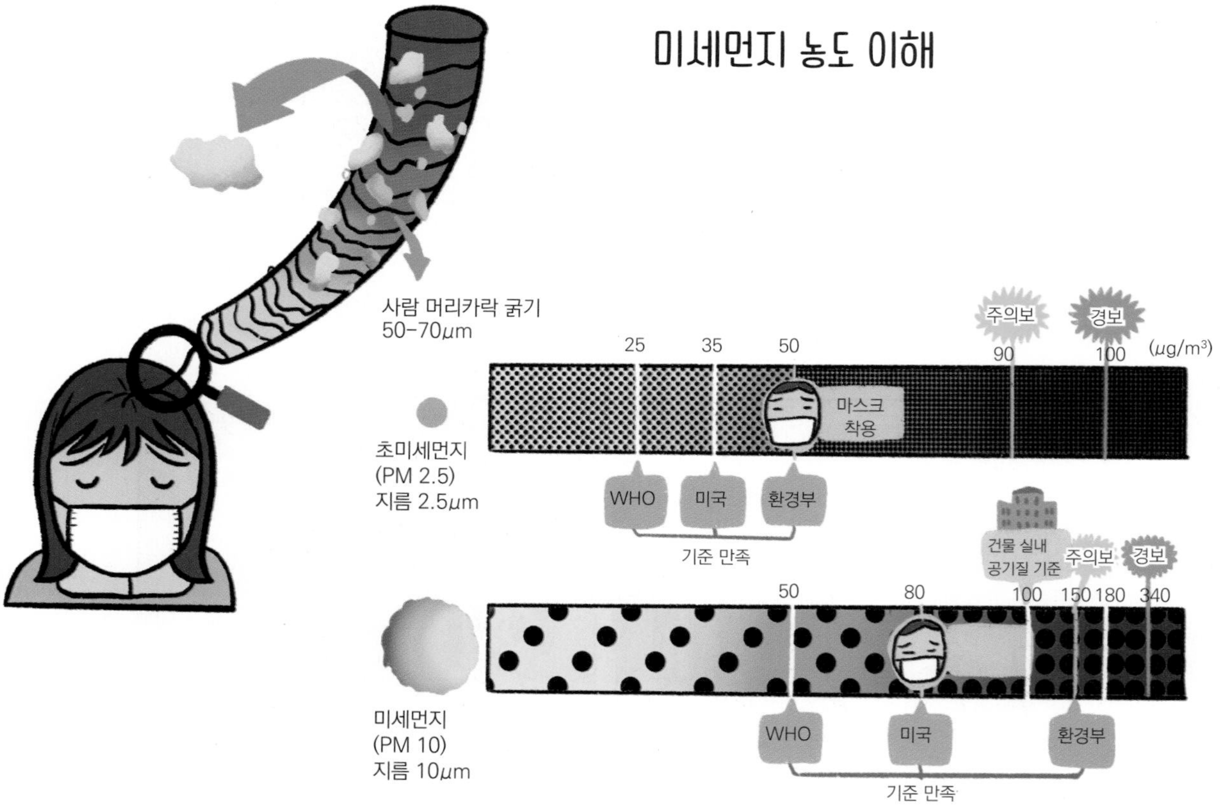

미세먼지가 우리 몸에 끼치는 영향

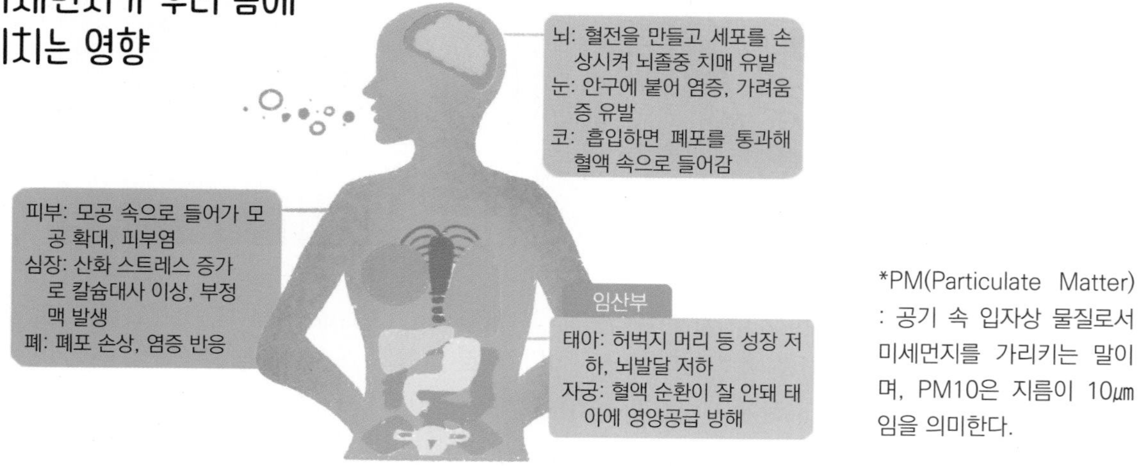

*PM(Particulate Matter) : 공기 속 입자상 물질로서 미세먼지를 가리키는 말이며, PM10은 지름이 10㎛임을 의미한다.

미세먼지 입자의 성분은 주로 연소 입자인 탄소, 유기탄화 수소, 질산염, 황산염, 유해 금속 성분 등으로 구성되어 있다. 이들은 크기가 매우 작아서 코와 기도를 거쳐 기도 깊숙한 폐포에 도달할 수 있으며, 크기가 작을수록 폐포를 직접 통과해서 혈액을 통해 전신적인 순환을 할 수 있다.

세기관지에 염증 반응을 유발하고 기도와 폐에서 박테리아를 불활성화하거나 제거하는 인체의 방어 작용을 방해함으로써 호흡기계 감염을 초래하게 한다.

[서술 2] 글을 읽고 느낀 점, 궁금한 점 등을 자유롭게 써 보시오.

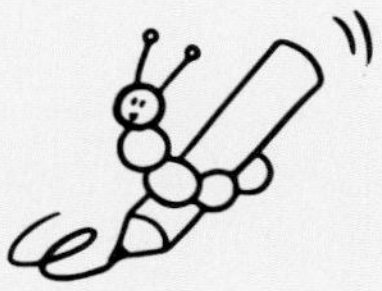

[논제 뽑아보기 2] '미세먼지' 관련 토론 논제를 뽑아보시오.

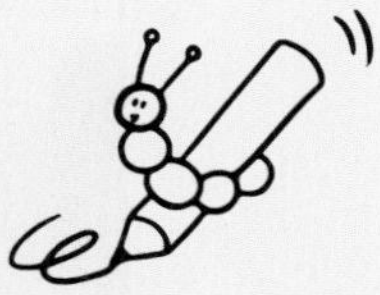

예비 논제 자료 3

VR, AR, MR? 현실과 어떻게 다른가!

OO일보 20xx년 xx월 xx일

현실로 다가온 가상현실(VR) · 증강현실(AR) · 혼합현실(MR) 의 대중화

OO일보 20xx년 xx월 xx일

5G 시대, 우리는 가상현실로 논다!!

* 가상현실(VR, Virtual Reality) : 콘텐츠 기반 기술로 특정 상황을 제작하여 실제 주변상황과 상호작용할 수 있는 가상 이미지를 제공하는 기술

* 증강현실(AR, Augmented Reality) : 실물 사진이나 배경에 3차원 가상 이미지를 겹쳐서 하나의 영상으로 구현하는 기술

실제로 존재하지 않는 현실을 가상으로 구현하거나(VR, 가상현실), 실물과 가상의 결합 기술(AR, 증강현실)을 개발하여 게임, 콘텐츠 등 타 산업과 융합한 새로운 시장이 창출되고 있다.

증강(Augmented)이라는 것은 서로 다른 어떤 것을 포개어 중첩시킨다는 의미의 단어인데 증강현실은 현실에 가상의 객체(Object)를, 증강가상은 가상에 현실의 객체를 각각 증강시킨다는 것을 의미하는 것이다. 예를 들어, 스마트폰 카메라에 비춰지는 현실 모습에 가상의 포켓몬이 증강되는 '포켓몬 고'는 증강현실 게임이라고 하는 것이다. 그리고 우리가 흔히 알고있는 일기예보의 기상 캐스터가 자주 사용하는 '크로마키' 기법은 대표적인 증강가상 기술이라고 이해하면 된다.

▲ 포켓몬 고 (증강현실(VR))

완전한 현실과 가상의 구분은 불가능

최근 연극, 뮤지컬, TV 쇼 등과 같은 공연을 보면 현실 공간에 빔프로젝트를 이용하여 사용자에 대해 반응하는 형태로 가상의 공간을 만들거나 눈 또는 비를 내리게 하는 등의 연출 기법이 자주 눈에 띈다. 이러한 연출로 가상의 객체가 현실과 어우러져 상호작용이 일어날 때, 이것을 증강현실이라고 해야 할지, 증강가상이라고 해야 할지 정의 내리기 어려운 상황이 만들어지는 것이다. 따라서 이와 같이 현실과 가상의 어느 것을 기본(base)으로 특정지을 수 없다. 증강현실과 증강가상의 개념은 명확하지만, 그것을 완전히 나누어 구분할 수 없기 때문에 이러한 난처함을 극복하기 위하여 제시한 것이 혼합현실(MR; Mixed Reality) 스펙트럼이다.

▲ 크로마키 기법(증강가상(VR))

'포켓몬 고' 신드롬 이후 우리나라는 한동안 증강현실 기술에 열광했다. 그러다 보니 가상현실과 같이 대중들에게 주목받는 기술이 되었고 가상현실과 유사한 기술로 인식되기 시작했다. 그러나 가상현실의 가장 큰 특징은 소비자가 의도한 시간(Time)과 공간(Space)에 완전히 몰입됨으로서 시간과 공간의 제약에서 완전하게 자유로워지는 것을 의미한다. 그에 반해 혼합현실은 가상과 현실이 증강돼 표현되기 때문에 현실을 배제하지 못하며, 어떠한 형태로든 현실이 표현된다. 영화 제작의 한 기법인 CG(Computer Graphics)는 혼합현실의 한 예이다.

▲ 혼합현실(MR)

혼합현실은 가상현실에 비하여 몰입감은 떨어지지만 시뮬레이션에 더 큰 강점을 나타내고 있다. 따라서 위험성이 있는 실험을 하거나 어떠한 상황에 대해서 이해를 필요로 하는 것을 표현할 때 그 강점이 극대화 될 수 있는 것이다. 그에 반해 가상현실은 경험, 체험에 더 큰 강점을 나타내고 있다. 사용자가 가보지 못한 곳, 해 보지 못한 것을 실제와 같이 가보고 체험할 수 있는 경험을 주는 것에 더 큰 강점을 보여주고 있는 것이 바로 가상현실인 것이다.

[서술 3] 글을 읽고 느낀 점, 궁금한 점 등을 자유롭게 써 보시오.

[논제 뽑아보기 3] 위 글을 일고 토론 논제를 뽑아 보자.

예비 논제 자료 4

내 몸에 쌀알 크기의 칩을 넣는다고?!

OO일보 20xx년 xx월 xx일

생체에 삽입하는 전자신분증, '베리칩'

OO일보 20xx년 xx월 xx일

생체삽입 베리칩, 과연 건강에 괜찮을까?

* 베리칩 : 생체 검증을 위하여 사람의 피부 아래에 삽입하는 쌀알 만한 크기의 체내 이식용 마이크로 칩이다. 이 칩에는 126개 정보 문자와 데이터 전송용 전자 코일, 동조 콘덴서 등이 실리콘 유리 튜브에 들어있다. 무선 식별(RFID : radio frequency identification) 기술을 사용하며, 약 122cm 거리에서 해당 스캐너로 칩 데이터를 읽는다. 처음에는 의료 경고용 팔찌와 같은 방법으로 의료 인명 구조용이나 보안 목적으로 사용되기 시작하였다.

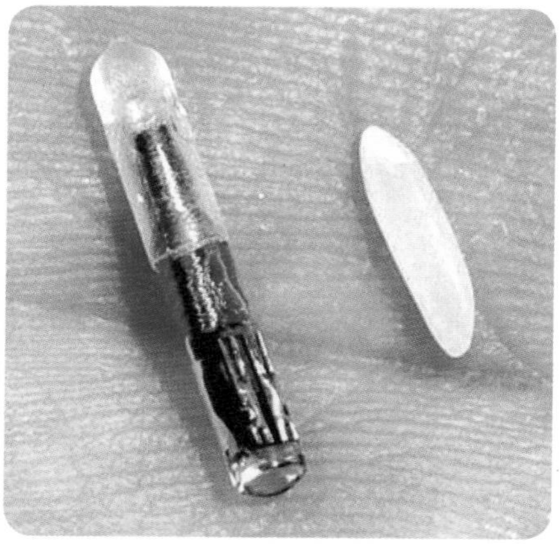

미국이나 영국에서 사람의 몸속에 '베리칩'이라는 전자 칩을 심는 일이 크게 늘어나면서 논쟁이 시작되었다. 애완용 동물이나 가축들의 관리를 전자 인식표로 사용되는 이 칩을 인간의 몸속에도 심고 있기 때문이다. 베리칩은 '확인용 칩 (verification chip)'의 줄임말로 무선주파수 발생기인 RFID 칩의 일종으로 먼 거리에서 정보를 인식하는 RFID 기술을 몸속에 심는 마이크로칩 기술로 발전시킨 것이다. 베리칩은 쌀알 크기 정도이며, 주사기를 통해 간단하게 인체에 주입할 수 있으며, 별도의 제거 수술을 받지 않는 한 주입된 위치에서 벗어나거나 녹아버리지 않고 몸속에 영원히 남게 된다. 이 칩에는 기본적으로 개인의 신분 확인이나 금융거래 정보, 생체 정보, 질환 및 진료 기록과 같은 의료 정보를 확인할 수 있다.

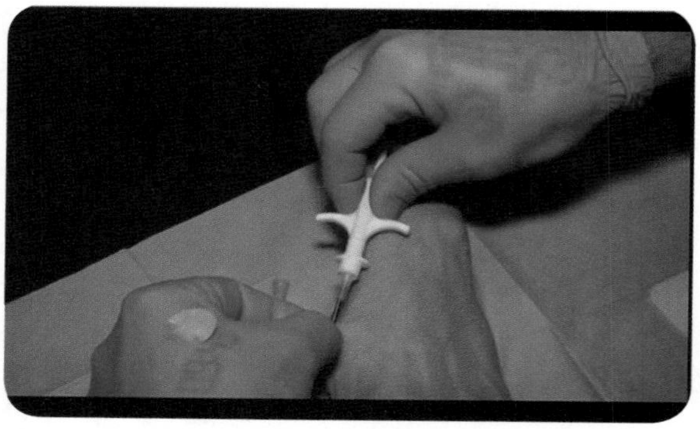
▲ 베리칩 이식 장면

이 칩은 무선으로 외부와 통신할 수 있는 능력을 갖고 있어 개인 정보가 저장된 외부의 데이터베이스와 연결되는 순간 개인의 모든 정보를 확인할 수 있다. 베리칩 하나면 개인의 신분에 관한 신상정보뿐만 아니라 계좌 등 금융거래 정보, 유전자와 같은 생체 정보, 질환 및 진료 기록과 같은 의료 정보 등을 모두 확인할 수 있는 것이다. 게다가 GPS와 연결되면 언제 어디서든 개인의 위치 추적도 가능하다. 이런 연유로 이 칩은 인간의 몸에 이식되어 개인의 신분 확인, 건강관리, 자산관리 등에 유용하게 사용될 수 있다.
하지만 이는 동전의 양면 중 한 면이다. 동전의 다른 면에서 본다면 이것은 개인의 프라이버시 침해와 전자 감시로 나아갈 가능성이 있다.

우선 개인의 고유한 정보가 유출될 가능성이 크다. 누구든 타인의 몸속에 심어져 있는 베리칩을 동의 없이 몰래 스캔할 수 있으며 그러면 개인의 중요한 모든 정보가 쉽게 유출될 수 있다. 이렇게 유출된 정보는 개인의 경제적 손실은 물론 차별을 강요하는 등 인간적인 권리를 침해하는 데 악용될 수 있다.

베리칩 이식은 현재 개인의 자율적인 선택에 의해 이루어지고 있지만, 언젠가 정부나 기업이 특정한 목적을 위해 강제로 추진할 수도 있다. 가령 기업의 경우 생산성 향상과 생산 관리의 효율성 증대를 목적으로 자료 조사 차원에서 근로자들의 일거수일투족을 이 칩을 통해 수집할 수도 있을 것이다. 정부나 국가도 마찬가지이다.

▲ 베리칩을 이용한 신분 확인

한때 미국 의회에서 베리칩과 관련된 법안이 통과되어 2016년까지 준비 기간을 거쳐 2017년에 모든 미국인에게 삽입한다는 일종의 괴담이 돌기도 했지만 현실화되지는 않았다. 미국의 한 매체에 따르면 미국의 어느 회사 CEO 가 직접 손등에 베리칩을 삽입하였다고 하는데, 이 일로 회사 이름은 전세계로 알려졌지만, 각종 전자파 시대에 살고 있는 사람들의 반응은 극과 극일 수 밖에 없다.

베리칩이 있으면 공항에서도 줄을 설 필요가 없고, 마트에서 물건을 살 때는 카드가 필요 없기 때문에 베리칩이 가져다줄 편이성은 의문의 여지가 없다. 특히 의료 분야에서는 원거리 모니터링이 가능하므로 급박한 순간 골든 타임을 놓치지 않을 수 있다. 하지만 문제는 보안이다. 장기적인 관점의 영향에 대한 확신이 없기 때문에 베리칩을 도난당하거나 해킹당하면 엄청난 피해를 입을 수 있다. 또한, 나라마다 베리칩 이식에 대한 인식 차이가 있다. 한 예로 스웨덴에서는 2015 년부터 원하는 국민에 한해 손에 베리칩을 심어준다고 한 결과 베리칩을 이식한 스웨덴 국민들이 3000여 명이 넘었으며 차츰 늘어나는 추세라고 한다.

[서술 4] 글을 읽고 느낀 점, 궁금한 점 등을 자유롭게 써 보시오.

[논제 뽑아보기 4] '베리칩'에 대한 토론 논제를 뽑아 보시오.

논제가 될 만한 다음 예시 주제를 통해 다양한 논제 뽑아보기

① GMO(Genetically Modified Organism : 유전자 변형 농산물)

GMO는 처음 미국의 몬산토라는 회사가 유전자를 조작하여 만들었다. 주로 미국산 밀, 옥수수, 콩, 토마토 등이 GMO가 많다. 우리나라에는 옥수수를 비롯한 GMO가 많은 양 수입되고 있는데, 주로 가공식품에 이용된다고 한다. GMO는 전세계적인 식량 문제를 해결할 수 있다. 하지만 GMO를 먹은 쥐에 탁구공만한 종양이 생겼다는 사례가 있고, 인도에서 GMO 사료를 먹인 수천 마리의 소들이 이름모를 병을 앓다가 결국 떼죽음을 당했다고도 한다. 또한 GMO는 생태계 교란의 우려도 있다.

▲ GMO 옥수수 먹어도 될까?

② 자율주행자동차

미래의 혁신적인 기술의 총아인 자율주행자동차는 교통 사고를 줄이고 교통 혼잡을 낮추고, 환경 오염을 감소시키고, 운전 시간의 활용 등 커다란 장점을 지님에도 불구하고, 오작동의 우려, 인프라 구축의 문제점, 고장 시 대처 방법의 난제 등으로 논란의 소지가 있는 것도 사실이다.

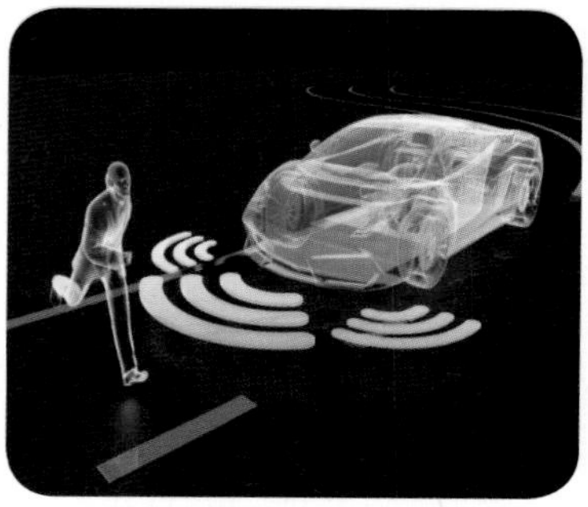

▲ 자율주행자동차는 안전할까?

③ AI(조류독감)

주로 닭, 오리 등의 조류에 발병하는 전염성 호흡기 질환이다. 인간에게 옮을 가능성은 낮지만 일단 옮으면 치사율이 매우 높다. 구제역과 함께 가축전염병의 양대산맥을 이룬다.
조류 인플루엔자의 주요 전파 요인인 철새 등의 야생 조류는 오리와 같이 감염되어도 임상 증상이 미약하고 쉽게 죽지 않기 때문에 전염 속도와 범위가 더욱 빠르고 넓다. 때문에 조류 인플루엔자가 유행하기 시작하면 주요 철새 도래지 인근은 방역 작업으로 비상이 걸린다. 현재까진 백신은 없다. 타미플루 같은 항바이러스제를 쓰면 낫긴 하지만 100% 장담할 순 없다.
고병원성 AI로는 H5N1 과 2013년 중국 안후이 성에서 최초 발견된 H7N9 가 있다. 2016년 기준 국내에서 돌았던 H5N8 은 인체 감염 여부가 불확실하다.

▲ AI 사람에게도 감염될까?

④ 임상실험의 폐해

신약이나 식품, 의료기기, 새로운 시술법 등의 안전성과 유효성을 증명할 목적으로 사람을 대상으로 실시하는 시험 또는 연구를 임상시험이라 한다. 예를 들어 의약품 임상시험의 경우 해당 약물의 인체적 효과를 확인하고 이상 반응을 조사하기 위해 실시된다. 그러나 임상실험의 참가자들에게는 뇌졸중 등 원치 않는 질병을 앓거나 심각한 부작용이 종종 나타나며, 회사에서는 본인이 원한 것이었다고 하며 그에 대한 책임을 회피한다.

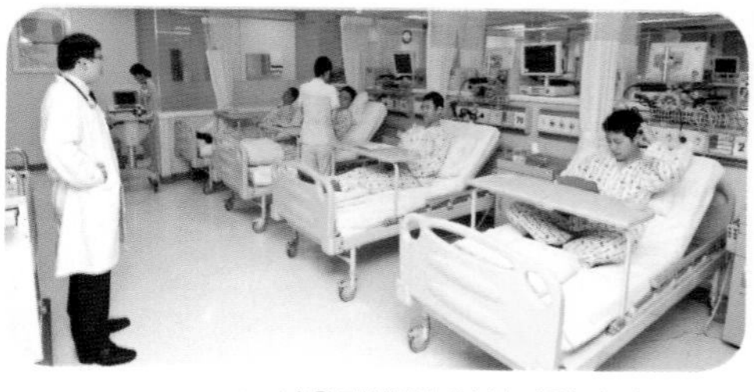

▲ 서울대병원 임상시험센터

⑤ 범죄예측 시스템

AI 와 빅데이터로 범죄를 예측하는 시스템이 도입된다고 한다. 범죄 예방이라는 긍정적인 측면외에 개인 정보의 누출의 위험, 개인을 잠재적인 범죄자로 낙인찍을 우려가 있다.

▲ 범죄예측은 가능한가?

⑥ 인공지능 로봇(AI)

바야흐로 로봇의 시대가 다가오고 있다. 위험한 산업 현장에서 사람 대신 투입하는 산업용 로봇, 가정용 로봇, 가사 지원용 로봇, 의료 분야에 활용되어 진단과 문진, 수술까지 가능한 생명과학 로봇, 원자력 시설의 점검 및 수리, 해저 탐사 및 개발, 화재 현장에서의 소화, 인명 구조, 우주 공간에서의 작업이 가능한 극한용 로봇 등이 있다. 하지만 로봇이 각 분야에 널리 활용될 때마다 사람이 할 수 있는 일이 줄어들어 일자리가 감소된다. 과연 어느 쪽을 선택하는 것이 옳은가?

▲ 로봇은 일자리를 감소시키는가?

⑦ 소음과 건강

우리는 소음 시대에 살고 있다. 자동차 소음, 건설 현장 소음, 층간 소음, 비행기 소음, 도로의 진동 소음, 확성기 소음, 유흥가 심야 소음, 공장 소음 등이 그 예이다. 산업사회에 살면서 항상 듣는 것이어서 익숙하게 생각이 들 수도 있지만 심하면 인체에 생리적-심리적 영향(대화 방해, 수면 방해) 및 작업 능률을 저하시키고 각종 내분비샘과 소화기 계통에 영향을 줄 수 있다는 연구 결과가 있다.

▲ 소음은 줄일 수 있는가?

⑧ 화학물질의 습격

100년 전, 연금술사들의 후예들이 화학제품으로 보다 나은 삶을 만들겠다는 약속을 발표한 이래 실험실에서 만들어진 합성 화학물질은 우리의 식료품, 식수, 약품, 환경 등 생활 전반에 스며들었다. 인류에게는 필요하지만 자연 상태에서는 쉽게 구할 수 없는 대부분의 것들이 이제는 분자의 합성과 변형 등으로 실험실에서 만들어지고 있다. 그러나 더 나은 삶에 대한 인류의 희망으로 만들어진 합성 화학물질은 이제 인류의 건강을 위협하는 존재가 되었다. 미국에서 다수의 아동자폐증이 관찰되어 상수도에 포함된 세 가지 합성 화학물질에 의혹을 제기한 사건이 있는 등, 해양 생물 연구원들은 화학물질이 인체의 신경조직에 심각한 영향을 미칠 수 있다는 실험 결과를 발표했다.

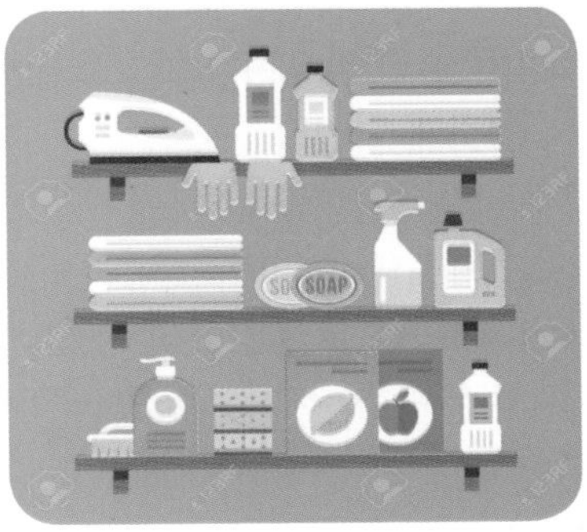

▲ 화학 물질을 적게 사용할 수 있는가?

⑨ 드론의 시대?

소방드론을 통해 화재·구조·구급 현장에서의 영상정보 활용은 물론, 접근이 어려운 소방 대상물에 대한 입체 작전도 제작 등 드론은 다양한 분야에 활용도를 높이고 있다. 이처럼 소방정보 수집 및 작전에 드론이 투입되면서 육안의 한계를 극복한 다양한 영상 정보를 확보해 신속성과 정확성이 크게 높아진 것이다. 소방드론은 우리의 안전을 지키지만, 자칫하면 흉기로 돌아올 수 있다. 드론 추락 사고, 드론 프로펠러에 손상을 입는 사고, 비행 중인 드론과 다른 물체와의 충돌 사고 등이 그 예이다.
(드론은 안전하게 운행될 수 있는가? / 아직 실용화는 미지수다.)

▲ 드론은 안전한가?

⑩ 라돈

2011년 3월 후쿠시마 원전 폭발 사고를 겪으면서 방사능 오염에 대한 우려가 높아졌고, 최근 한 국내 회사가 만든 침대에서 '라돈'이 검출되면서 방사선 노출에 대한 시민들의 불안감이 더욱 증폭되고 있다. 라텍스 제품을 판매하는 9개 해외 기업의 물품에서 라돈이 기준치 이상으로 검출되었다. 조사 결과 모든 제품에서 피폭 허용선량 기준치(1mSv/년)를 초과한 3mSv~25mSv로 나타났다.
라돈은 라듐이 붕괴하면서 나오는 기체이다. 암석이나 토양, 건축 자재 등에 광범위하게 존재하기 때문에 우리는 자연스럽게 라돈에 노출되어 있다. 우리가 일상에서 받는 자연 방사선량의 절반 정도가 라돈에 의한 것이라 한다. 대기 상태에서는 라돈의 피폭을 걱정할 필요가 없다. 피폭량이 그렇게 많지 않기 때문이다.
(라돈 피폭에 의한 피해를 극복할 수 있다. / 아니다.)

▲ 어디에나 라돈 방사선은 있다.

⑪ 지구 온난화

지구의 온도가 올라가고 있다. 그 결과로 태풍도 잦아지고, 이상고온 현상이 지속된다. 남극과 북극의 빙하가 녹아 해수면이 상승하여 남태평양의 섬으로 이루어진 작은 국가 투발루는 차오르는 바닷물 때문에 국토 면적이 줄어들어 집단 이민을 신청한 상태이다. 지구 곳곳에서 감지되는 이러한 기후 변화의 조짐은 상호 의존하며 유지되어 온 생태계에까지 영향을 미치고 있다. 서식지가 사라지거나 먹이가 없어져 감에 따라 일부 동식물이 이미 지구에서 사라졌으며, 더 많은 종이 멸종 위기에 처하게 되었다.
지구 온난화는 화석 연료의 연소 과정에서 발생하는 다량의 이산화 탄소의 책임이 크다. 이산화 탄소가 대기 중에 방출되면서 나타나는 온실 효과에 의해 지구의 기온이 올라가는 것이다.
(지구 온난화는 막을 수 있다. / 어쩔 수 없는 현상이다.)

▲ 지구의 온도가 올라가고 있다.

논제가 될 만한 예시 주제 더 찾아보고, 논제 뽑아보기

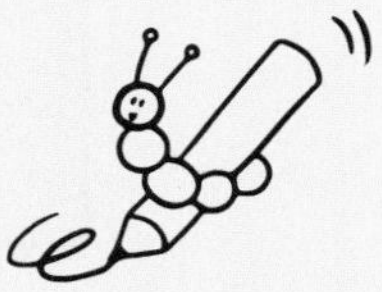

토론 논제 접근 TIPS

★ 토론 논제를 설정할 때에는 실생활 및 미래과학의 문제 상황을 창의적으로 해석해 본다. 토론 현장에서 제시되는 어떤 토론 논제든 접근에 어려움이 없도록 평소에 책을 읽거나 대회에 참가하는 등 과학적 소양을 갖추는 준비를 한다.

02 실전처럼 토론 준비하기

주제1 맞춤아기

OO일보 20xx년 xx월 xx일

'유전자 가위' 기술 경쟁 심화… '난치성 질환'의 돌파구

OO일보 20xx년 xx월 xx일

축복인가 재앙인가 … 유전자 조작 아기 탄생

유전자 교정 출산 논란

중국에서 유전자 가위로 DNA를 교정한 아이가 출생했다는 주장이 나오면서 중국뿐만 아니라 세계 과학계가 충격에 빠졌다. 유전자 가위를 실제 사람에게 적용한 첫 사례인 만큼, 사실이라면 윤리적 위반이라는 논란을 피할 수 없을 것이다.

논란의 주인공은 중국 선전 남방과기대의 허젠쿠이 박사이다. 그는 크리스퍼 기술(CRISP-Cas9)을 적용하여 HIV(후천성 면역결핍증 '에이즈'를 일으키는 바이러스)에 감염에 관여하는 CCR5 유전자를 제거한 쌍둥이(루루와 나나)가 태어났다고 발표하였다. 크리스퍼 연구의 선두자 제니퍼 두드나는 이 사건을 소름끼치도록 두려운 일이라고 비난하였으며, 노벨상 수상자인 데이비드 볼티모아 박사는 "과학계가 자기 검증에 실패한 사건"이라고 혹평하였다.

크리스퍼 기술을 활용하는 단계에서 누군가 사람의 수정란을 실험 대상으로 삼을 수 있을 것이라는 것은 예견된 일이었다. 2016년 2월 영국은 프란시스 크릭 연구소의 과학자들이 인간 배아의 유전체를 연구용으로 사용하는 것을 세계 최초로 승인하였다. 이때 인공 수정 후 남은 배아를 14일 내에 반드시 폐기하고 자궁 착상을 금지하는 것을 조건으로 붙였다. 이렇듯 크리스퍼 아기는 금기어였다. 아직 크리스퍼 기술의 적확성이 완전히 담보되지 않았으며, 난치병 치료를 위해서라면 수정란을 건드리지 않고도 성체 줄기 세포의 유전자를 편집하여 윤리적인 문제를 피할 수 있기 때문이다. 사람을 대상으로 하는 연구가 윤리적으로 이루어지고 인권을 침해하는 일이 없는지를 실험에 앞서 심사하는 기관인 생명윤리위원회(IRB)의 심의 규정에 따르면 실험자는 대상자를 모집할 때 연구 목적에 대해 자세히 알려주고 혹시라도 발생할 위험에 대해 충분히 이해하도록 설명하여야 한다.

이런 면에서 허젠쿠이 박사는 엄연히 반윤리적인 행태를 보였다고 할 수 있다. 더군다나 성공했다는 유전자 교정 역시 완벽하지 않았다. 루루의 CCR5 제거는 반만 적중하였고, 나나의 경우는 의도하지 않은 돌연변이가 발생하였다. 이는 크리스퍼 기술로 면역 세포에서만 CCR5를 제거해도 되었을 것을 수정란을 사용하는 바람에 CCR5가 있는 세포와 없는 세포가 뒤죽박죽 섞여 있는 모자이크를 만들어버린 낭패의 결과가 나왔을 수 있다는 것이다. 더욱더 심각한 것은 나나의 CCR5 돌연변이의 생리적 결과를 아무도 모른다는 것이다. 따라서 감기와 같은 가벼운 질병에도 생명이 위태로울 수 있다. 또한, 허젠쿠이 박사가 얼마나 많은 인간 배아를 사용하였으며, 얼마나 많은 사람을 대상으로 실험을 하였는지 불분명하다는 것도 큰 문제이다.

[서술] 글을 읽고 느낀 점을 자유롭게 써 보자.

[논제 뽑아보기] '맞춤 아기'에 대한 토론 논제를 뽑아 보자.

'맞춤 아기' 논제 뽑아보기

Q1 다음 5가지 논제 중 맞춤아기에 대한 적절한 논제(토론 주제)를 골라보고, 그 이유를 설명하시오.

1. 맞춤아기 기술은 의료기술 및 사회 발전에 기여한다.
2. 맞춤아기 기술은 어디까지 허용해야 하는가?
3. 배아줄기세포 연구를 전면 허용해야 한다.
4. 맞춤아기 기술은 허용해야 하는가?
5. 맞춤형 아기를 갖는 것은 개인의 필요에 의한 것인가

Q2 위 5가지 논제 중 자신이 생각한 논제가 있는가? 있다면, 그 논제를 고르고 그것을 설명해 보시오. 없다면, 자신이 생각한 논제를 쓰고, 그것을 설명해 보시오.

논제:

논제로 선정한 이유 :

관련 용어 및 이론

맞춤아기 희귀 질환을 가진 자녀를 치료하는 데 이용할 줄기세포를 얻기 위해 탄생시킨 아기. 아픈 자녀를 치료하거나 부모가 원하는 우월한 유전자를 가진 아이를 얻기 위해 유전자를 변형시켜 탄생시킨 아기

DNA 재조합 기술 한 생물에서 추출한 특정 DNA를 다른 생물의 DNA에 삽입하여 재조합 DNA를 만든 후, 대장균과 같은 숙주에 주입하여 유전자를 복제하거나 형질을 발현시키는 기술

DNA 생명체의 유전정보를 담고 있는 물질로서 당, 인산, 염기로 구성되어 있다. DNA 염기서열을 이루는 염기에는 A(아데닌), G(구아닌), C(사이토닌), T(타이민) 4종류가 있으며, A(아데닌)은 T(타이민)과, C(사이토신)은 G(구아닌)과 짝을 지어 이중 나선 구조를 이루고 있다.

유전자 가위(CRISPR) 특정 염기서열을 인지하여 해당 부위의 DNA를 절단하는 제한효소(인공효소)로서 인간 세포와 동, 식물 세포의 유전자를 교정하는 데 사용된다. (유전자의 잘못된 부분을 제거하여 문제를 해결하는 유전자 편집 기술을 말한다.)

우생학 인류를 유전학적으로 개량할 것을 목적으로 하여 여러 가지 조건과 인자 등을 연구하는 학문

줄기 세포 적절한 환경에서 스스로 계속 분열하여 몸을 구성하는 여러 기관이나 조직으로 분화할 수 있는 미분화된 세포이다. → 제 기능을 하지 못하는 세포나 장기를 대체할 수 있어 심장병, 근육 위축증, 신경 질환 등 다양한 난치병 치료에 이용하려는 연구가 활발하다.

배아 줄기 세포 배반포 시기 배아의 내부 세포 덩어리로부터 분리해 낸 줄기 세포이다. 성체의 심장, 간, 피부, 신경 등 모든 기관을 구성하는 세포로 분화할 수 있는 능력(전분화능)이 있는 줄기 세포이다.

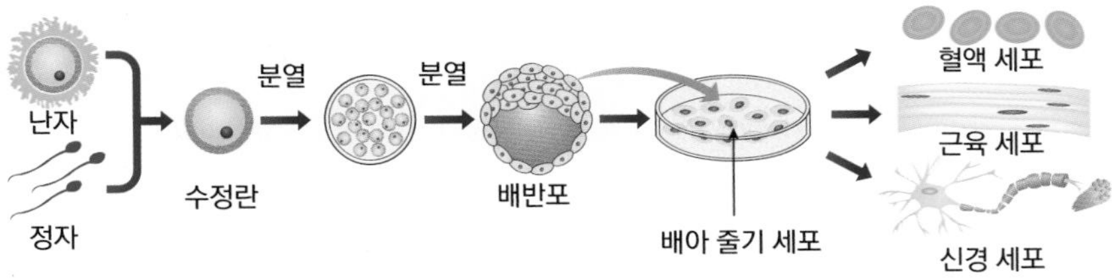

▲ 배아 줄기 세포

① 핵치환(복제 배아 줄기 세포) : 핵을 제거한 난자에 체세포에서 꺼낸 핵을 넣어 발생시키는 기술이다. 핵을 제공한 개체와 유전적으로 동일한 유전자를 가지는 개체를 만들 수 있다. 장기 이식용 동물 생산, 멸종 위기의 희귀 동물 보전, 우량 동물의 보존과 번식 등에 사용될 수 있다.

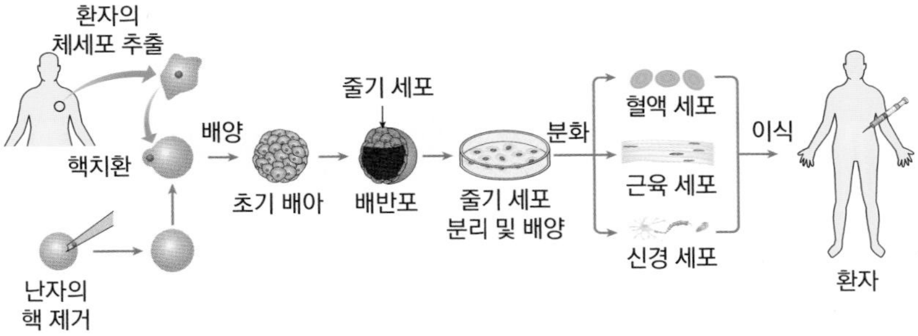

▲ 복제 배아 줄기 세포 생성 과정

② 배아 줄기 세포의 장단점

· 장점 : 신체의 모든 기관으로 분화할 수 있는 만능(전형성능) 줄기 세포를 얻을 수 있다.

· 핵치환 기술의 단점 : 인간을 복제할 가능성이 있다. 줄기 세포를 얻기 위해 발생 중인 배아를 희생시켜야 한다. → 생명 윤리 문제

성체 줄기 세포 조직이나 기관의 분화된 세포들 사이에서 발견되는 미분화 세포로, 성체가 된 후에도 남아 있는 줄기 세포이다.

① 성체 줄기 세포의 특징 및 이용 : 사람의 피부, 골수, 제대혈(탯줄의 혈액) 등에서 얻을 수 있다. 모든 기관을 구성하는 세포로는 분화하지 못한다. → 피부, 근육의 힘줄, 혈구 등으로만 분화할 수 있다(다분화능).

② 성체 줄기 세포의 장단점

· 장점 : 거부 반응이 없으며, 생명 윤리 문제를 일으키지 않는다.

· 단점 : 소량으로 존재하므로 분리해 내기가 쉽지 않고, 쉽게 분화되는 경향이 있으며 분화될 수 있는 조직 또는 기관이 제한적이다.

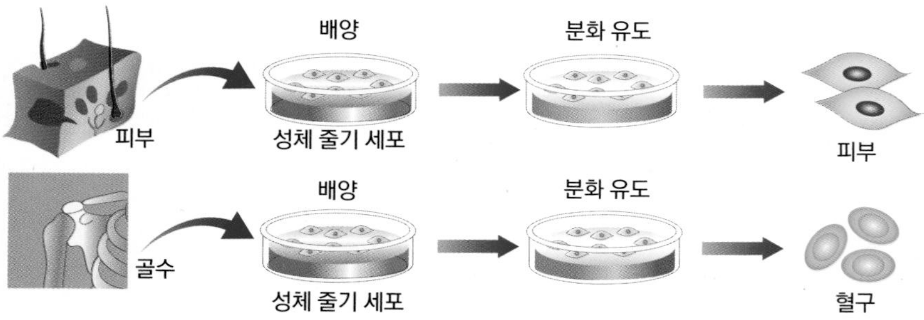

▲ 성체 줄기 세포

역분화 줄기 세포 사람의 체세포에 조절 유전자를 도입하여 만든, 다양한 분화 능력을 가지는 줄기 세포이다.

· 장점 : 환자 자신의 세포를 사용하기 때문에 거부 반응이 없으며 인간 복제와 관련된 윤리적 문제도 없다.

· 단점 : 아직은 성공 확률이 낮으며 안전성이 확인되지 않았다. 또한, 성공하여 얻은 줄기 세포의 분화 능력에 대해서도 충분히 검증되지 않았다.

유전자 치료와 생명 윤리

· 장점 : 혈우병 등 선천적으로 유전적 결함이 있는 사람들을 치료하여 고통을 덜어줄 수 있다.

· 단점 : 성공 확률이 낮으며 모든 유전병에 적용할 수 없다. 그리고 원하는 부위가 아닌 곳에 삽입되면 심각한 질병을 유발할 수 있다. 또한, 치료 목적 이외에 사람의 형질을 바꾸는 데 이용할 경우 윤리적인 문제가 발생한다.

복제 배아 줄기 세포의 이용과 생명 윤리

· 장점 : 줄기 세포를 손상된 뇌신경, 척수 등에 넣으면 재생될 수 있으므로 장기 이식 시 발생할 수 있는 면역 거부 반응을 해결할 수 있다.

· 단점 : 배아를 하나의 생명체로 본다면 윤리적인 문제가 된다. 성공 확률이 낮으므로 많은 수정란과 배아가 필요하다. 인간의 생명 자체를 상업화할 가능성이 있어 인간의 존엄성이 위협받을 수 있으며, 복제 배아를 대리모에 착상시켜 복제 인간이 탄생할 가능성이 존재한다. 또한, 사람의 유전자를 도입한 돼지로부터 장기를 이식받을 경우 돼지에서만 감염되는 병원체가 사람에게 감염될 위험성이 있다.

유전자 검사 및 인간 유전체 정보의 이용과 생명 윤리

· 장점 : DNA 지문으로 범인을 식별할 수 있으며, 태아에게 나타날 유전병을 예측할 수 있고, 병의 진단 및 발병 가능성을 예측할 수 있다. 유전자 치료의 기초를 제공한다. 또한, 개인 맞춤 의약이 가능하게 되어 부작용을 극소화할 수 있다.

· 단점 : 출산 전 태아의 선별로 태아의 생존권이 위협받을 수 있다. 그리고 유전 정보를 근거로 보험료를 높게 요구하거나 취업 시 불이익을 받을 가능성이 있다. 또한, 개인 유전 정보의 공개가 새로운 종류의 사생활 침해와 차별을 초래할 수 있다.

CRISPR CAS9 (크리스퍼 유전자 가위)

3세대 유전자 가위 기술이다. 유전자를 연구하는 과학자들은 단 1개의 세포로 이루어진 단순한 생명체인 세균의 핵에 들어있는 DNA를 대상으로 오래전부터 많은 연구를 해왔다. 동시에 그들은 세균보다 더 단순한 생명체인 바이러스의 DNA 또는 RNA에 대해서도 조사했다. 과학자들은 세균의 유전자를 분자 단위에서 분석하고, 각 유전자를 다른 세균의 염색체 속에 집어넣는 등 연구를 해온 결과, '유전자 공학', '생명 공학', '분자 생물학'이라는 말들이 생겼다. 유전자 공학의 방법으로 가축, 농작물, 꽃의 새로운 품종, 제초제에 죽지 않는 옥수수와 콩 품종 등을 만들어 내기도 하고, 유전자를 화학적으로 자동 분석하는 컴퓨터 기계까지 등장하게 되었다. 범죄 수사 등에서 컴퓨터 분석기를 사용해서 유전자 감식을 할 때는 지극히 미량의 시료만 있어도 분석이 가능하다. 바이러스는 인체나 다른 생명체에 기생하기도 하지만, 세균 안으로 들어가 그 속에서 계속 증식하여 세균을 죽게 만드는 '박테리아 킬러' 종류도 있다. 생명 공학자들은 세균의 몸속에 바이러스가 침입했을 때, 세균은 이에 대항하기 위해 효소를 만든다는 것을 알게 되었다. 이때 발견된 효소가 바로 '유전자 가위'이다. 유전자 가위는 말 그대로 유전자의 원하는 부위를 자르는 기술을 의미한다.

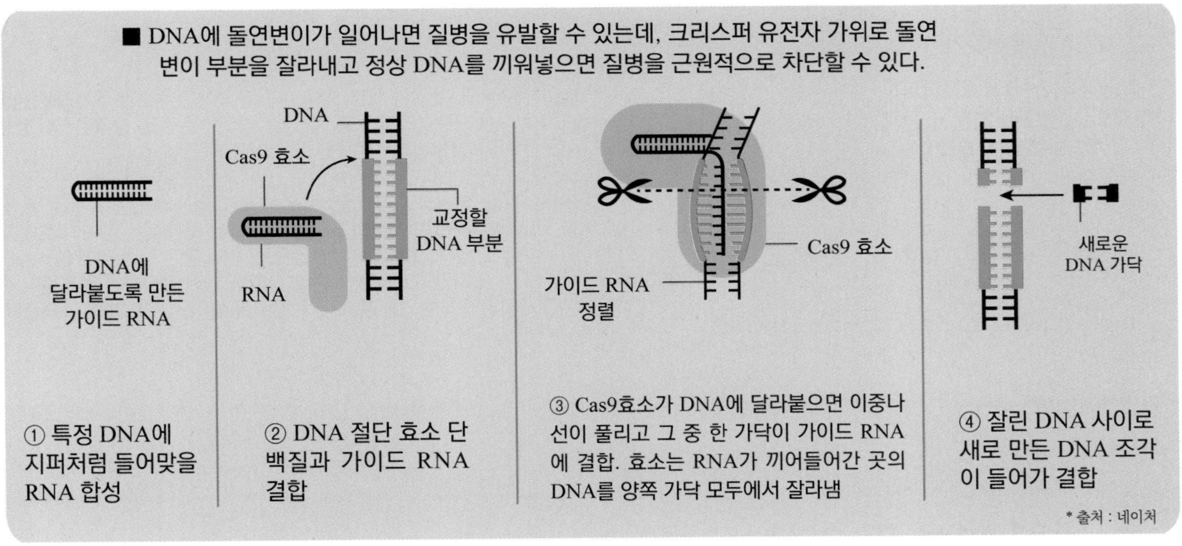

▲ 크리스퍼 유전자 가위의 작동 원리

관련 사이트

한국인간유전자은행 https://genbank.kribb.re.kr/

한국생명공학연구원 https://www.kribb.re.kr/main/main.jsp

관련 도서

책이름	출판사	저자	책소개
줄기세포는 우리 몸 어디에나 있다 – 우리 몸을 만드는 줄기세포 이야기	다섯수레	어빙 와이스먼 글, 최강열 편역, (그림) 버나스 몬테이스, 유유친 / 2017	줄기세포뿐만 아니라 우리 몸을 이루는 다양한 세포들, 염색체, DNA, 조직이나 장기의 형성까지도 어린이의 눈높이에 맞춰 쉽게 설명하면서 줄기세포가 무엇인지, 어디에 존재하며 우리 몸에서 어떤 역할을 하는지를 알기 쉽게 들려주고 있다. (이 책은 줄기세포가 어떻게 만들어지는지, 각각의 세포들은 뼈, 심장, 뇌, 혈액, 피부 등으로 어떻게 분화해 나가는지 어린이들이 좋아하는 만화 그림으로 재미있게 설명하고 있다.)
유전자는 우리를 어디까지 결정할 수 있나	시그마북스	스티븐 하이네 저, 이가영 역 / 2018	인간 조건에 대한 유전적 해석을 사회문화적 관점에서 파헤쳐 우리가 유전학 혁명을 둘러싼 거짓과 과장에 어째서 잘 속을 수밖에 없는지, 그 때문에 어떤 점을 우려할 수 밖에 없는지를 진지하면서도 알기 쉽게 설명하고 있다.
DNA 혁명 크리스퍼 유전자가위(생명 편집의 기술과 윤리, 적용과 규제 이슈)	이상북스	전방욱저 / 2017	'크리스퍼 유전자가위'의 지금까지의 연구 성과, 여러 사례와 적용 가능성 등을 통찰하고, '과학과 인간 생명이 어떻게 공존할 수 있는가'에 대한 과학적·사회적 논의점을 제공한다.
크리스퍼가 온다 (진화를 지배하는 놀라운 힘, 크리스퍼 유전자가위)	프시케의숲	제니퍼 다우드나, 새뮤얼 스턴버그 저 (김보은 역) / 2018	이중나선의 발견에서부터 DNA/RNA 규명, 인간게놈프로젝트, 1~3세대 유전자가위의 발명까지 '생명공학 50년'의 중요한 대목들 설명하고 있다.
생명과학, 신에게 도전하다 (5개의 시선으로 읽은 유전자가위와 합성생물학)	동아시아	김응빈, 김종우, 방연상, 송기원, 이삼열 저 / 2017	멸종동물 복원, 난치병 치료, 맞춤아기 등 엄청난 속도로 질주하는 생명과학의 현재 모습부터 바이오 테러, 우생학적 문제 등 생명윤리와 생물안보의 논의까지 다양한 내용을 담고 있다.
생명공학의 윤리 1, 2, 3	나남	니처드 셔록, 존 모레이 저(김동광 역) / 2016	인체유전학, 유전자 치료, 인간 복제, 그리고 줄기세포 연구 등 농업, 식품, 그리고 동물 생명공학의 화급한 쟁점들을 가장 깊은 철학적 토대 위에서 다루고 있다. 또한 이 책에 실린 매 편의 글은 나름의 관점과 주장을 가지고 있지만, 그에 대한 반대 견해를 함께 제시하여 독자들이 충분한 사전지식과 논거를 통해 자기 생각을 빚어낼 수 있도록 도와준다.

관련 영화 및 영상

영화이름	장르	감독	영화/영상 소개
가타카(1998)	드라마, SF, 스릴러(15세 관람가)	앤드류 니콜	유전자 조작기술을 이용하여 우성 인자만을 보유한 제조인간들이 자연상태로 태어난 일반인들을 지배하는 미래 계급사회를 그린다. 세계 대부분 국가에서 인간 배아를 활용한 유전자 조작기술 연구를 금지시킨 주요 이유는 '생명윤리'와 해당 기술에 의해 인간의 존엄성 및 인간 의지 등이 훼손될 수 있다는 우려 때문이다. 이 영화는 인간 배아연구의 생명윤리 문제에 대해 생각해 보는 기회가 되는 영화이다.

마이시스터즈 키퍼(2009)	드라마(12세 관람가)	닉 카사베츠	유전 공학으로 아이를 갖는다는 것은 윤리적으로 있을 수 없는 일이지만 두살배기 딸의 백혈병 선고는 부부에게 선택의 여지를 없앴다. 그 이후 태어난 동생은 언니의 병을 치료할 목적으로 태어난 맞춤형 아기로 제대혈, 백혈구, 줄기세포, 골수 등 몸의 모든 것을 언니에게 주었고 자신의 역할에 대해 한 번도 도전한 적 없었다. 하지만 동생은 자신의 몸의 권리를 찾기 위해 엄마와 아빠를 고소하기로 결심한다. 원작 도서 '마이 시스터즈 키퍼 쌍둥이별'은 희귀 질환을 앓는 딸의 치료 목적으로 유전자 조작되어 태어난 동생은 아픈 언니를 위해 제대혈을 시작으로 림프구, 골수 등을 기증해야 하게 되는데, 그 사실을 알게 된 동생은 자기 몸의 권리를 찾기 위해 부모님을 고소하며, 소송에서는 동생의 권리가 인정되었다. 하지만 교통사고가 나 생사를 오가는 상황에서 언니에게 신장 이식까지 해주고 죽게 되는 어린 소녀의 비극적인 삶을 그린 소설이다.

[선정하기] 관련 도서와 영화 중 보고 싶거나 읽고 싶은 것을 선정해 보자.

[서술하기] 논제와 관련된 책을 읽거나, 영화를 감상하고 이후 느낀 점을 써 보자.

활동 TIPS

★ 혼자서 하고 있다면, 3일 내 마무리 한다.

★ 교사와 그룹 활동을 하고 있다면 과제를 내준다.

주제 깊이 알기!

01 줄기 세포의 종류에는 무엇이 있는가?

02 배아 줄기 세포가 다른 줄기 세포보다 분화 능력에서 뛰어난 점은 무엇인가?

03 모든 줄기 세포는 신체의 장기(폐, 심장 등)로 분화될 능력이 있을까?

04 핵치환 기술을 통해 얻은 장기를 이식할 때 거부반응을 일으키지 않는 사람은 누구인가?

05 다음의 행위가 윤리적으로 좋은지 나쁜지 판단해 보시오.

(1) 복제 인간을 만든다.

(2) 여러 수정란 중 필요한 것만 사용하고 나머지는 폐기한다.

(3) 병을 진단하고 발병 가능성을 예측하는 시스템을 구축한다.

논제 '맞춤아기 기술은 허용해야 하는가?' 에 대한 찬성, 반대 입장 쓰기

찬성 입장

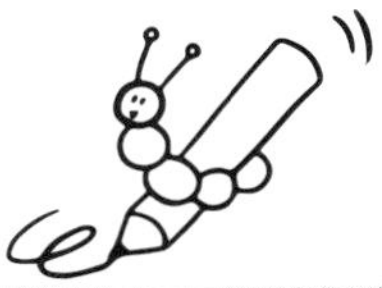

반대 입장

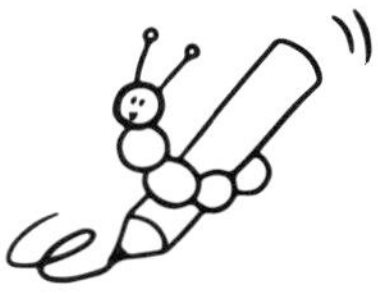

논제에 대한 입장 쓰기 TIPS

★ 논제에 대해 찬성과 반대 입장을 모두 써 본다. 그 중 하나의 압장만 있다면 하나에만 자신의 입장을 자세하게 쓰도록 한다.

토론 개요서 작성 순서 및 방법(요령)

- 직접 수기로 간단명료하게 작성한다.
- 과학적 근거를 들어 명료하게 제시하고, 이를 뒷받침할 수 있는 근거 자료(표, 통계자료, 관련 실험연구 결과 통계 등 과학적 탐구방법)를 인용하여 실제적으로 해결할 수 있는 방안을 제시한다.
- 문제해결 방안을 위주로 작성하되 문제 원인을 바탕으로 다양하고 구체적인 방안을 제시한다. 그러기 위해 방안의 구체적 사례를 조사하거나 관련 과학적 지식을 참고한다.
- 예상 질문 및 응답에 대해서는 우리 팀 주장/발표의 논리적 · 과학적 허점에 대해 토의하고 이를 어떻게 방어할 것인지 전략을 세워둔다.

토론 개요서 (예시 1)

▶ 토론 개요서 서식 (예시)

대회명	고등학교 토론대회				
모둠명	활빈당	팀원	학번	성명	h.p.
			30101	홍길동	010-0000-0000
			30102	홍길서	010-0000-0000
			30103	홍길남	010-0000-0000
논제	동물을 대상으로 한 실험을 금지해야 한다.				
정의해야 할 용어	- '동물 실험': - '금지': 입법활동을 통한 법적 규제				
예상쟁점	•쟁점 1 : 동물 실험의 윤리적 측면 •쟁점 2 : 동물 실험의 실효성 •쟁점 3 : 동물 실험 법적 금지의 현실성				

쟁점		찬성 측	반대 측
쟁점1	주장	동물 실험은 윤리적으로 옳지 않다.	동물 실험이 결여점을 보충할 수 있다.
	근거	•동물도 인간과 동등한 생명이며 고통을 느낄 수 있는 존재 •'동물권 침해'의 문제 •'드레이즈 실험' 등 잔인함을 수반하는 것은 적절치 않음	• 3R(Replacement, Refinement, Reduction)을 통한 동물의 고통 최소화 • AAALAC(국제실험동물관리평가인증협회)를 통해 옴부즈맨 제도 활성화
쟁점2	주장	동물 실험은 실효성이 없다.	동물 실험은 실효성이 있다.
	근거	•'탈리도마이드', '클리오퀴 놀'등 동물 실험을 거쳤음에도 부작용이 생긴 사례 •실제 인간과 동물 사이에 생물학적 차이가 존재함	•암과 난치병의 치료를 위한 의학, 약학 분야에서의 동물 실험 •소아마비, 결핵, 풍진, 홍역 등 치명적 질병들에 대한 예방 백신 개발 •현재 인간을 비롯한 동물을 이해하기 위한 동물실험도 진행 중.
쟁점3	주장	동물 실험을 하지 않는 대안이 존재한다.	현실적으로 동물 실험을 대체하기 어렵다.
	근거	•컴퓨터 시뮬레이션, 동물 세포, 인공피부 등을 통해 대체할 수 있음 •동물실험 없이 매출을 내는'Lush' '더바디샵'등의 화장품 기업	•학생들과 연구자들의 해부 실습도 모두 금지하기는 어려움 •줄기 세포/동물세포를 이용한 대안도 동물 실험을 기반으로 하는 것. •어떤 대안도 동물 실험 자체를 완벽하게 대체하기 어려움.

토론 개요서 (예시 2)

토론 개요서

❑ 토론요약서

팀명		팀원 성명	
논제	문제아 보고서는 현실에 적용하기에 적합한 방법인가?		
용어 정의	문제아 보고서: 특정한 아이를 괴롭히는 문제아를 교화하기 위하여 만든 프로그램. 이 책에서는 기민이와 현섭이의 사이를 좋게 회복 시키기 위해 사용함. 현실에 적용하다: 학교에서 친구 사이의 갈등이 있는 현실에 사용할 수 있게 하다. 적합하다: 무언가를 사용함에 있어서 결함이나 문제가 없다.		
		찬성 측	반대 측
쟁점		발 전	역 효 과
주장1	주장	친구의 새로운 모습을 볼 수 있다.	친구사이가 오히려 악화될 수 있다.
	근거	**-보고서를 쓰면서 서로의 새로운 점을 발견할 수 있었다.** 현섭이의 아빠가 기타리스트이고 현섭이가 기타를 잘 친다는 것과, 기민이의 엄마는 새엄마이고 기민이가 공부 뿐 아니라 게임도 잘한다는 것 등을 서로 알게 된다. **그래서 상대의 좋은 점을 볼 수 있었다.** -태백이라니 녀석 좀 센스가 있었다.(127쪽) -조현섭, 무식하고 개념 없고 다른 사람 기분 따위는 생각하지 않고 장난을 잘 치며 반 분위기를 흐리는 아이입니다. 그런데 은근히 똑똑한 면이 있고 다른 사람의 기분을 생각할 줄 알며 배려심이 많습니다. (149,151쪽) -김기민은 알고 보니 괜찮은 녀석이었습니다. 보고서를 쓰는 것은 참 좋은 일이었습니다.(P150~151)	**-서로 싫어하는데 억지로 함께 있으면 오히려 좋지 않은 감정이 생겨서 사이가 악화 될 수 있다.** -자존심을 짓밟힌 나는 그 녀석과 일분일초도 같이 있을 수 없었다.(35쪽) -"짜증 나 죽겠다니까. 그 자식이랑 같이 있는 것 자체가 지옥이다. 지옥. 담임은 왜 그딴 걸 시켜 가지고. 짜증나게."(37쪽) -그놈의 보고서 때문에 나는 어쩔 수 없이 기민이의 집에 또 와야 했다. 선생님도 원망스러웠고 문제아 보고서를 만든 사람도 싫었다.(37쪽) -이름 김기민. 성격 괴팍, 잘난 체, 왕재수. 사람 무시하기를 즐기며 자기가 제일 잘난 줄 앎. 키도 작고 힘도 없는 게 엄청 나댐. 이상 끝.(38쪽)
주장2	주장	친구와 친해지는 계기가 된다.	성실히 하지 않을 수 있다.
	근거	**-서로의 집을 방문하고, 억지로라도 일주일에 두 번 두 시간씩 함께 있으면 정이 들고 친해지는 계기가 된다.** -동혁이의 열등감은 이해하지만 이제는 동혁이의 편만 들어줄 수도 없었다. 나도 모르게 내 마음이 변하고 있었고, 그럴수록 동혁이에게 죄를 짓는 기분이 들었다.(138쪽) -전화를 받고 나서야 알았다. 내게도 친구가 생겼다는 걸.(153쪽). -기민이와 나는 앙숙이었지만 보고서를 계기로 아주 가까워졌고 속사정도 알게 되었	**-시간 약속을 어길 수도 있고, 따로 있다 사진만 시간에 맞춰 찍는 속임수를 쓰는 등 성실히 하지 않을 수 있다.** -"모자란 시간은 다음에 채워"(36쪽) -점심시간이 되어 기민이에게 갈까 말까 고민을 했지만 전날 혼자 밥 먹은 일이 생각나서 기민이가 불어올 때 문 밖으로 먼저 나가 버렸다. 우리는 또다시 밥을 따로 먹었다.(61쪽)

https://blog.naver.com/kumyong68/221392486904

토론 개요서 작성 TIPS

★ 직접 수기로 작성하되, 글자의 크기가 적당해야 한다.
★ 띄어쓰기를 정확하게 하며, 어려운 용어는 자제한다.
★ 개요서 양식의 분량을 지킨다.

토론 개요서 직접 작성하기

토론 개요서

<table>
<tr><td>대회명</td><td colspan="5">○○○ 토론대회</td></tr>
<tr><td>팀명</td><td></td><td>팀원
학번
성명</td><td>1.
2.
3.</td><td>대표
학생
(연락처)</td><td></td></tr>
<tr><td>논제</td><td colspan="5"></td></tr>
<tr><td>쟁점</td><td colspan="5">• 쟁점 1 :
• 쟁점 2 :
• 쟁점 3 :</td></tr>
</table>

<table>
<tr><td>쟁점</td><td colspan="2">긍정측</td><td>부정측</td></tr>
<tr><td rowspan="2">쟁점1</td><td>주장</td><td></td><td></td></tr>
<tr><td>근거</td><td></td><td></td></tr>
<tr><td rowspan="2">쟁점2</td><td>주장</td><td></td><td></td></tr>
<tr><td>근거</td><td></td><td></td></tr>
<tr><td rowspan="2">쟁점3</td><td>주장</td><td></td><td></td></tr>
<tr><td>근거</td><td></td><td></td></tr>
</table>

발표 및 토론하기

발표하기

TIPS

★ 발표할 때 필요한 내용을 메모하거나 발표에 필요한 대본을 직접 작성해 보자.

발표 TIPS

★ 문제를 분석하고 해결 방안을 과학적 · 창의적으로 제시한다.

★ 발표 종료 30초 전 알람을 맞추어 제한 시간을 지키는 연습을 한다.

★ <연습> 발표하는 자신의 목소리를 녹음하거나 토론 모습을 영상으로 찍어 발표 태도 평가에 사용한다.

발표태도 TIPS

★ 발표를 할 때에는 몸을 심하게 움직이거나 돌아다니지 않는다.

★ 평가자에 시선을 두고 발표한다.

★ 발음을 정확하게 한다.

★ 목소리 톤은 약간 크게 유지한다.

질의 · 응답하기

TIPS

★ 질문 문항, 응답 문항을 직접 작성해 보면 질문과 응답에 많은 도움이 된다.

찬성측이 반대측에 질의

반대측이 찬성측에 질의

반대측이 찬성측에 응답

찬성측이 반대측에 응답

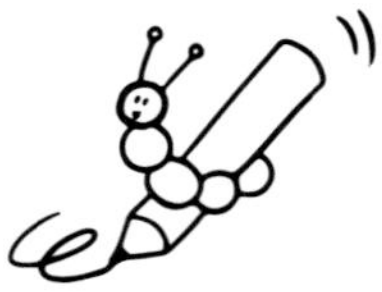

질의·응답 TIPS

★ 질의는 간략하고 효율적으로 하며, 상대방 주장의 허점을 정확히 지적한다.

★ 응답(답변) 시 질의의 요지를 파악하고 논리적으로 답변하여 자기 팀의 주장을 확실하게 한다.

★ 질문의 논점을 회피하는 모습을 보이거나 끼워맞추는 답변을 하지 않도록 한다.

★ 발표 종료 30초 전 알람을 맞추어 제한 시간을 지키는 연습을 한다.

평가하기

토론 개요서 평가서

토론 개요서 평가 기준		평가 척도				
		매우 우수	우수	양호	보통	부족
		5점	4점	3점	2점	1점
1	주장이 명확한가?					
2	주장이 논리적인가? (타당성)					
3	주장을 과학적으로 접근하였는가?					
4	주장에 따른 적절한 근거를 제시하였는가?					
5	제시한 자료가 다양한가?					
6	제한된 분량을 잘 지켰는가? (적절성)					
총점		/ 30점 ( ) 등급				

* (총점) 25점 이상 : 1등급, 20점 이상 : 2등급, 15점 이상 : 3등급, 14점 이하 : 4등급

발표 및 태도(토론의 자세) 평가서

발표 및 태도(토론의 자세) 평가 기준		평가 척도				
		매우 우수	우수	양호	보통	부족
		5점	4점	3점	2점	1점
1	발표할 때 몸을 심하게 움직이거나 돌아다니지 않았는가?					
2	상대방의 인격을 존중하는 태도를 보이며, 예의 바르게 대했는가?					
3	평가자가 알아들을 수 있게 발음을 정확하게 하였는가?					
4	목소리 톤을 너무 크거나 너무 작지 않게 하였는가?					
5	토론 내용을 잘 나타내는 정확한 용어를 사용하였는가?					
6	발표 시간을 잘 지켰는가?					
총점		/ 30점 ( ) 등급				

* (총점) 25점 이상 : 1등급, 20점 이상 : 2등급, 15점 이상 : 3등급, 14점 이하 : 4등급

TIPS

★ 평가서는 실제로 발표를 하면서 작성해 보자.

★ 발표하는 자신의 목소리를 녹음하거나 토론 모습을 영상을 찍어 발표 태도를 평가해 보자.

주제2 **원자력발전**

OO일보 20xx년 xx월 xx일

국민 10명 중 7명은 원전 찬성 ... 원자력계 조사 결과

OO일보 20xx년 xx월 xx일

발전소 폐기물은 안전할까?

정부가 노후 원전인 월성 1호기를 조기 폐쇄하기로 확정하면서 탈핵(탈원전) 논쟁이 다시 뜨거워지고 있다. 그러나 원전 폐기물 관련 논의가 없다는 것이 큰 문제이다. 원전 운영에 있어 최근 10년간 매년 평균 1000억 원이 넘는 적자가 난 만큼 가능한 한 빨리 문을 닫는 게 합리적이라는 폐기찬성론과 폐기로 인해 에너지가 부족해질 수 있다는 폐기 반대론이 있다. 원전의 가동 중단에 대한 논의는 활발하지만 정작 원전이 해체되고 난 이후 발생하는 문제에 대한 논의는 초보적인 수준에 머물고 있다. 특히 방사능 농도가 낮은 '자체 처분 폐기물'을 어떻게 처리할지는 관련 법규조차 충분히 마련되지 않고 있다.

반대 입장

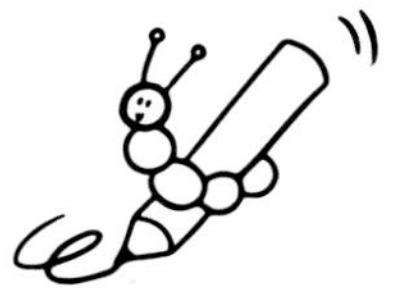

토론 개요서 직접 작성하기

토론 개요서

<table>
<tr><td>대회명</td><td colspan="6">OOO 토론대회</td></tr>
<tr><td>팀명</td><td colspan="2"></td><td>팀원
학번
성명</td><td>1.
2.
3.</td><td>대표
학생
(연락처)</td><td></td></tr>
<tr><td>논제</td><td colspan="6"></td></tr>
<tr><td>쟁점</td><td colspan="6">• 쟁점 1 :
• 쟁점 2 :
• 쟁점 3 :</td></tr>
<tr><td>쟁점</td><td colspan="2">긍정측</td><td colspan="4">부정측</td></tr>
<tr><td rowspan="2">쟁점1</td><td>주장</td><td></td><td colspan="4"></td></tr>
<tr><td>근거</td><td></td><td colspan="4"></td></tr>
<tr><td rowspan="2">쟁점2</td><td>주장</td><td></td><td colspan="4"></td></tr>
<tr><td>근거</td><td></td><td colspan="4"></td></tr>
<tr><td rowspan="2">쟁점3</td><td>주장</td><td></td><td colspan="4"></td></tr>
<tr><td>근거</td><td></td><td colspan="4"></td></tr>
</table>

해설 및 예시답안 | P. 17

발표 및 토론하기

발표하기

TIPS

★ 발표할 때 필요한 내용을 메모하거나 발표에 필요한 대본을 직접 작성해보자.

발표 TIPS

★ 문제를 분석하고 해결 방안을 과학적 · 창의적으로 제시한다.

★ 발표 종료 30초 전 알람을 맞추어 제한 시간을 지키는 연습을 한다.

★ <연습> 발표하는 자신의 목소리를 녹음하거나 토론 모습을 영상으로 찍어 발표 태도 평가에 사용한다.

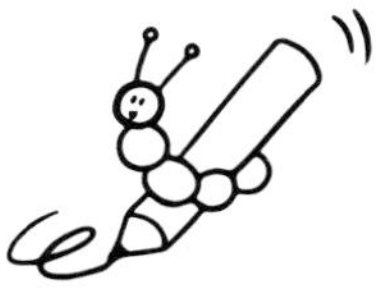

발표태도 TIPS

★ 발표를 할 때에는 몸을 심하게 움직이거나 돌아다니지 않는다.

★ 평가자에 시선을 두고 발표한다.

★ 발음을 정확하게 한다.

★ 목소리 톤은 약간 크게 유지한다.

질의 · 응답하기

TIPS

★ 각 질문 문항, 응답 문항을 직접 작성해 보자.

찬성측이 반대측에 질의

반대측이 찬성측에 질의

반대측이 찬성측에 응답

찬성측이 반대측에 응답

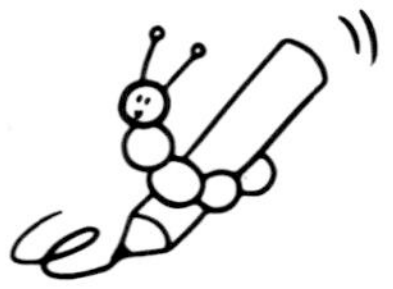

질의·응답 TIPS

★상대방 주장의 허점을 찾아 질의를 간략하고 효율적으로 한다.

★ 응답(답변) 시 질의의 요지를 파악하고 논리적으로 답변하여 자기 팀의 주장을 확실하게 한다.

★ 질문의 논점을 회피하는 모습을 보이거나 끼워맞추는 답변을 하지 않도록 한다.

★ 발표 종료 30초 전 알람을 맞추어 제한 시간을 지키는 연습을 한다.

평가하기

토론 개요서 평가서

토론 개요서 평가 기준		평가 척도				
		매우 우수	우수	양호	보통	부족
		5점	4점	3점	2점	1점
1	주장이 명확한가?					
2	주장이 논리적인가? (타당성)					
3	주장을 과학적으로 접근하였는가?					
4	주장에 따른 적절한 근거를 제시하였는가?					
5	제시한 자료가 다양한가?					
6	제한된 분량을 잘 지켰는가? (적절성)					
총점		/ 30점 ( ) 등급				

* (총점) 25점 이상 : 1등급, 20점 이상 : 2등급, 15점 이상 : 3등급, 14점 이하 : 4등급

발표 및 태도(토론의 자세) 평가서

발표 및 태도(토론의 자세) 평가 기준		평가 척도				
		매우 우수	우수	양호	보통	부족
		5점	4점	3점	2점	1점
1	발표할 때 몸을 심하게 움직이거나 돌아다니지 않았는가?					
2	상대방의 인격을 존중하는 태도를 보이며, 예의 바르게 대했는가?					
3	평가자가 알아들을 수 있게 발음을 정확하게 하였는가?					
4	목소리 톤을 너무 크거가 너무 작지 않게 하였는가?					
5	토론 내용을 잘 나타내는 정확한 용어를 사용하였는가?					
6	발표 시간을 잘 지켰는가?					
총점		/ 30점 ( ) 등급				

* (총점) 25점 이상 : 1등급, 20점 이상 : 2등급, 15점 이상 : 3등급, 14점 이하 : 4등급

TIPS

★ 평가서는 실제로 발표를 하면서 작성해 보자.

★ 발표하는 자신의 목소리를 녹음하거나 토론 모습을 영상을 찍어 발표 태도를 평가해 보자.

주제3

동물실험

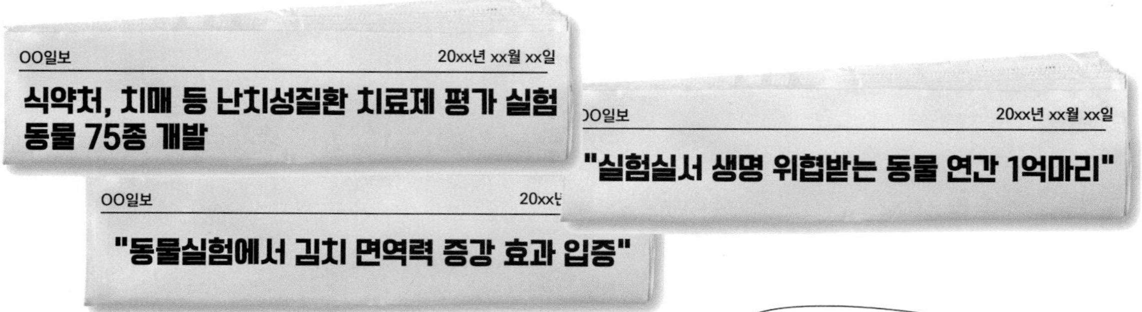
OO일보 20xx년 xx월 xx일

식약처, 치매 등 난치성질환 치료제 평가 실험동물 75종 개발

OO일보 20xx년 xx월 xx일

"실험실서 생명 위협받는 동물 연간 1억마리"

OO일보 20xx

"동물실험에서 김치 면역력 증강 효과 입증"

의학기술이 발달하면서 인간의 수명은 과거보다 많이 늘어났다. 하지만 그 이면에는 수많은 실험동물의 희생이 있었다. 실험동물로는 주로 쥐나 기니피그, 토끼, 메추리, 닭, 개, 돼지, 원숭이 등이 활용됐다.

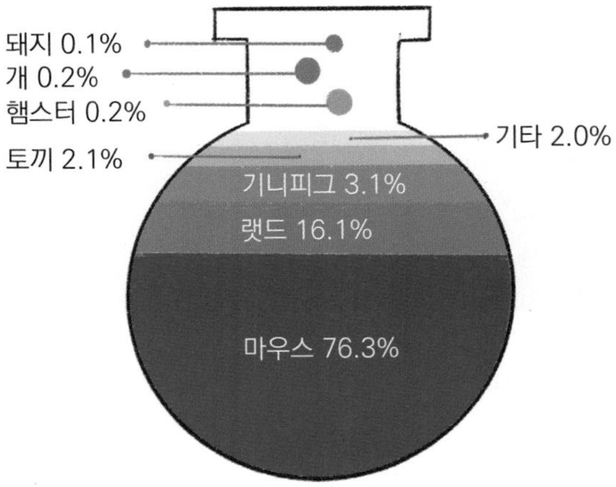

국내 연도별 실험동물 사용량 (단위: 마리)

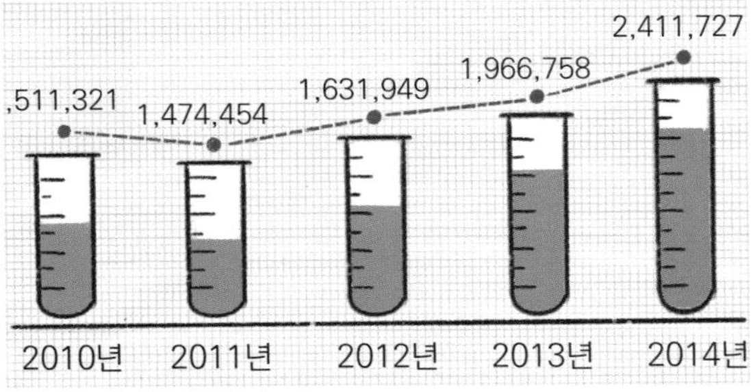

기록상 최초의 동물실험
개의 눈 해부 → 시신경 발견

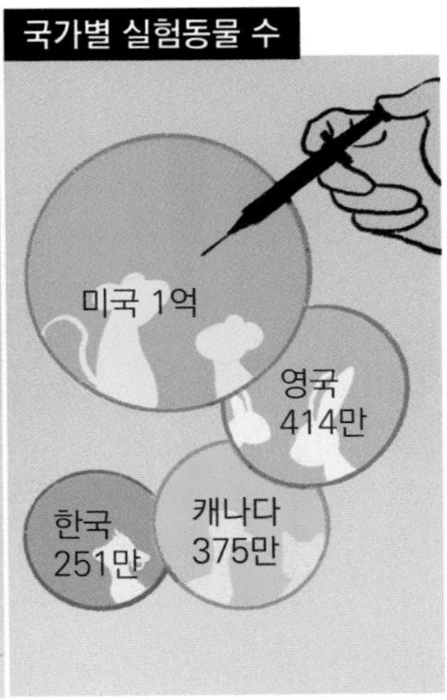

실험동물로 가장 많이 쓰이는 것은 쥐를 비롯한 설치류이다. 설치류는 사람과의 유전적인 유사성이 80% 정도로 높은 편이다. 또한 유전자를 치매, 우울증, 암 등 다양한 질병 모델을 만들어서 시험해 볼 수 있으며 비교적 빨리 결과를 볼 수 있어서 가장 많이 사용되고 있다.

동물실험은 대학, 병원, 농장에서뿐만 아니라 제약 회사, 화장품 회사, 식품 회사 등 많은 곳에서 광범위하게 이루어지고 있다. 이때 동물에게 행해지는 실험은 크게 두 가지로 나눌 수 있다.

동물의 유전적 특징, 성장 과정, 행동 양식을 관찰하고 연구하는 동물행동학 실험과 이종이식, 약물 반응 검사, 독극물 반응 검사 등과 같이 동물의 특정 조직을 연구하는 생리학 실험이다. 동물행동학 실험은 동물을 죽일 필요가 없는 실험이지만 생리학 실험에 사용되는 동물은 죽기도 한다.

생리학 실험은 다시 급성 실험과 만성 실험으로 나눌 수 있다. 급성 실험은 동물을 마취하지 않고 살아있는 채로 해부하는 실험으로 다양한 자극에 동물의 몸이 어떻게 반응하는지 관찰하는 실험이다. 만성 실험의 경우 오랜 기간에 걸친 실험으로 오랫동안 같은 자극을 주거나, 쳇바퀴를 돌리는 등 다양한 실험을 통해 자극들이 동물의 몸속 특정 구조에 어떤 영향을 미쳤는지 확인하기 위해서 한다. 두 실험 모두 실험을 마친 동물들은 결국 죽게 된다.

가정에서 평소 자주 사용되는 생활용품들도 동물실험을 통해 제품에 사용되는 재료의 안정성을 확인하기도 한다. 가장 많은 동물실험이 행해지고 있는 제품 중 하나는 샴푸이며, 인간의 피부에 직접 사용하는 제품인 면도 크림이나 데오드란트 제품, 자외선 차단제 등은 동물들의 털을 제거하고 피부에 직접 발라 테스트하고 있다.

미국 식품의약국처는 기업의 의사와 관계없이 모든 의료 기기에 대한 동물실험을 요구하고 있다. 의료기기로 취급되고 있는 콘택트렌즈도 출시 전 동물실험이 행해진다. 의무적으로 대부분의 제품에 동물실험을 하고 있지만, "클리어 콘센스(Clear Conscience)"라는 동물실험을 하지 않는 콘택트렌즈도 판매되고 있다.

천연 소재로 만들어진 화장지의 경우 동물실험이 이루어지지 않고 있지만, 표백과 향기가 나는 화장지는 동물실험이 이루어지고 있다.

포스트잇이나 테이프와 같이 접착제를 사용하는 제품의 경우 접착제의 안정성을 확인하기 위한 동물실험이 이루어지고 있다.

[서술] 글을 읽고 느낀 점을 쓰시오.

[논제 뽑아보기] 위 내용 관련 토론 논제를 직접 뽑아 보자.

'동물실험' 논제 뽑아보기

Q1 다음 5가지 논제 중 동물실험에 대한 적절한 논제(토론 주제)를 골라보고, 그 이유를 설명하시오.

1. 동물실험은 필요악인가?
2. 동물실험의 대안은 없는가?
3. 동물실험은 비윤리적인 행위인가?(동물실험은 윤리적으로 정당한가?)
4. 잔인한 동물실험을 금지해야 하는가?
5. 동물실험의 결과를 인간에게 적용할 수 있는가?

Q2 위 5가지 논제 중 자신이 생각한 논제가 있는가? 있다면, 그 논제를 고르고 그것을 설명해 보시오. 없다면, 자신이 생각한 논제를 쓰고, 그것을 설명해 보시오.

논제:

논제로 선정한 이유 :

가 관련 용어 및 이론

동물실험 교육이나 연구, 신약품의 개발 등 인간의 과학적 목적을 위해 동물을 대상으로 행하는 실험 또는 그 과학적 절차

실험동물 다방면의 연구와 제조 교육 등을 위해 번식시키거나 포획한 야생동물

실험동물의 주요 특성 및 연구 분야

실험동물	특성	연구분야
 ▲ 마우스(mouse)	· 다양한 계통 · 짧은 생활 주기 및 수명(신속한 세대 교체) · 우수한 번식능력, 사육관리 용이 · 연구분야 및 의학, 농약, 식품, 사료 첨가물 등의 안전성 시험 등 광범위하게 사용	종양학, 약리학, 유전학, 면역학, 내분비 연구
 ▲ 랫드(rat)	· 약리, 대사, 생화학, 영양학 등에서 인간과의 유사성이 높음 · 당뇨병 및 고혈압, 영양과 행동 연구 등에 사용 · 종양 실험에 많이 사용	종양학, 독성실험
 ▲ 햄스터	· 야행성, 온순함 · 바이러스(광견병, 일본뇌염바이러스 등)에 특히 민감함 · 암세포의 생체 내 증식, 전이를 관찰	종양학, 발육 및 노화 연구, 바이러스 연구
 ▲ 기니피그	· 항생 물질(페니실린)에 민감 · 괴혈병 연구(바이타민 C 체내 합성이 안됨) · 산소 소비량 측정 · 발열실험, 감염병(결핵, 파상풍, 디프테리아, 페스트, 탄저 등) 진단에 사용	약리학, 면역학, 병리학, 대사 연구
 ▲ 토끼	· 적당한 체격(외과 수술 등에 취급 용이) · 큰 귀와 굵은 혈관을 이용하여 혈관 주사 및 채혈 용이 · 안구의 해부학적 구조가 안구 연구에 적합	약리학, 면역학, 혈액·병리·대사 연구, 내분비 연구
 ▲ 돼지	· 형태적, 생리적 특성에서 인간과 유사성이 높음	순환기계·소화관 연구 대사·영양학 연구, 피부 연구
 ▲ 개	· 온순하고 사육이 용이 · 번식력이 우수 · 취급이 용이 ·심장 연구와 정형외과의 골격 실습 모델로 사용	외과, 순환기·신경생리·소화기 연구, 내분비 연구, 호흡기, 치과, 비뇨기 연구

* 출처 : 식품의약품안전처

동물실험 3R 원칙 1985년부터 세계보건기구(WHO)에서는 '동물실험윤리위원회'를 설치하고 동물실험에 대한 '3R 원칙'을 적용하도록 각국에 권고하였다. '3R 원칙'이란 1959년 영국의 동물학자 윌리엄 러셀과 미생물학자 렉스 버치가 주장한 3R 개념으로 동물실험 윤리에 대해 각 나라와 연구자들이 가져야 할 태도를 나타내는 것이다.

① 대체(Replacement) : 살아있는 동물을 이용한 실험을 피하고 다른 실험 방법을 연구하고 대체한다.
② 감소(Reduce) : 피치 못하게 동물실험을 해야 할 경우 사용되는 개체 수를 줄인다.
③ 완화, 정제(Refinement) : 동물실험에 쓰일 동물이라도 쾌적한 환경 제공과 올바른 사육 및 관리, 실험 시 마취나 무통, 실험 이후 안락사 등의 방법으로 고통 완화에 도움을 주는 방법을 활용한다.

채식주의자 사람들이 채식을 하는 방법은 다음과 같이 다양하다.

① 페스코 베지테리언 : 해산물은 먹지만 소고기, 돼지고기, 닭고기와 같이 뭍에서 나는 고기는 먹지 않는 채식 주의자
② 오보 베지테리언 : 동물의 알까지만 먹는 채식주의자
③ 비건 : 고기나 해산물은 물론이고 우유나 유제품, 동물의 알도 먹지 않고, 동물의 생명을 해치지 않기 위해 모피나 가죽 제품도 사용하지 않는 채식주의자
④ 프루테리언 : 과일조차 사람이 따지 않고 자연스럽게 떨어진 것만 먹는 채식주의자

오가노이드(Organoid) 분화가 가능한 세포나 줄기세포를 키워서 인체 장기와 유사한 3차원 세포의 구조체(미니 장기)를 만드는 것으로 동물실험의 대안으로 떠오르고 있다. 인간의 세포를 이용했기 때문에 동물 실험보다 인체에 더 근접한 실험 결과를 얻을 수 있다.

장기칩(Organ on a chip) 장기의 속성과 기능을 온전히 카피하여 USB 와 같이 작은 칩에 구현해 넣은 것이다. 특정 장기를 구성하는 세포를 배양한 뒤, 이 세포들을 기계 칩 위에 올리는 것으로 해당 장기의 생리학적 특성을 최대한 그대로 흉내 낼 수 있게 만든다. 신약의 후보 물질을 실험하여 그 효과나 부작용을 확인하거나 화장품을 개발할 때 필요한 독성 검사 단계에서 활용되고 있다.

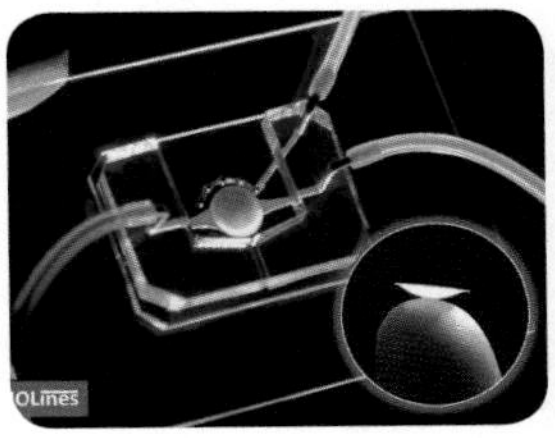
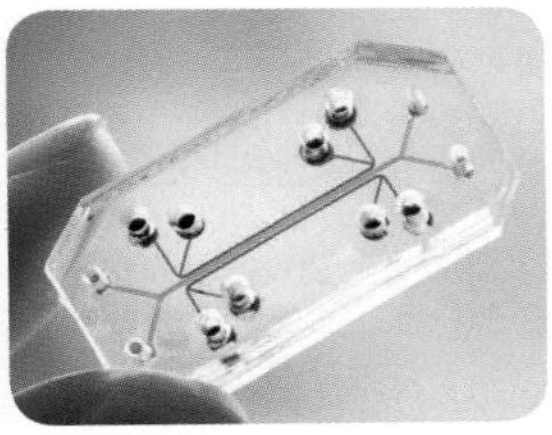
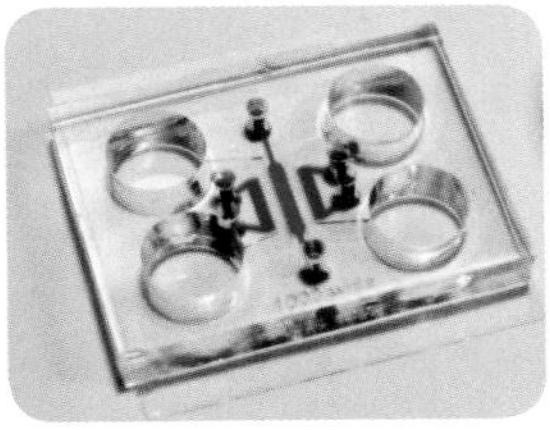

관련 사이트

동물실험윤리위원회 http://www.animal.go.kr/aec/main/main.jsp
한국실험동물학회 http://www.kalas.or.kr/

관련 도서

책이름	출판사	저자	책소개
세더잘 13 동물실험, 왜 논란이 될까?	내인생의 책	페이션스 코스터 저 / 김기철 역 / 2012	오늘날 첨예한 논란을 일으키는동물실험의 찬반양론을 명쾌하게 정리하여 과학 윤리를 깊이 생각하게 해주는 청소년 교양서이다.
동물들의 소송	알마	앙투안 F. 괴첼 저 / 2016	《동물들의 소송》은 관념적으로 사랑한다고 생각했던 동물들과 관련해 우리 인간들이 벌이는 다양한 문제들에 대해 무심히 질문을 던진다. 세계에서 유일하게 '동물 변호사'라는 공식적인 명함을 가지고 활동했던 인물이 겪은 생생한 현장 이야기와 고민 그리고 가장 현실적인 방법론을 제시하고 있다.
동물들을 위한 윤리학	사월의 책	최훈 저/ 2015	이 책『동물을 위한 윤리학』은 우리의 관습적 편견인 '육식의 윤리'에서 잠시 벗어나 동물의 도덕적 지위를 꼼꼼히 따져본다.
어린이를 위한 동물 복지 이야기	팜파스	한화주 글/박선하 그림/ 2018	『어린이를 위한 동물 복지 이야기』는 인간 사회를 위해 희생되는 동물의 삶과, 산업이 되어 버린 동물들에 대한 이야기를 들려준다. 그리고 동물들의 희생이 과연 정말 꼭 필요한 것인지 질문하고, 동물의 행복에 대한 다양한 시도를 보여주고 있다.

관련 영화 및 영상

영화이름	장르	감독	영화/영상 소개
혹성탈출: 진화의 시작(2011)	액션, 모험, SF	루퍼트 와이어트	과학자 '윌 로드만'은 알츠하이머 병에 걸린 아버지를 치료하고자 인간의 손상된 뇌기능을 회복시켜주는 '큐어'를 개발한다. 이 약의 임상실험으로 유인원들이 이용되고, 한 유인원에게서 어린 '시저'가 태어나 '윌'은 자신 집에서 '시저'를 키우게 된다. 시간이 지날수록 '시저'의 지능은 인간을 능가하게 되고, 다른 유인원들과 함께 생존을 걸고 인간들과의 대전쟁을 벌이게 되는 영화이다.
프로젝트 님(Project Nim)(2011)	다큐멘터리	제임스 마쉬	영화는 실험을 위해 인간처럼 키운 침팬지 '님'을 중심으로 동물실험에 대한 이야기를 담아낸다. 어렸을 때부터 고등교육을 받은 님은 과연 행복했을까? 인간의 입장에서 주관적인 행복을 강요당한 침팬지는 오히려 불행해졌다. 지금까지도 화장품, 약품 등 다양한 실험을 위해 빈번히 발생하는 동물실험, 인간에게 어떤 유의미한 결과를 가져올 것인지에 대해 의문을 품게 한다.
kbs 환경스페셜 205회 생명 보고서, 실험실의 동물들(2004)	다큐멘터리	김종서	한국에서 희생되는 실험동물의 수, 한해 약 4백만 마리! 그러나 이를 관리하는 제도조차 없는데... 동물실험, 이대로 좋은가?
kbs 환경스페셜 533회 동물 실험을 말하다(2013)	다큐멘터리	박용식	"동물실험은 의학 기술 진보에 엄청난 기여를 하고 있다.", "인간과 동물은 생물학적 구조가 다르다. 동물이 겪는 고통과 죽음을 상쇄할 만큼 효과적이지 않다 ." 동물실험을 둘러싸고 벌어지는 다양한 논란! 동물실험의 윤리적인 측면과 과학적 실효성 두 가지 모두를 꼼꼼히 따져본다.

[선정해 보기] 관련 도서와 영화 중 보고 싶거나 읽고 싶은 것을 선정해 보자.

[서술하기] 논제와 관련된 책을 읽거나, 영화를 감상하고 이후 느낀 점을 써 보자.

활동 TIPS

★ 혼자서 하고 있다면, 3일 내 활동을 마무리한다.

★ 교사와 그룹활동을 하고 있다면 과제로 내준다.

II 과학토론대회
III 과학탐구 산출물 대회
IV 발명품 대회

주제 깊이 알기!

01 병을 치료하기 위해 개발한 약이나 새로 개발된 화장품의 안전성, 질병의 발생 과정을 확인하는 것과 같은 다양한 연구나 실험에 사용되는 동물을 무엇이라 하는가?

02 다음 중 실험동물로 가장 많이 사용되는 동물은 무엇인가?

① 어류 ② 토끼 ③ 설치류 ④ 개·고양이 ⑤ 원숭이류

03 다음 중 동물실험의 3R 원칙을 있는 대로 고르시오.

① 감소(Reduce) ② 재활용(Recycle) ③ 대체(Replacement)
④ 도덕적으로 옳은(Right) ⑤ 완화·정제(Refinement)

04 다음 물질의 제조 과정에서 동물실험을 실시한 경우를 있는 대로 고르시오.

① 샴푸 ② 면도 크림 ③ 안경
④ 일반 화장지 ⑤ 자외선 차단제

05 동물실험을 하지 않는다면 발생할 수 있는 문제점은 무엇일까? 자신의 생각을 서술하고, 그에 대한 대처방안도 함께 서술하시오.

해설 및 예시답안 | P. 21

토론 개요서 작성하기

마인드맵을 통해 '동물실험'에 대한 자신의 생각 쓰기

마인드맵 작성 TIPS

★ 생각나는 대로 자유롭게 적는다. (다방면의 생각을 조합하여 적는다.)

사회적

개인적

윤리적

동물실험

경제적

기타

논제 '동물실험은 계속 되어야 하는가?' 에 대한 찬성, 반대 입장 쓰기

찬성 입장

논제에 대한 입장 쓰기 TIPS

★ 논제에 대해 찬성과 반대 입장을 모두 쓰는 것이 좋지만, 그 중 하나만 있더라도 하나에만 자신의 입장을 자세하게 쓰도록 한다.

반대 입장

토론 개요서 직접 작성하기

토론 개요서

<table>
<tr><td>대회명</td><td colspan="5">○○○ 토론대회</td></tr>
<tr><td>팀명</td><td></td><td>팀원
학번
성명</td><td>1.
2.
3.</td><td>대표
학생
(연락처)</td><td></td></tr>
<tr><td>논제</td><td colspan="5"></td></tr>
<tr><td>쟁점</td><td colspan="5">• 쟁점 1 :
• 쟁점 2 :
• 쟁점 3 :</td></tr>
</table>

<table>
<tr><td>쟁점</td><td colspan="2">긍정측</td><td>부정측</td></tr>
<tr><td rowspan="2">쟁점1</td><td>주장</td><td></td><td></td></tr>
<tr><td>근거</td><td></td><td></td></tr>
<tr><td rowspan="2">쟁점2</td><td>주장</td><td></td><td></td></tr>
<tr><td>근거</td><td></td><td></td></tr>
<tr><td rowspan="2">쟁점3</td><td>주장</td><td></td><td></td></tr>
<tr><td>근거</td><td></td><td></td></tr>
</table>

발표 및 토론하기

발표하기

TIPS

★ 발표할 때 필요한 내용을 메모하거나 발표에 필요한 대본을 직접 작성해보자.

발표 TIPS

★ 문제를 분석하고 해결 방안을 과학적 · 창의적으로 제시한다.

★ 발표 종료 30초 전 알람을 맞추어 제한 시간을 지키는 연습을 한다.

★ <연습> 발표하는 자신의 목소리를 녹음하거나 토론 모습을 영상으로 찍어 발표 태도 평가에 사용한다.

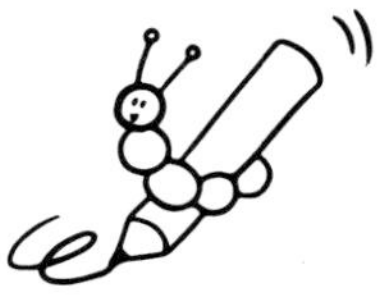

발표태도 TIPS

★ 발표를 할 때에는 몸을 심하게 움직이거나 돌아다니지 않는다.

★ 평가자에 시선을 두고 발표한다.

★ 발음을 정확하게 한다.

★ 목소리 톤은 약간 크게 유지한다.

질의·응답하기

TIPS

★ 발표자에게 할 질문 문항, 응답 문항을 직접 작성해 보자.

찬성측이 반대측에 질의	반대측이 찬성측에 질의

반대측이 찬성측에 응답	찬성측이 반대측에 응답

질의·응답 TIPS

★ 질의는 상대방 주장의 허점에 초점을 맞춰 간략하고 효율적으로 한다.

★ 응답(답변) 시 질의의 요지를 파악하고 논리적으로 답변하여 자기 팀의 주장을 확실하게 한다.

★ 질문의 논점을 회피하는 모습을 보이거나 끼워맞추는 답변을 하지 않도록 한다.

★ 발표 종료 30초 전 알람을 맞추어 제한 시간을 지키는 연습을 한다.

평가하기

토론 개요서 평가서

토론 개요서 평가 기준		평가 척도				
		매우 우수	우수	양호	보통	부족
		5점	4점	3점	2점	1점
1	주장이 명확한가?					
2	주장이 논리적인가? (타당성)					
3	주장을 과학적으로 접근하였는가?					
4	주장에 따른 적절한 근거를 제시하였는가?					
5	제시한 자료가 다양한가?					
6	제한된 분량을 잘 지켰는가? (적절성)					
총점		/ 30점 ( ) 등급				

* (총점) 25점 이상 : 1등급, 20점 이상 : 2등급, 15점 이상 : 3등급, 14점 이하 : 4등급

발표 및 태도(토론의 자세) 평가서

발표 및 태도(토론의 자세) 평가 기준		평가 척도				
		매우 우수	우수	양호	보통	부족
		5점	4점	3점	2점	1점
1	발표할 때 몸을 심하게 움직이거나 돌아다니지 않았는가?					
2	상대방의 인격을 존중하는 태도를 보이며, 예의 바르게 대했는가?					
3	평가자가 알아들을 수 있게 발음을 정확하게 하였는가?					
4	목소리 톤을 너무 크거나 너무 작지 않게 하였는가?					
5	토론 내용을 잘 나타내는 정확한 용어를 사용하였는가?					
6	발표 시간을 잘 지켰는가?					
총점		/ 30점 ( ) 등급				

* (총점) 25점 이상 : 1등급, 20점 이상 : 2등급, 15점 이상 : 3등급, 14점 이하 : 4등급

TIPS

★ 평가서는 실제로 발표를 하면서 작성해 보자.

★ 발표하는 자신의 목소리를 녹음하거나 토론 모습을 영상을 찍어 발표 태도를 평가해 보자.

PART III

과학 탐구 산출물 대회

탐구 보고서 대회는
어떻게 준비할까?

단원 살짝 엿보기

01 대회 준비 Tip

탐구의 단계

탐구 주제 찾기
- 세부 주제를 정하기 위해 큰 주제를 먼저 정하기

↓

탐구 계획 세우기
- 탐구 주제를 해결하는 데 적합한 방법과 순서 정하기
- 자료 수집 하기
- 무엇을, 어떻게 측정(조사, 실험) 할지 정하기
- 검토 및 보완하기

↓

탐구 하기
- 탐구 실행 하기
- 자료 기록 하기
- 자료 변환 및 자료 해석하기

↓

탐구 보고서 작성 하기
- 탐구 보고서 개요 및 보고서 작성하기

↓

탐구 결과 발표 하기
- 탐구 내용을 알기 쉽고 흥미롭게 정리하기
- 탐구 결과를 논리적으로 정리 하기

좋은 주제는 무엇인가요?

01 일상생활에서 흔히 접하는 문제를 해결할 수 있는 주제

02 평소에 관심 있었던 주제

03 계속 이어서 새로운 연구로 뻗어나갈 수 있는 주제

04 새롭고 독창적인 주제

05 융합적인 주제

06 너무 범위가 넓은 주제보다는 좁지만 깊이 있는 주제

07 자신이 조사하거나 탐구할 수 있는 주제

08 제한된 시간과 여건 속에서 탐구를 통해 결과를 도출할 수 있는 주제

주제는 어떻게 찾는 것이 좋을까요?

01 일상생활에서 접하는 문제 중 평소 궁금한 점이 있었는가 생각해 본다.

02 과학 원리를 이용한 전통 문화에서 찾아본다.

03 환경을 보존하는 방법이나 에너지를 절약하는 방법, 노하우를 찾아본다.

04 주변의 자연 현상을 눈여겨 보고 평소와 다른 점을 찾아본다.

05 다른 사람의 연구물을 검색해 보고, 탐구 방법을 다르게 생각해 본다.

06 과학 시간에 배운 내용 중 더 알고 싶은 점이 무엇인지 생각해 본다.

07 신문, 과학 잡지, 인터넷 기사 등의 과학 정보 속에서 찾아본다.

전국 과학전람회 학생부 우수 작품 주제 알아보기(탐구 주제의 예)

* 국립중앙과학관 – 특별전시·행사 안내 – 전국 과학전람회 – 전람회 통합 검색을 통해 이전 작품을 확인할 수 있다.

❶ 대통령상 수상작

연도	분야	주제	학년
2018	환경	지의류 정착에 최적화 된 친환경적 구조물 제작을 통한 사막화 지역의 녹지화에 대한 탐구	고등
2017	동물	모기로 우화 도중 빠져나오지 못하는 장구벌레의 비밀은 무엇일까?	초등
2016	화학	정밀한 리드버그 상수를 구할 수 있는 고성능 간이 분광기 제작	고등
2015	물리	자전거 림을 활용한 한국 종의 맥놀이 연구	고등
2014	환경	산악 배수로에 빠진 양서류를 구출하라!	초등
2013	지구과학	스마트폰과 연동되는 실시간 기상 관측 시스템의 구현 및 활용 방안에 대한 연구	고등
2012	지구과학	백제의 미소는 어떤 비밀을 가지고 있을까?	초등
2011	물리	P factor 토크의 크기와 이로 인한 항공기 조작에 관한 연구	고등
2010	동물	동물의 울음 소리에서 주사용진동수(MUF)를 활용한 종의 분류 가능성에 대한 연구	고등

❷ 국무총리상 수상작

연도	분야	주제	학년
2018	농림수산	할머니는 왜 개감수 뿌리를 씹은 후에 양치를 하셨을까?	초등
2017	화학	형광 트레이서를 이용한 루미놀 반응 증진에 대한 연구	고등
2016	환경	밀웜, 지구를 부탁해	초등
2015	화학	헤론의 분수를 응용한 화학 전지에 대한 탐구	고등
2014	물리	SCS(Slope Contril System) 장치 제작을 통한 파동 변화에 대한 탐구	고등
2013	물리	회암사지 서승당의 특이한 구들 구조에 담긴 조상들의 효과적 열 이용 지혜에 관한 탐구	초등
2012	화학	전통 채색화의 보존성을 높이기 위한 방법 속에는 조상들의 어떤 과학적 지혜가 담겨있을까?	초등
2011	산업	균형있게 오래 비행하는 왕관 모양의 비행체 연구	
2010	식물	모감주나무의 씨앗은 왜 배를 타고 있을까?	초등

3 최우수상 수상작

연도	분야	주제	학년
2018	화학	추사 김정희가 반한 탁본의 비밀은 무엇일까?	초등
	동물	큰구슬우렁이의 생태적 특성과 번식 특이성에 대한 탐구	중등
	식물	머위 잎 내생균의 접종을 통한 식중독 저항성 상추 개발 가능성 탐색	고등
	지구과학	생육신이 보낸 함지박은 어떻게 단종에게 전달되었을까?	초등
	물리	트레일러 차량의 Swaying 현상에 대한 탐구	고등
	산업 및 에너지	근적외선 분광학을 이용한 근육 측정 장치 개발	고등
2017	지구과학	포항 지역의 신생대 마이오세 두호층에서 산출된 열매화석 탐구	고등
	농림수산	실리카겔(제습제)이 식물 생장에 미치는 영향에 대한 탐구	초등
	환경	지렁이는 어떤 환경에서 안전하게 서식할까?	초등
	산업 및 에너지	3차원 진동 에너지 하베스터에 대한 연구-전자기형 3차원 진동 발전기 제작-	고등
	식물	국화쥐손이 씨앗은 왜 나사못처럼 꼬였을까?	초등
	물리	단일 스마트폰을 이용한 생활 속 3차원 운동 고속 촬영/추출 및 분석 시스템 개발	고등
2016	산업 및 에너지	TiO_2 광촉매를 이용한 화장품에서의 자외선 차단 제품의 효과 검증에 관한 탐구	고등
	동물	흑해삼과 홍해삼은 무엇 때문에 색깔이 다를까?	초등
	물리	MRI(Measure Rotation Inertia)장치 제작을 통한 회전 관성 모멘트 분석	고등
	농림수산	표면적을 최소화하는 Minimal Surface를 이용한 비닐하우스	고등
	지구과학	widening 모듈을 이용한 저가형 광섬유 분광기의 개발	고등
	식물	목화씨는 왜 번식에 불편하게 솜을 만들어 냈을까?	초등
2015	식물	무와 당근이 땅속에 묻혀있는 방향 차이는 두 뿌리채소를 땅 밖으로 뽑을 때 필요한 힘에 어떤 영향을 미칠까	초등
	지구과학	진흙은 마르면 돌처럼 단단하지만 모래는 왜 쉽게 부서질까?	초등
	산업 및 에너지	나무구조의 안정성을 통한 내진설계 모델 연구	고등
	동물	물방개의 자유로운 유영 속에 숨겨진 뒷다리의 비밀은 무엇일까?	초등
	농림수산	예쁜이 줄무늬 꼬마새우(Lysmata amboinensis)는 양식 물고기의 병을 치료할 수 있을까?	초등
	환경	지우개! 그 위험성과 대안 탐구	초등
2014	동물	굴속에서 함께 사는 갯가딱총새우와 미끈 망둑은 어떤 관계일까?	초등
	식물	자극에 반응하는 엉겅퀴꽃! 그 속에 숨겨진 비밀은?	초등
	농림수산	분리 배양법을 통한 물벼룩의 배양 효율 개선	고등
	화학	양 이온의 종류에 따른 산화 그래핀의 흡착효율 비교 탐구	고등
	산업 및 에너지	온도 차를 최소화 할 수 있는 에어캡의 형태 탐구 및 우리들만의 1·7·1·4 에어캡 제작	초등
	지구과학	신법지평일구의 일부 시각선은 계절선의 끝 교차점과 왜 일치하지 않을까?	중등

2013	환경	세대별(2G, 3G, 4G) 핸드폰의 전자파 발생과 생물체에 미치는 영향에 대한 탐구	고등
	동물	가슴지느러미가 큰 앞동갈베도라치는 왜 뱀고둥 안에 산란할까?	고등
	산업 및 에너지	굴곡 면에 비춰지는 영상의 평면화 처리에 대한 연구	고등
	식물	우엉과 민들레가 제브라피시의 인지 기능 및 학습에 미치는 영향	고등
	농림수산	메주와 귀뚜라미의 만남, 그 후…!	중등
	화학	할머니가 해주신 고등어 조림의 비밀 레시피	초등
2012	산업 및 에너지	프랙탈 이론을 적용한 Heat Map 기반의 새로운 축구 경기 분석	고등
	동물	황해비단고둥은 왜 UFO 모양일까?	초등
	농림수산	수컷이 새끼를 낳는 해마는 왜 말처럼 생겼을까?	초등
	물리	불국사 범영루 모래시계 모양 돌기둥에 숨겨진 과학적 원리 지도	초등
	환경	할머니는 왜 보리뱅이로 그릇을 닦으셨을까?	초등
	식물	물상추는 어떻게 물 위에 안정적으로 떠 있을까?	초등
2011	지구과학	곤파스 태풍에 부러진 소나무는 왜 비틀려 있을까?	초등
	동물	쥐의 기피 행동을 유발한 타악기의 소리 특성에 관한 연구	중등
	식물	사철쑥에 기생하는 초종용의 형태적 특징 및 기생환경 요인에 관한 연구	중등
	농림수산	음펨바 효과를 줄여 시설재배농가의 냉해를 줄이는 방안 연구	중등
2010	지구과학	흐린 날 왜 전투기 소리가 더 크게 들릴까에 대한 탐구	중등
	물리	조상들은 토성을 쌓을 때 왜 점질토와 사질토를 번갈아서 쌓았을까?	초등
	화학	연근 추출물이 상처에 미치는 영향에 대한 탐구	고등
	농림수산	볏짚을 이용 청국장을 메주로 띄워 만든 전통 발효 식품 연구	고등
	산업	가죽나무 씨앗의 운동을 응용한 자동 회전 물체	고등
	환경	환경 오염을 막을 수 있는 판화 제작 방법은 없을까?	초등

[탐구 주제 선정 후 확인하기!]

★ 탐구 주제가 충분히 흥미로운 주제인가?

★ 내가 해결할 수 있는 주제인가?

★ 탐구 주제 선정의 이유가 구체적인가?

★ 탐구 주제에 탐구 목표가 분명히 나타나 있는가?

04 탐사/탐방(현장조사) 중심 탐구 방법

자연 현장 속에서 탐구 대상을 찾거나, 과학 전문가 및 과학이 이루어지는 현장을 찾아가 탐구를 위한 자료를 수집하는 방법이다.
현장 조사를 할 때는 시간과 장소를 미리 알아보고 현장에서 활동할 목록을 작성해 두면 체계적인 탐구 활동을 할 수 있다.

주제 예

- 우리 동네 하천(뒷산)에는 어떤 종류의 수중 생물이 살고 있을까?
- 동해 바닷가와 서해 바닷가의 모래의 종류는 다를까?
- 한강의 상류와 하류의 강 바닥의 모양은 어떻게 다를까?
- 아파트 층이 높아질수록 지상의 소음 정도는 어떻게 다를까?

05 조사 중심 탐구 방법

문헌이나 인터넷 자료를 조사하거나 설문 조사를 하여 탐구에 활용하는 방법이다. 이때 질문지는 구체적이고 간단히 답할 수 있도록 작성한다.

주제 예

- 우리 집에서 사용하고 있는 용품(세제, 약품, 접착제 등)은 사용상 주의할 점이 무엇일까?
- 공룡은 무엇을 먹고 살았을까? / 왜 공룡이 지구에서 사라졌을까?
- 우리 조상들은 어떤 재료를 이용해 염색을 했을까?
- 오존층 파괴의 실태와 그 인식도 조사

[탐구 계획할 때 확인하기!]

★ 우리가 할 수 있는 실험인가?

★ 이미 연구가 진행된 주제는 아닌가?

★ 탐구 재료가 지나치게 비싸서 비용이 많이 들지는 않는가?

탐구 하기

01 탐구 수행 및 자료 기록 하기

계획한 탐구 방법에 따라 탐구 수행을 하고, 탐구를 진행하는 순간부터 탐구 결과물이 나오는 마지막 순간까지의 모든 탐구 과정과 결과를 빠짐없이 기록한다.
자료를 기록할 때 탐구 관찰 일지나 사진, 동영상 자료 등 기록한 자료를 모아서 포트폴리오로 만들어 놓는 것이 좋다.

TIPS

★ 실험이 예상했던 결과와 다르게 나왔을 경우
① 실험이 과학적으로 합리적이었는지 체크해 본다.
② 주제에 약간의 변화를 주거나 실험 방법을 바꿔본다.

02 자료 변환 및 자료 해석 하기

수집한 자료를 한눈에 확인할 수 있도록 표나 그래프와 같은 형태로 바꾸고, 자료 속 의미를 파악한다.

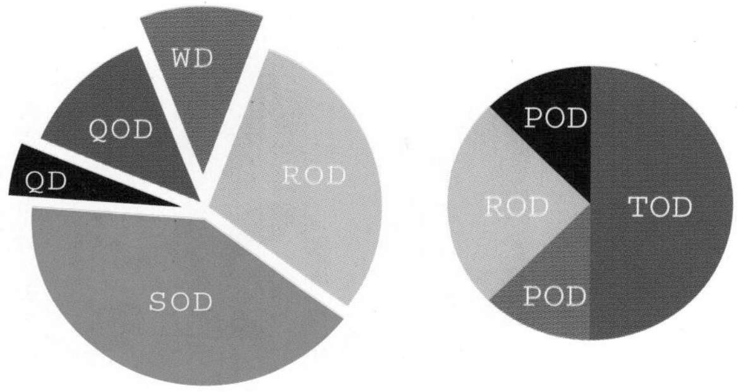

▲ 원 그래프
⇨ 각각의 요소가 전체에 대해 얼마의 비율인지 알아보고 싶을 때 사용한다.

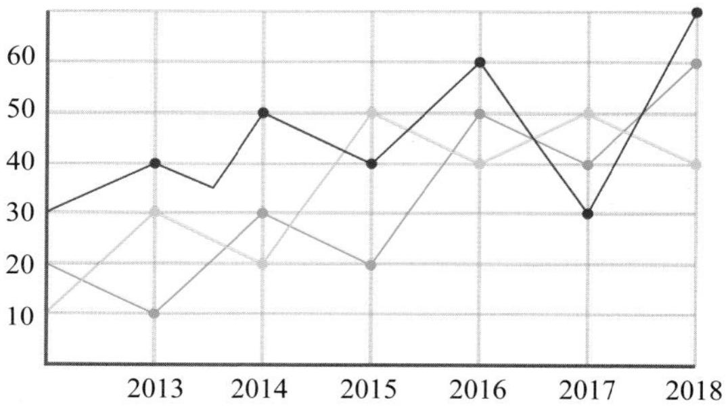

▲ 꺾은선 그래프
⇨ 한 조건의 변화에 따라 다른 조건의 변화가 어떨지 알아보고 싶을 때 사용한다.

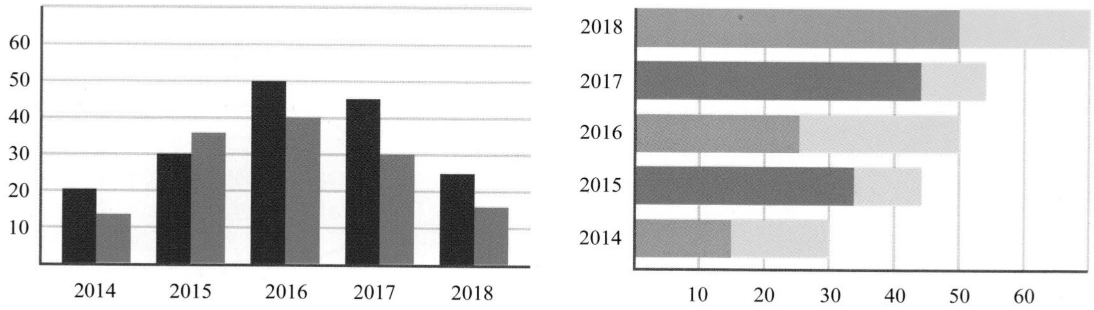

▲ 막대 그래프
⇨ 각각의 요소가 기간/형태 별로 어떤 변화를 보이는지 파악하고자 할 때 사용한다.

탐구보고서 작성 하기

탐구보고서 개요 작성

집을 짓기 전 설계도를 작성하는 것과 같이 탐구보고서를 작성하기 전에 탐구보고서 개요를 미리 작성하는 것이 좋다. 탐구 자료를 정리한 후, 보고서를 쓰기 전에 어떻게 자료를 활용할 것인지 미리 계획하는 것이다. 탐구보고서의 개요는 다음 작품 요약서를 바탕으로 자유로운 형식으로 작성하며, 탐구의 핵심 내용만 정리한다.

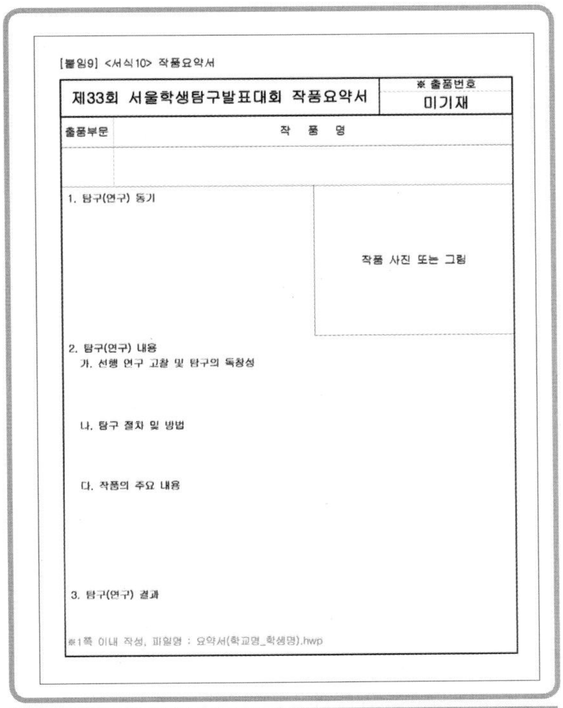

[붙임9] <서식10> 작품요약서

제33회 서울학생탐구발표대회 작품요약서	※ 출품번호 미기재
출품부문	작 품 명

1. 탐구(연구) 동기

작품 사진 또는 그림

2. 탐구(연구) 내용
가. 선행 연구 고찰 및 탐구의 독창성

나. 탐구 절차 및 방법

다. 작품의 주요 내용

3. 탐구(연구) 결과

※1쪽 이내 작성, 파일명 : 요약서(학교명_학생명).hwp

서울학생탐구발표대회 작품 요약서 서식

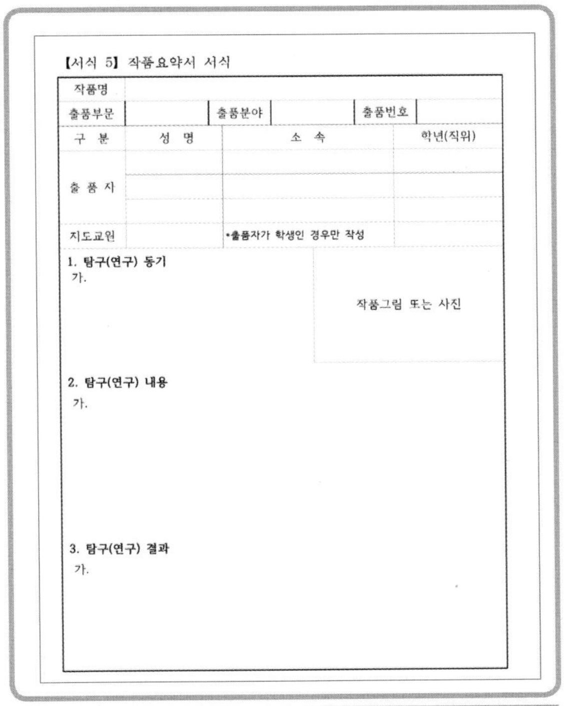

【서식 5】 작품요약서 서식

작품명					
출품부문		출품분야		출품번호	
구 분	성 명	소 속		학년(직위)	
출 품 자					
지도교원		•출품자가 학생인 경우만 작성			

1. 탐구(연구) 동기
가.

작품그림 또는 사진

2. 탐구(연구) 내용
가.

3. 탐구(연구) 결과
가.

전국과학전람회 작품 요약서 서식

○ 탐구보고서 작성 요령

* 전국 과학전람회의 작품설명서 작성 요령을 기준으로 하였다.

01 탐구보고서 서식 정하기

○ A4 용지 사이즈(국내판, 210 × 297mm)에 한글워드를 사용하여 작성한다.

○ 용지 여백

	여백
좌·우	20mm
위·아래	15mm
머리말·꼬리말	10mm

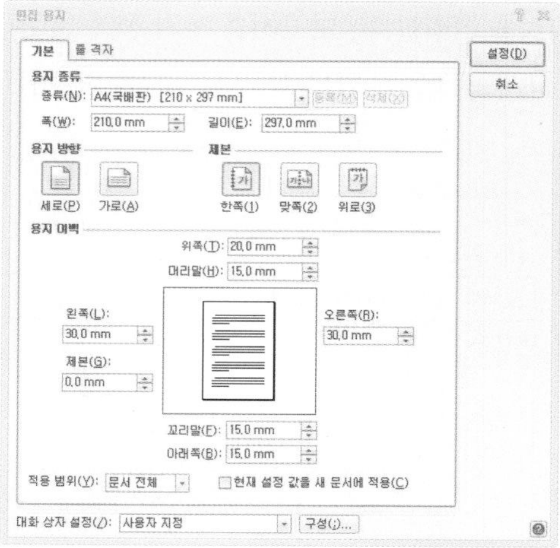

○ 줄간격 : 160%, 자간 0, 장평 100

○ 글꼴 크기 및 순서 : 본문 내용은 11포인트 휴먼 명조로 작성한다.

	글꼴 크기
첫째 항목	1. → 15 포인트 휴먼명조(진하게)
둘째 항목	가. → 14포인트 휴먼명조, 들여쓰기 2
셋째 항목	1) → 13포인트 휴먼명조, 들여쓰기 4
넷째 항목	가) → 12포인트 휴먼명조, 들여쓰기 6
다섯째 항목	(1) → 11포인트 휴먼명조, 들여쓰기 8
여섯째 항목	(가) → 11포인트, 휴먼명조, 들여쓰기 8

○ 페이지 번호 : 중앙 하단

○ 그림 또는 관계 사진 : 이미지 처리는 고치기에서 문서포함 및 일반 글자 취급을 하여야 한다.

○ 한 작품 당 30쪽 이내로 작성한다.

02 탐구보고서 작성 세부 사항

구분		내용	예상 쪽수
서론	표지	탐구 주제와 제목, 탐구자의 소속 표시 - 작품명과 주제는 포괄적이고 간단하게 표현 - 주제 속에는 탐구의 방법과 내용을 포함 예) '달걀의 비밀' ⇒ '초음파 검사를 이용한 달걀 속 구조 탐구'	1page
	초록(요약)	· 탐구 목적, 필요성, 탐구 방법 및 결과, 결론 등 탐구 보고서 전체 내용을 요약 · 보통 500자 내외로 작성	1page
	목차	· 본문 목차, 그림과 표 목차 제시	1 ~ 2 page
본론	서론	· 탐구 동기(배경) 및 목적, 필요성을 분명하게 기록 · 선행 연구 분석 및 탐구를 위한 사전 조사 - 탐구와 관련된 과학 이론이나 지식을 기술 - 자료조사한 내용을 그대로 적기 보다는 이해한 것을 정리	1 ~ 2 page
	본론	· 탐구 가설, 탐구 방법, 탐구 도구를 정하고, 어떻게 탐구 및 실험을 설계하여 진행했는지 기술 - 탐구 과정은 순서대로 번호를 붙여 정리 - 준비물은 각 시기별로 나누어 자세히 기록 · 탐구결과 자료 및 결과 분석 방법 제시 - 표, 그림, 그래프, 사진, 일지 등을 제시 - 객관적이고 과학적인 사실들을 기록	6 ~ 8 page
	결론	· 서론, 본론 내용을 분석 및 정리하고 자신의 의견을 종합하여 서술 · 탐구결과 분석, 결론 및 논의, 연구의 가치 및 한계점, 탐구의 확장 가능성, 탐구를 하고 나서 느낀점 등을 서술	2 ~ 3 page
참고 자료	참고 문헌	· 탐구 보고서를 작성할 때 참고하였던 모든 문헌(단행본, 연구 보고서, 기타 등) 서술	1 ~ 2 page
	부록	· 탐구에 사용된 도구 및 중요 데이터 · 설문지나 면담 기록지 등	3 ~ 5 page
합계			16 ~ 24 page

※ 잘 작성된 탐구보고서의 요건

가. 독창성 : 새로운 사실, 연구자의 독창적인 아이디어

나. 객관성 : 자신의 의견 서술 시 선행 연구 제시·비교

다. 재현성 : 실험 데이터의 정확성, 시간적·공간적 재현 가능성

[탐구보고서 완성 후 검토하기!]

★ 탐구 주제가 탐구 내용을 잘 드러내고 있나?

★ 탐구 과정은 자세하게 나타냈나?

★ 맞춤법은 올바르게 작성되었나?

★ 참고 자료는 충분히 기록하였나?

★ 빠진 자료는 없는가?

★ 서식에 맞게 작성되었나?

탐구보고서 발표 하기

탐구 내용을 효과적으로 전달하기 위해서는 발표 자료(프레젠테이션 자료), 포트폴리오 자료, 게시용 자료, 동영상 자료 등의 방법 중 적절한 것을 골라 준비한다.

작품 설명표(설명 차트, 보드, 포스터, 게시용 설명표) 작성

각 대회에서 정해진 규격에 맞추어 탐구 과정을 한눈에 볼 수 있도록 만든다.

- 전국과학전람회 규격 : 가로 120cm × 세로 130cm

- 서울시 학생탐구발표대회 게시용설명표 양식과 보드 양식은 다음과 같다.

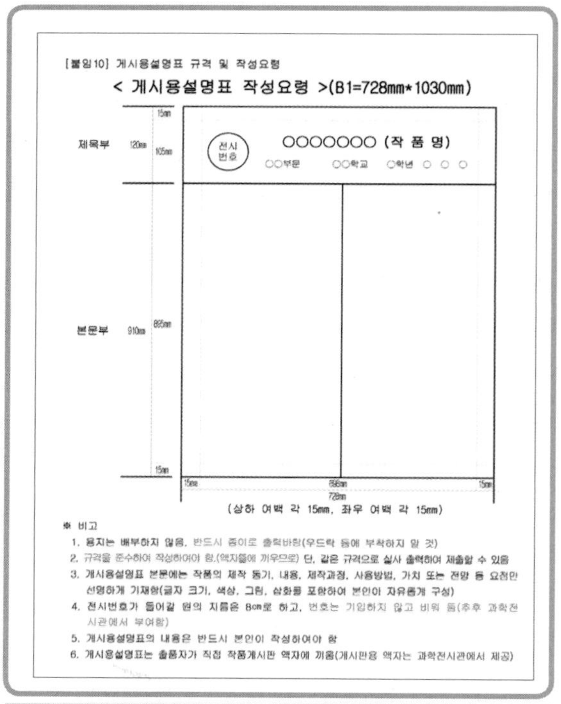

[붙임10] 게시용설명표 규격 및 작성요령

< 게시용설명표 작성요령 >(B1=728mm*1030mm)

(상하 여백 각 15mm, 좌우 여백 각 15mm)

※ 비고

1. 용지는 배부하지 않음. 반드시 종이로 출력바람(우드락 등에 부착하지 말 것)
2. 규격을 준수하여 작성하여야 함.(액자틀에 끼우므로) 단, 같은 규격으로 실사 출력하여 제출할 수 있음
3. 게시용설명표 본문에는 작품의 제작 동기, 내용, 제작과정, 사용방법, 가치 또는 전망 등 요점만 선명하게 기재함(글자 크기, 색상, 그림, 삽화를 포함하여 본인이 자유롭게 구성)
4. 전시번호가 들어갈 원의 지름은 8cm로 하고, 번호는 기입하지 않고 비워 둠(추후 과학전시관에서 부여함)
5. 게시용설명표의 내용은 반드시 본인이 작성하여야 함
6. 게시용설명표는 출품자가 직접 작품게시판 액자에 끼움(게시판용 액자는 과학전시관에서 제공)

서울시 학생탐구발표대회 게시용 설명표 양식

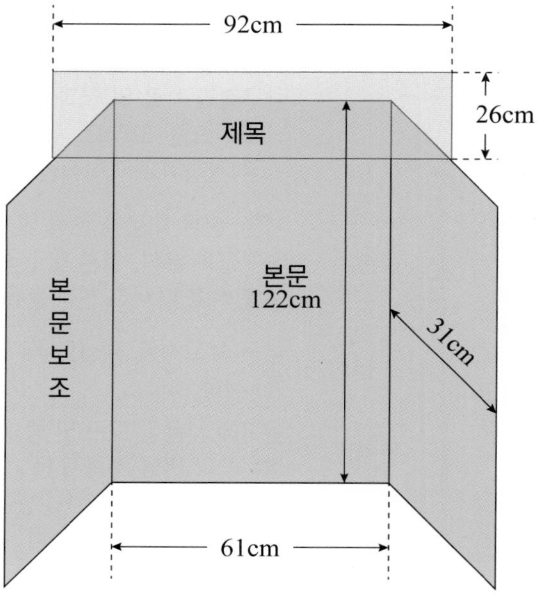

서울시 학생탐구발표대회 보드 양식

작품 전시 준비

각 대회의 정해진 규격에 맞추어 산출물(탐구과정을 보여주는 결과물, 최종 완성품, 직접 기록한 과학탐구 일지 등) 전시를 준비한다.

- 전국과학전람회 규격 : 가로 120cm × 세로 90cm × 높이 60cm 이내

작품 발표 준비

① 프레젠테이션 준비

- 프레젠테이션은 발표자의 말 + 글로 된 보고서 내용 + 각종 그림 및 도표 + 영상 등으로 이루어진다. 지나치게 많은 글자와 자료는 오히려 보는 사람을 피곤하게 한다. 따라서 언어로 전달하기 어려운 부분에 대해 시청각 자료를 효과적으로 사용함으로써 탐구 내용을 명확하게 전달할 수 있도록 한다.
- 완성된 작품을 가져가기 힘들다면 동영상을 활용한다.
- 프레젠테이션은 단순히 보조 자료에 지나지 않으므로 지나치게 화려하거나 특수한 기술은 넣지 않는 것이 좋다.

② 리허설, 모의 발표 준비

- 발표 시간을 확인하고 대본을 짜본다.
- 탐구 동기 - 탐구 내용의 결과 - 기대 효과 및 더 연구할 점 순으로 정리한다.
- 작성된 대본을 시간에 맞춰 읽어 보면서 시간은 맞는지, 내용을 빠트리지 않았는지 확인한다.

③ 예상 질문 준비

- 발표 내용에서 모호한 부분은 없는지, 실험 설계에서 잘못된 점은 없는지를 다시 한 번 검토한 후, 예상치 못한 심사위원의 반응에 대비할 수 있는 목록을 만들어 모범답안식의 자료를 만든다.
- 대표 질문 : 탐구를 시작하게 된 동기, 어떻게 문제 해결을 했는지에 대한 과정, 재료 구입경로, 선행 연구와의 차이점 등
- 작성된 예상 질문지를 바탕으로 대응하는 연습을 한다. 자료를 그대로 외우기보다는 자료를 이해하고 자연스럽게 상황에 맞게 말하는 연습이 필요하다.

[발표 자료 완성 후 확인하기!]

★ 발표 내용 전개가 적절한가?

★ 리허설할 때 자세가 바르고 자연스러운가?

★ 리허설할 때 시선 처리는 자연스러운가?

★ 리허설할 때 발음이 분명하고, 말의 속도와 크기가 적절한가?

★ 발표 자료가 알아보기 어렵지는 않은가?

II 과학토론대회

III 과학 탐구 산출물 대회

IV 발명품 대회

02 대회 준비하기

주제1 빛공해

[1]

[2]

[3]

Q1 '빛공해'를 겪어본 적이 있나요? 자신의 경험을 적어 보자.

Q2 잠을 잘 자기 위해 '수면 안대'를 많이 착용한다. 그렇다면 '수면 안대'를 착용하고 자는 경우 잠이 더 잘 올까? 자신의 생각을 서술해 보자.

관련 용어 및 이론

인공조명 가로등 불빛, 간판 불빛, 건물 유리 등에 반사된 빛 등 자연 그대로가 아닌 인위적으로 만들어진 빛

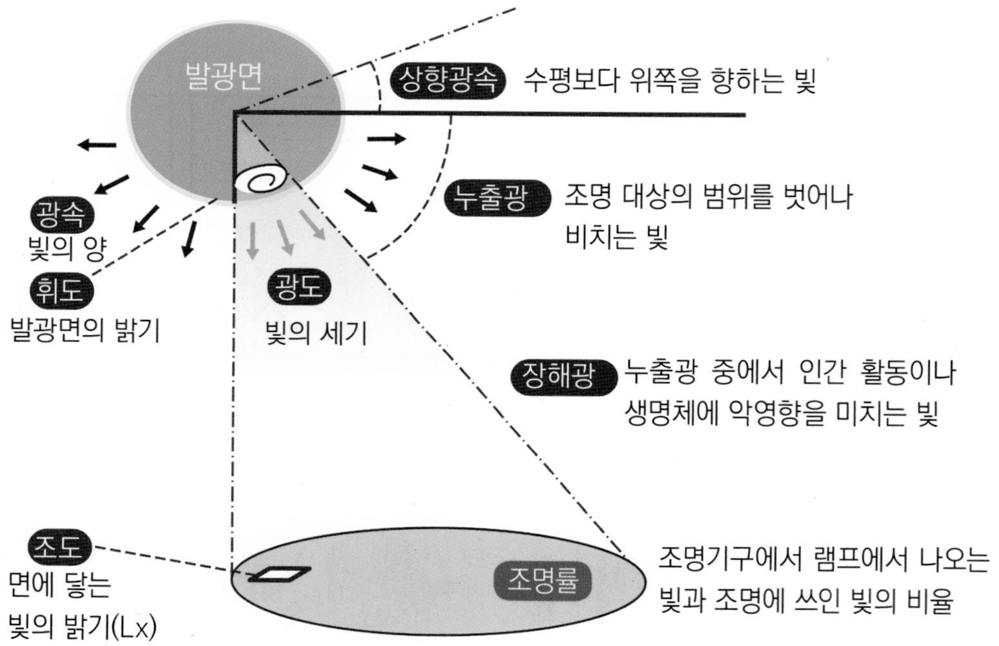

관련 사이트

생활환경정보센터 https://iaqinfo.nier.go.kr/main.do

좋은빛정보센터 https://www.goodlight.or.kr/main.do

조명박물관 http://www.lighting-museum.com/wp/

도심에서 별 구경, 할 수 없다? 있다!, 환경부 블로그 http://blog.naver.com/mesns/110190745847

관련 영화 및 영상

영화이름	장르	감독	영화/영상 소개
별을 삼키는 도시(2011)	다큐멘터리	이언 체니	뉴욕을 기반으로 환경 영화를 만들고 있는 이안 체니 감독의 다큐멘터리로 우리가 잃어버린 '어둠', 그리고 도시의 빛 공해에 관한 이야기를 다루고 있다.
로스트 인 라이트 (Lost in Light) II	단편 영화	스리람 무랄리	밤하늘의 빛공해가 진정 어떤 영향을 미치는지 알려주는 이 2분짜리 영화는 미국 전역에서 각기 다른 드라마틱 장면을 연출한다.

관련 도서

책이름	출판사	저자	책소개
빛공해 생태계 친구들이 위험해요!	와이즈만 BOOKS	강경아 지음 김우선 그림	이 책은 빛공해의 문제점과 해결 방법을 어린이들 눈높이에서 알려주고 있는 책이다.
생각하는 십대를 위한 환경 교과서 에코 사전	꿈결	강찬수 지음	환경에 대한 자세하고도 다양한 78가지 환경과 자연과학을 오가는 여러 개념들을 청소년들의 눈높이에 맞춰 예시와 자료를 제시하며 쉽게 설명하고 있다.
조명과 빛공해	기문당	김정태 외 6명 공저	빛공해를 방지하고 품위있는 야간 경관 및 조명 환경 창출을 위해 만들어진 책이다. 빛이 주는 공해와 유해성, 빛공해 방지법, 측정 방법 등을 수록했다.

[선정하기] 관련 도서와 영화 중 보고 싶거나 읽고 싶은 것을 선정해 보자.

[서술하기] 논제와 관련된 책을 읽거나, 영화를 감상한 이후 느낀 점을 써 보자.

활동 TIPS

★ 혼자서 하고 있다면, 3일 내 마무리 한다.

★ 교사와 그룹 활동을 하고 있다면 과제를 내준다.

주제 깊이 알기! 문제를 통해 이슈와 관련된 내용을 더 자세히 알아봅시다.

Q1 다음은 빛 공해의 4가지 종류를 설명한 것이다.

종류	의미
① 침입광(light trespass)	조명 효과가 의도하지 않은 구역까지 침투해 피해를 입히는 현상
② 눈부심(glare)	강렬한 빛에 눈이 노출되어 순간적으로 시각이 마비되는 현상
③ 군집된 빛(light clutter)	한 장소에 과도하게 조명이 사용되어 혼란스러움을 유발하는 현상
④ 산란광(skyglow)	상방향으로 누출된 빛이 대기 중의 수증기, 먼지 등에 의해 굴절/산란 되면서 하늘의 전체적인 밝기가 밝아지는 현상

각각의 그림이 설명하는 빛 공해의 종류를 각각 쓰시오.

(1)

(2)

(3)

(4)

Q2 빛공해를 없애기 위해 다음 중 가장 적절한 조명의 형태는 무엇일지 골라보자.

Q3 밤이 되면 잠을 자라고 뇌에 신호를 보내는 호르몬이 있다. 뇌에서 제 3의 눈으로 불리는 송과샘에서 빛을 감지해 내보내는 '멜라토닌'이 그 호르몬이다. 멜라토닌은 주로 밤 11시 ~ 새벽 7시에 분비되며 멜라토닌이 분비되지 않으면 면역 기능이 떨어지고 항산화 물질이 생산되지 않아 암이 발생할 수 있다.

빛공해가 사람의 건강에 영향을 줄 수 있는 이유를 멜라토닌을 이용하여 서술해 보시오.

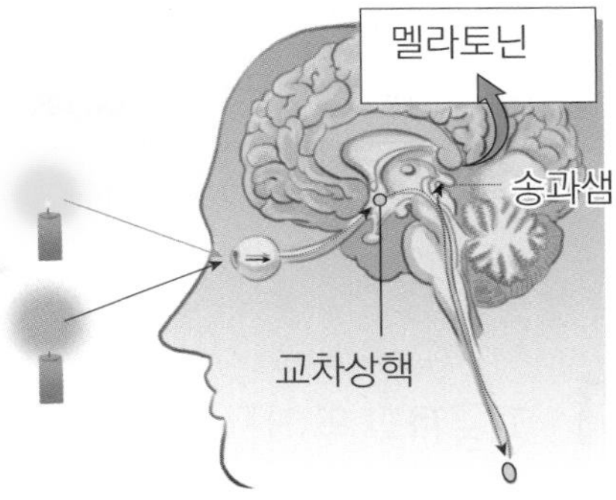

Q4 태양 빛은 다양한 파장의 빛이 합성되어 있는 것이다. 이 중 파장이 짧은 청색 빛에 민감한 눈 세포는 여행할 때 새로운 시간대에 맞추어 생체 시계를 조절한다. 하지만 이러한 청색 빛을 밤에 쪼이게 되면 인간의 몸은 시간에 관해 잘못된 정보를 인식하게 된다.

스마트 폰이나 TV 등의 화면에서 발생하는 인공조명에서는 태양광보다 지나치게 높은 수준의 청색 빛이 나온다. 잠자기 직전 스마트 폰이나 TV 를 보는 것이 인체에 어떤 영향을 미칠까? 자기 생각을 서술해 보시오.

빛에 대해 더 알고 싶다면 다음 책으로 더 공부해 봅시다.

- 창의력과학 아이앤아이 물리(하) VII. 파동과 빛, 소리
- 세페이드 1F 물리(하) CH19. 파동 2, CH20. 파동 3
- 세페이드 2F 물리(하) CH17. 반사와 거울, CH18. 굴절과 렌즈, CH19. 빛과 파동
- 세페이드 3F 물리(하) CH20. 빛 1, CH21. 빛 2, CH22. 빛 3
- 세페이드 4F 물리(하) CH21. 파동의 반사와 굴절, CH22. 파동의 간섭과 회절 CH23. 파동의 간섭과 회절, CH24. 빛의 이용

탐구 보고서 작성을 위한 예비 단계

탐구 주제 찾기

떠오른 주제를 가지고 탐구의 목표와 예상 결과를 생각하면서 탐구 계획서를 완성해 봅시다.

Q1 지금까지 주어진 자료들을 읽고 드는 생각이나 느낌, 궁금증 등을 자유롭게 써 보자.

Q2 빛공해로 인한 피해를 줄일 수 있는 방법은 무엇이 있을까? 줄일 수 있는 구체적인 방안을 써 보자.

Q3 Q2 에서 작성한 내용은 실현이 가능할까? 작성한 내용 중 하나 이상을 골라 자신의 의견을 써 보자.

Q4 Q3 에서 작성한 내용을 어떻게 실험적으로 증명할 수 있을까? 실현 가능성을 증명하기 위한 탐구 방법을 써 보자.

Q5 Q4 에서 작성한 탐구와 관련하여 어떤 산출물을 고안할 수 있을까?

Q6 계획한 탐구 방법을 토대로 탐구 주제를 정해 보자.

탐구 보고서 작성을 위한 예비 단계

탐구계획서 작성

탐구주제

탐구 동기 및 목적

탐구하고자 하는 내용

탐구를 위한 실험 설계

실험제목

준비물

실험과정

탐구 보고서 기본 양식

보고서의 차례는 다음 몇 가지 예를 참고하여 적절히 가감하여 사용한다.

1. 탐구 주제
2. 탐구 동기
3. 탐구를 통해 알고 싶은 점
4. 탐구 문제 해결을 위한 사전 토론
5. 탐구를 위한 사전 조사
6. 탐구 가설 설정
7. 탐구 절차 및 방법
8. 탐구 내용
   가. 탐구 과제 ①
   나. 탐구 과제 ②
9. 탐구 결과물
10. 탐구 결론
11. 탐구를 통해 느낀점
12. 향후 연구 계획
13. 참고 문헌

1. 탐구 문제
2. 이론적 접근
   가. 문헌 조사 ①
   나. 문헌 조사 ②
3. 탐구 내용
   가. 탐구 문제의 정의
   나. 탐구 절차 및 방법
   다. 결과 정리
   라. 분석 및 토론
   마. 실행
4. 결과 및 토론
   가. 결론
   나. 탐구의 보완점
   다. 느낀 점
5. 참고 문헌

1. 탐구 동기
2. 탐구 기간
3. 탐구 내용 및 실험 계획
   가. 실험에 대한 사전 조사
   나. 실험 계획
4. 탐구 방법(실험)
   가. 실험 ①
   나. 실험 ②
5. 탐구 결과 및 해석
   가. 실험 ① 의 결과 해석
   나. 실험 ② 의 결과 해석
6. 가설 검증
7. 결론
8. 실험 오류 및 오차 분석
9. 탐구를 통하여 느낀 점
10. 참고 문헌
   부록

1. 탐구 주제
2. 탐구 문제
3. 탐구 문제 선정 이유
4. 설정한 가설
5. 변인의 종류와 통제
6. 탐구 내용 및 실험 계획
   가. 실험 ①
   나. 실험 ②
7. 탐구 실험
8. 탐구 결과
   가. 실험 ① 의 결과
   나. 실험 ② 의 결과
9. 탐구 결과의 해석
   가. 실험 ① 의 결과 해석
   나. 실험 ② 의 결과 해석
10. 결론 및 일반화
11. 탐구를 통하여 느낀 점
12. 참고 문헌

평가표

CHECK!

보고서를 마무리 한 후 전체 활동을 평가해 보자.

영역		평가 기준	평가 척도				
			5점	4점	3점	2점	1점
창의성	독창성	실험이나 관찰 방법, 산출물이 창의적인가?					
	유창성	실험 주제를 찾을 때 여러 가지 방법으로 찾았는가?					
	정교성	최종 산출물의 제작 완성도가 만족할 만한가?					
	융통성	실험 주제 또는 산출물이 다양하게 제시되었는가?					
이론적 타당성		산출물을 뒷받침하는 자료가 충분하며, 결론이 실험 주제와 맞는가?					
실용성(합리성)		문제 해결 방법이 현실에 적용 가능하다.					
설계 능력		주제에 맞게 실험이 설계되고, 적절한 방법이 사용되었다.					
커뮤니케이션 능력		탐구 보고서의 문맥 작성이 부드럽고, 주제와 결론이 일맥상통하며, 전달력이 있는가?					
융합성	과학(S)	산출물이나 탐구 과정에 과학적 원리가 적용되었는가?					
	기술(T)	탐구 목적에 맞게 실험을 응용하고, 산출물을 고안하였는가?					
	공학(E)	산출물이 잘 작동되는가?					
	예술(A)	산출물이 새롭고 창의적으로 디자인되었는가?					
	수학(M)	논리적이고 수학적인 기법을 사용하였는가?					
			매우 우수	우수	양호	보통	부족
총점							

점수에 따른 성취도 등급

등급	1등급	2등급	3등급	4등급	5등급
평가	60점 이상	45점 이상 ~ 59점 이하	30점 이상 ~ 44점 이하	15점 이상 ~ 29점 이하	14점 이하

주제2 형광 증백제

OO일보 20xx년 xx월 xx일
일회용 면봉 일부서 기준치 초과 일반 세균·형광증백제 검출

OO일보 20xx년 xx월 xx일
'참을 수 없는 가려움'항문소양증.. 형광증백제 휴지 피해야

OO일보 20xx년 xx월 xx일
크리스챤 디올 화장품에서 '피부염 유발' 형광증백제 나왔다.

OO일보 20xx년 xx월 xx일
아토피 부추기는 유아 내의 형광증백제, 대응책은?

OO일보 20xx년 xx월 xx일
'친환경 유아 인형서 유해 물질 '형광증백제' 검출돼 회수 소동

▲ 형광 증백제 관련 기사는 꾸준히 쏟아져 나오고 있다.

형광표백제로도 불리는 형광 증백제란 자외선을 쬐었을 때 파란색의 형광을 내는 염료로 종이나 섬유의 상품 가치를 높이기 위하여 더욱 희게 보이도록 할 때, 또는 세제와 혼합하여 옷감이 누렇게 된 것을 지울 때 사용한다. 즉, 흰색을 더욱 밝고 희게 보이게 만들어 주는 염료가 형광증백제이다.

형광이란 물질이 빛의 자극으로 새로운 빛을 내는 것으로 형광을 나타내는 물질을 형광 물질이라고 한다. 형광 물질은 주위에서 쉽게 관찰할 수 있다. 공연장에서 흔드는 야광봉이나 야광 팔찌에도 형광 물질이 들어있으며, 늘 접하는 형광등에서도 형광 물질을 찾을 수 있다.

형광등 내부, 유리 표면에는 형광 물질이 칠해져 있다. 전원을 연결해서 전기를 공급하면 등 내부에 있는 수은이 자외선 빛을 내게 되고, 형광등 바깥 유리에 칠해져 있는 형광 물질이 자외선 빛을 흡수해서, 가시광선 빛으로 바꿔서 내는 원리로 형광등은 빛을 내는 것이다.

▲ 야광봉

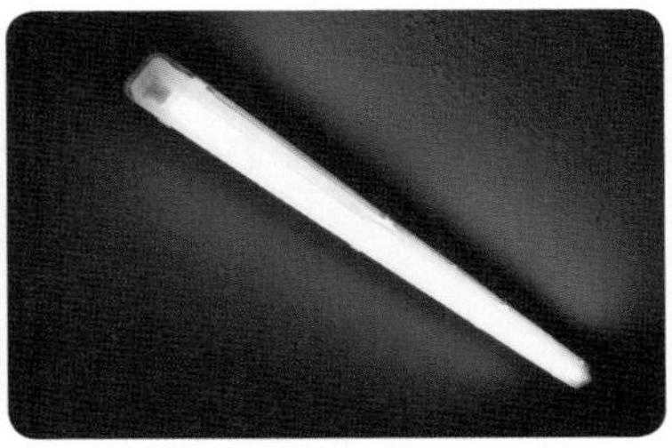

▲ 형광등

▲ 위조지폐 감별

위조 지폐나 문서의 감식에도 형광이 이용된다.
지폐나 여권 등에는 위조 여부를 감식하기 위해 비밀스러운 글이나 그림이 형광 물질로 그려져 있다. 여기에 사용되는 형광 잉크는 가시광선을 흡수하지 않기 때문에 색을 띠지 않아 그냥은 보이지 않는다. 그러나, 자외선을 쪼이면 이를 흡수하여, 이보다 장파장인 가시광선을 내어놓아 보이게 된다.

생물체 내에 특정 세포나 물질을 찾는 곳에도 형광 물질이 사용되고 있다. 찾고자 하는 세포나 물질에 형광 물질을 결합해서 세포가 생물체 내에 어느 곳에 있는지 확인하거나 물질들이 어떤 장기에서 작용하는지 찾는 데 도움을 주고 있다.

주택 밀집 지역 가스 배관에 특수 형광 물질을 칠하여 범죄를 예방하고 있기도 하다.
그 밖에 형광 물질의 용액을 물체 표면에 바른 다음 그것을 닦아내고 암실에서 자외선을 조사해 용액이 스며 들어간 상처를 찾아내는 방법, 형광 현미경 제작 등 그 이용이 광범위하다.

다양한 곳에 이롭게 쓰이는 형광을 이용하는 물질 중 형광 증백제의 발암성 및 독성에 대해서는 끊임없이 논란이 제기되고 있다. 형광 증백제가 해로운 이유는 장기간 피부 노출 시 아토피 피부염과 발진 등을 일으키며 식품과 접촉 시 식품으로 옮겨갈 가능성이 크기 때문이다. 피부염 등을 일으킬 위험이 커서 기저귀나 일회용 물수건 등 피부에 직접 닿는 일부 제품에는 사용이 금지된 물질이지만 곳곳에서 여전히 남용되고 있다. 종이 수건이나 식당의 냅킨, 나무젓가락 등 생활 속에서 자주 쓰는 1회용품에는 더 하얗고 깨끗하게 보이기 위해 형광 증백제가 다량 함유된 경우도 많다. 흰색뿐만 아니라 색깔이 있는 섬유들도 형광 증백제를 사용하여 색을 더 밝게 보이도록 하고 있다. 우리는 이미 주변 환경에서 형광 증백제에 무방비하게 노출되어 있음에도 전혀 인식하지 못한 채 생활하고 있는 것이다.

Q1 내가 가지고 있는 물건 중 형광 증백제가 들어 있는 물건은 무엇이 있을까?

Q2 형광 증백제를 넣어서 더 하얗게 만드는 이유는 무엇일까? 자신의 생각을 서술하시오.

Q3 형광 증백제의 유해성에 대하여 설명하고, 형광 증백제에 대한 피해를 최소화하는 방안에 대하여 자기 생각을 서술하시오.

관련 용어 및 이론

원자 물질을 구성하는 기본 입자로 원자의 중심에 (+)전하를 띠는 원자핵이 있고, 그 주위를 (-)전하를 띠는 전자가 돌고 있다.

전자 껍질 원자핵을 중심으로 전자들이 이루는 여러 층의 껍질을 말한다. 원자 내의 전자는 에너지가 낮은 껍질(원자핵에서 가장 가까운 전자 껍질)부터 차례로 들어가 원자핵 주위에 분포하게 된다.

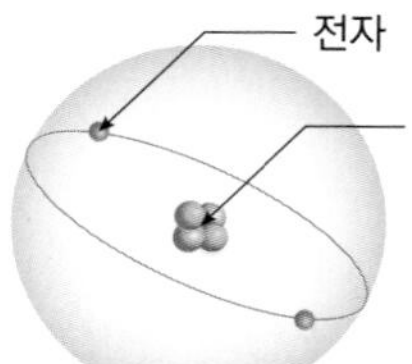

▲ 원자의 구조

형광 빛에너지를 받은 물질이 새로운 형태의 빛을 내뿜는 현상 또는 그 빛을 말한다. 형광의 수명은 10^{-9}초로 매우 짧다.

형광의 원리 물질이 에너지를 받게 되면 내부에 존재하는 전자가 그 다음 궤도(껍질)로 이동하게 된다. 이 상태의 전자를 들뜬 상태(Excited state)에 있다고 한다.
에너지를 가져간 전자는 다시 원래 자리(바닥 상태)로 돌아가고 싶어 하기 때문에 에너지를 외부로 버리고 다시 원래 자리로 돌아간다. 이때 버려진 에너지 대부분이 빛에너지로 방출되며, 이 빛이 바로 형광 분자의 색이다. 형광 분자가 외부 빛을 흡수해서 노란색의 빛을 내면 노란 형광빛을 내는 분자이고, 초록색의 빛을 내면 초록 형광빛을 내는 분자인 것이다. 따라서 일반적인 색은 반사된 빛을 보지만 형광색은 물질에서 나오는 빛을 보는 것이다.

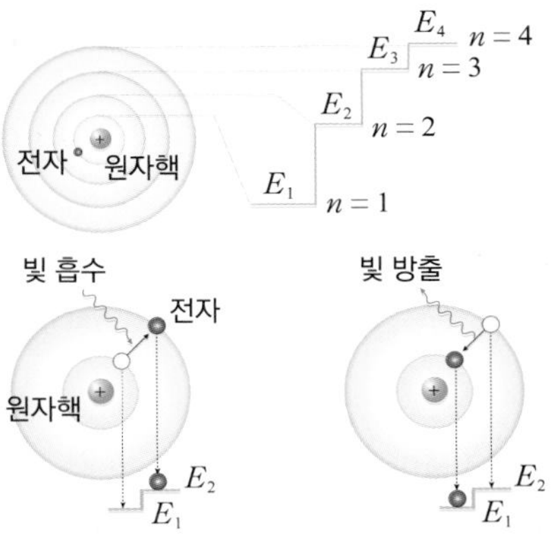

▲ 전자 껍질과 빛의 흡수/방출

물체의 색 물체를 비추는 빛 중에서 물체가 반사하는 빛만 사람 눈에 들어와 그 색으로 인식된다. 빛을 비추었을 때 모든 색의 빛을 흡수하는 물체의 색은 검정색, 모든 빛을 반사하는 물체의 색은 흰색이다.

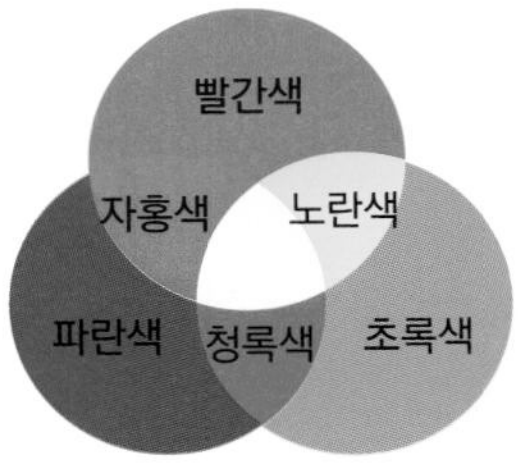

▲ 빛의 3원색의 합성

파동 매질의 한 곳에서 생긴 진동이 규칙적으로 퍼져 나가는 현상이다. 매질이 진동하면서 에너지만 전파된다.

파동의 표시

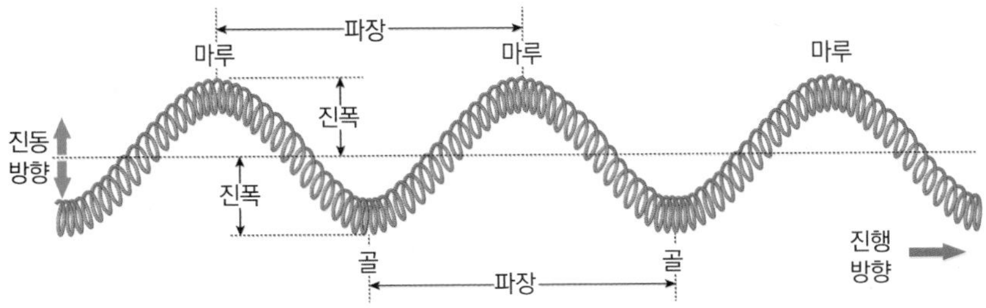

· 마루 : 파동 모양의 가장 높은 곳
· 골 : 파동 모양의 가장 낮은 곳
· 진폭 : 진동 중심에서 마루 또는 골까지의 직선 거리
· 파장 : 마루에서 다음 마루, 또는 골에서 다음 골까지의 거리
· 주기 : 매질의 한 점이 1회 진동하는 데 걸리는 시간(단위 : 초)
· 진동수 : 매질의 한 점이 1초 동안 진동하는 횟수로 주기의 역수와 같다.(단위 : Hz)

자외선 빛의 스펙트럼에서 보라색 바깥에 있는 전자기파를 말한다. 가시광선보다 파장이 짧다.

가시광선 빛의 스펙트럼에서 눈으로 볼 수 있는 파장 영역 사이의 빛이다.

적외선 빛의 스펙트럼에서 빨간색 바깥에 있는 전자기파를 말한다. 가시광선보다 파장이 길다.

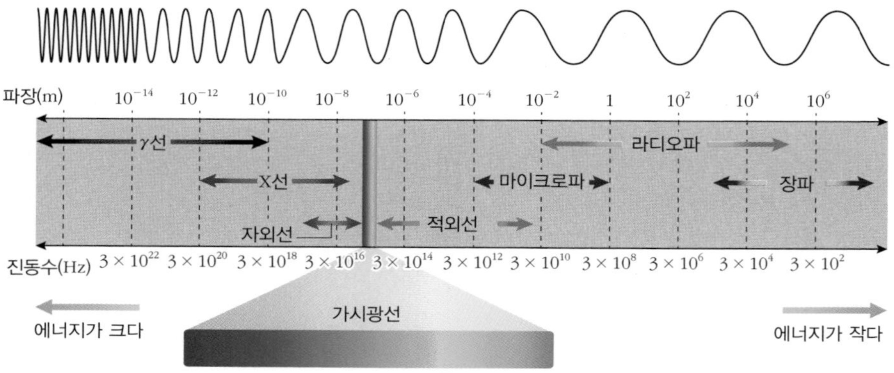

▲ 전자기파

관련 사이트

환경부 http://www.me.go.kr

한화케미칼 공식 블로그 http://www.chemidream.com/

관련 영화 및 영상

영화이름	장르	감독	영화/영상 소개
백색의 유혹, 형광 증백제(2011) EBS	다큐멘터리	황우광 연출	우리의 일상생활 속에 깊숙이 침투해 있는 '형광 증백제'를 집중 조명하고 하얀 색깔에 담겨 있는 논란을 소개한다.

관련 도서

책이름	출판사	저자	책소개
재미난 화학 이야기	전파과학사	윤실 저	이 책은 형광 증백제와 같이 우리 생활과 밀접한 화학물질의 성질을 소개하고 이들이 일으키는 화학반응에 대한 이야기를 문답식으로 알기 쉽게 소개한다.
하얀 휴지의 공포	현암사	여성희 저 김용아 그림	우리가 날마다 사용하는 집 안 곳곳의 물건 중에 도사려 있는 각종 화학물질의 해로움을 짚어 보고, 건강을 지키는 방법을 소개한다.

[선정하기] 관련 도서와 영화 중 보고 싶거나 읽고 싶은 것을 선정해 보자.

[서술하기] 논제와 관련된 책을 읽거나, 영화를 감상한 이후 느낀 점을 써 보자.

활동 TIPS

★ 혼자서 하고 있다면, 3일 내 마무리 한다.

★ 교사와 그룹 활동을 하고 있다면 과제를 내준다.

주제 깊이 알기! 문제를 통해 이슈와 관련된 내용을 더 자세히 알아봅시다.

Q1 빛의 삼원색을 쓰시오.

Q2 다음 질문에 알맞은 빛의 색을 각각 답하시오.

(1) 흰옷을 입은 무대위의 사람에게 빨간색과 초록색 조명을 동시에 비추었을 때 보이는 옷의 색
(2) 노란색 레몬에 초록색 조명을 비추었을 때 보이는 레몬의 색

Q3 두 가지 색의 빛을 합성하여 백색광이 나올 때 두 가지 색을 각각 적어 보시오.

Q4 파동에 대한 설명으로 옳은 것은?

① 물체의 진동이 퍼져나가는 현상이다.
② 파동 모양에서 가장 높은 곳을 골이라고 한다.
③ 파동이 진행할 때 매질도 함께 진행한다.
④ 파동이 처음 발생한 지점을 매질이라고 한다.
⑤ 1초 동안 파동의 한 지점이 진동하는 횟수를 주기라고 한다.

Q5 가장 작은 원자인 수소 원자의 크기는 지름이 $\frac{1}{1억}$ cm = 10^{-10} m 이고, 원자핵의 크기는 원자 지름의 $\frac{1}{10만}$ ~ $\frac{1}{1만}$ 정도이다. 물음에 답하시오.

(1) 원자의 크기를 지름 700 m 인 원형 야구장에 비교할 때, 원자핵은 대략 지름 몇 cm 정도인가? 그 크기와 비슷한 물체는 무엇이 있을까?

(2) 원자의 크기를 지름 700 m 인 원형 야구장에 비교할 때, 전자의 크기는 야구장에 있는 개미의 크기와 같다. 이러한 사실을 통해 알 수 있는 원자의 특징을 서술하시오.

Q6 각종 생활용품에서 각종 유해 성분이 검출됨에 따라 소비자들의 불안감도 증폭되고 있다. 이에 화학물질이 들어간 제품을 일체 거부하는 이른 바 노케미족 (no-chemistry族)도 늘어나는 추세이다. 노케미족이 되었을 때 가장 먼저 사용을 하지 않을 생활용품과 그것을 대체하는 방안에 대하여 자신의 생각을 서술하시오.

형광 증백제에 대해 더 알고 싶다면 다음 책으로 더 공부해 봅시다.

- 세페이드 1F 물리(하) CH18. 파동1, CH19. 파동2
- 세페이드 2F 물리(하) CH19. 빛과 파동
- 세페이드 1F 화학(상) CH9. 원자와 주기율
- 세페이드 2F 화학(하) CH16. 원자, CH17. 주기율표

탐구 보고서 작성을 위한 예비 단계

탐구 주제 찾기

떠오른 주제를 가지고 탐구의 목표와 예상 결과를 생각하면서 탐구 계획서를 완성해 봅시다.

Q1 지금까지 주어진 자료들을 읽고 드는 생각이나 느낌, 궁금증 등을 자유롭게 써 보자.

Q2 형광 물질을 유익한 방법으로 활용할 수 있는 방법은 무엇이 있을까?

Q3 Q2 에서 작성한 내용은 실현이 가능할까? 작성한 내용 중 하나 이상을 골라 자신의 의견을 써 보자.

Q4 Q2, 3 에서 작성한 내용을 어떻게 실험적으로 증명할 수 있을까? 실현 가능성을 증명하기 위한 탐구 방법을 써 보자.

Q5 Q4 에서 작성한 탐구와 관련하여 어떤 산출물을 고안할 수 있을까?

Q6 계획한 탐구 방법을 토대로 탐구 주제를 정해 보자.

탐구 보고서 작성을 위한 예비 단계

탐구계획서 작성

탐구주제

탐구 동기 및 목적

탐구하고자 하는 내용

탐구를 위한 실험 설계

실험제목

준비물

실험과정

탐구 보고서 기본 양식

보고서의 차례는 다음 몇 가지 예를 참고하여 적절히 가감하여 사용한다.

1. 탐구 주제
2. 탐구 동기
3. 탐구를 통해 알고 싶은 점
4. 탐구 문제 해결을 위한 사전 토론
5. 탐구를 위한 사전 조사
6. 탐구 가설 설정
7. 탐구 절차 및 방법
8. 탐구 내용
   가. 탐구 과제 ①
   나. 탐구 과제 ②
9. 탐구 결과물
10. 탐구 결론
11. 탐구를 통해 느낀 점
12. 향후 연구 계획
13. 참고 문헌

---

1. 탐구 문제
2. 이론적 접근
   가. 문헌 조사 ①
   나. 문헌 조사 ②
3. 탐구 내용
   가. 탐구 문제의 정의
   나. 탐구 절차 및 방법
   다. 결과 정리
   라. 분석 및 토론
   마. 실행
4. 결과 및 토론
   가. 결론
   나. 탐구의 보완점
   다. 느낀 점
5. 참고 문헌

---

1. 탐구 동기
2. 탐구 기간
3. 탐구 내용 및 실험 계획
   가. 실험에 대한 사전 조사
   나. 실험 계획
4. 탐구 방법(실험)
   가. 실험 ①
   나. 실험 ②
5. 탐구 결과 및 해석
   가. 실험 ① 의 결과 해석
   나. 실험 ② 의 결과 해석
6. 가설 검증
7. 결론
8. 실험 오류 및 오차 분석
9. 탐구를 통하여 느낀 점
10. 참고 문헌

부록

---

1. 탐구 주제
2. 탐구 문제
3. 탐구 문제 선정 이유
4. 설정한 가설
5. 변인의 종류와 통제
6. 탐구 내용 및 실험 계획
   가. 실험 ①
   나. 실험 ②
7. 탐구 실험
8. 탐구 결과
   가. 실험 ① 의 결과
   나. 실험 ② 의 결과
9. 탐구 결과의 해석
   가. 실험 ① 의 결과 해석
   나. 실험 ② 의 결과 해석
10. 결론 및 일반화
11. 탐구를 통하여 느낀 점
12. 참고 문헌

평가표

보고서를 마무리 한 후 전체 활동을 평가해 보자.

영역		평가 기준	평가 척도				
			5점	4점	3점	2점	1점
창의성	독창성	실험이나 관찰 방법, 산출물이 창의적인가?					
	유창성	실험 주제를 찾을 때 여러 가지 방법으로 찾았는가?					
	정교성	최종 산출물의 제작 완성도가 만족할 만한가?					
	융통성	실험 주제 또는 산출물이 다양하게 제시되었는가?					
이론적 타당성		산출물을 뒷받침하는 자료가 충분하며, 결론이 실험 주제와 맞는가?					
실용성(합리성)		문제 해결 방법이 현실에 적용 가능하다.					
설계 능력		주제에 맞게 실험이 설계되고, 적절한 방법이 사용되었다.					
커뮤니케이션 능력		탐구 보고서의 문맥 작성이 부드럽고, 주제와 결론이 일맥상통하며, 전달력이 있는가?					
융합성	과학(S)	산출물이나 탐구 과정에 과학적 원리가 적용되었는가?					
	기술(T)	탐구 목적에 맞게 실험을 응용하고, 산출물을 고안하였는가?					
	공학(E)	산출물이 잘 작동되는가?					
	예술(A)	산출물이 새롭고 창의적으로 디자인되었는가?					
	수학(M)	논리적이고 수학적인 기법을 사용하였는가?					
			매우 우수	우수	양호	보통	부족
총점							

점수에 따른 성취도 등급

등급	1등급	2등급	3등급	4등급	5등급
평가	60점 이상	45점 이상 ~ 59점 이하	30점 이상 ~ 44점 이하	15점 이상 ~ 29점 이하	14점 이하

주제3

식용 곤충

* FAO : 국제식량농업기구

2013년 국제연합식량농업기구(FAO)는 2050년 세계 인구가 90억 명이 넘을 것으로 전망했다. 기후 변화로 인해 농업 생산성이 떨어져 늘어나는 인구를 먹여 살릴 수 없게 되리라는 내용과 함께 곤충을 기아퇴치, 영양보충, 환경오염 저감을 위한 미래 식량 1순위로 정하고 인류와 가축을 위한 식량으로 적극적으로 권장했다.

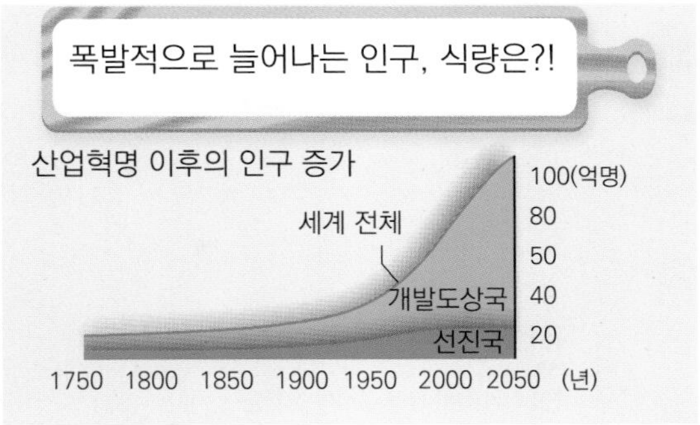

세계인구연감,2011
"2050년이면 세계 인구가 90억명을 넘어설 전망"

식용 곤충이 미래의 먹거리로 손꼽히고 있는 이유?

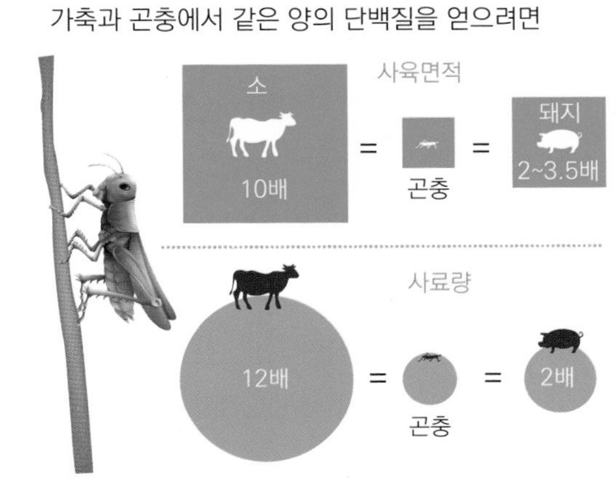

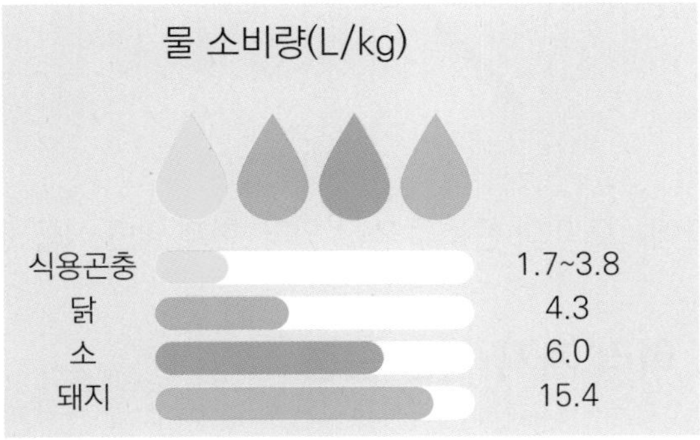

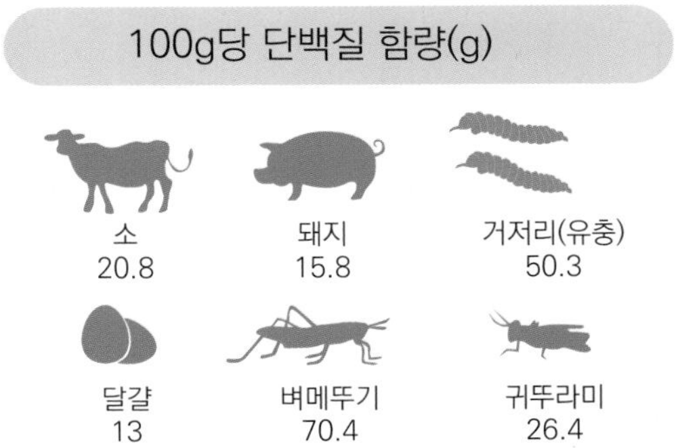

식량으로서 곤충이 지닌 장점은 다양하다.

가축과 비교하면 사육 면적이 적게 들어 높은 토지 이용 효율을 보이고, 한 번에 수백여 개의 알을 낳으며 알부터 식용이 가능한 성충이 되기까지는 1 ~ 3개월이 소요되므로 짧은 기간에 대량생산이 가능하다.

좁은 면적에 키울 수 있는 개체 수가 동물과 비교가 안 돼, 100평의 사육사에서 연간 약 10톤의 곤충 생산이 가능하고, 소고기 1kg 을 만들기 위해 드는 사료는 10kg 인데, 곤충 1kg 을 키우기 위해 드는 사료는 2 ~ 3kg 이면 충분하다.

또한 분뇨 배출과 온실가스 배출이 적어 환경오염 문제를 덜 수 있다. 영양학적인 면에서도 고단백, 고불포화지방에 더해 항염증, 항치매 등의 기능성이 계속 밝혀지고 있어 식품 소재로 가치가 올라가는 중이다.

현재 전세계 80% 지역에서 곤충을 먹고 있다.

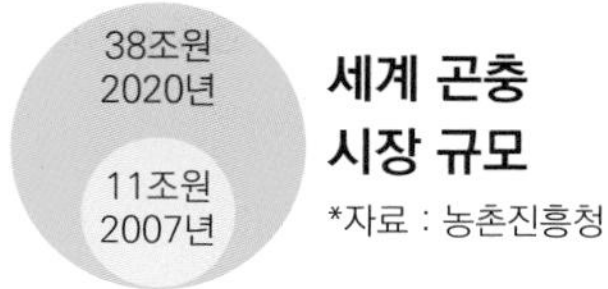

우리나라에서도 이미 곤충을 먹고 있다. 현재 일반 식품원료로 사용할 수 있는 곤충은 총 7종으로 다음과 같다.

여러 가지 식용 곤충

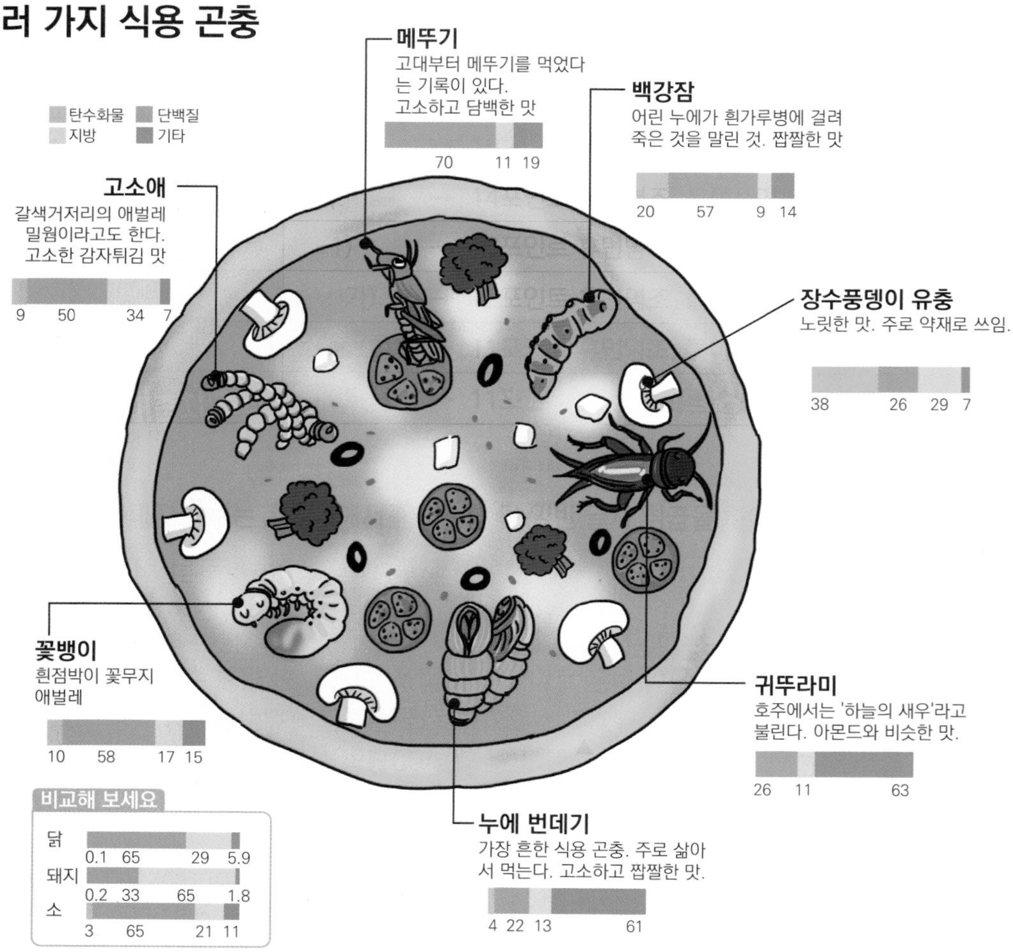

지구상 최다 종이면서도 미개발 자원인 곤충의 효능은 이미 동의보감에서 95종, 본초강목에서 106종 등이 보고되고 있으며 곤충이 가지고 있는 인체에 유용한 성분을 활용하기 위한 연구도 진행 중이다. 식용 곤충은 고단백, 고불포화지방산 등의 영양적 가치가 있기 때문에 건강기능식품, 나아가 인간의 질병 치료를 위한 천연물 신약의 개발원으로서 사용이 가능하다.

Q1 혐오감 있는 곤충을 식품으로 활용할 수 있는 방법을 서술해 보시오.

Q2 식용 곤충에 대한 거부감을 덜어내기 위해 농촌진흥청은 식용 곤충의 새로운 이름을 공모했었다. '충'이나 '벌레'라는 단어가 주는 혐오감이 식용에 방해가 된다는 판단이었다. 우리나라에서 식용으로 허용된 다음 6종의 곤충에 나만의 이름을 각각 지어 보자.

▲ 메뚜기

▲ 누에

▲ 갈색거저리 유충

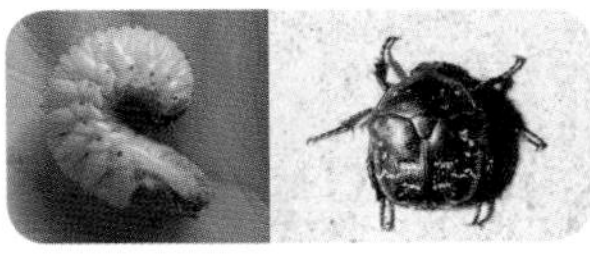
▲ 흰점박이꽃무지 유충

▲ 장수풍뎅이 유충

▲ 귀뚜라미

관련 용어 및 이론

영양소 몸을 구성하거나 생명 활동에 필요한 에너지원으로 쓰이는 물질. 3대 영양소와 그 외의 영양소(부영양소)로 구분한다.

① 3대 영양소 : 에너지원으로 사용되는 물질로 몸의 구성 성분이다. 탄수화물, 단백질, 지방

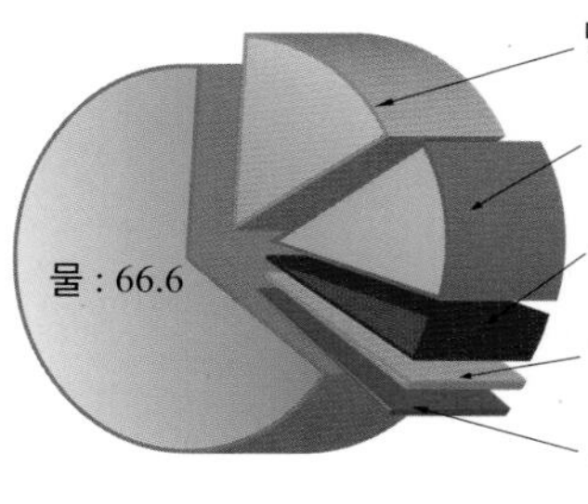

▲ 인체의 구성 성분 (단위 : %)

영양소	열량(1g 당)	구성 단위	기능 및 특징	함유 식품
탄수화물	4kcal	포도당	- 주로 에너지원으로 사용 - 섭취하는 양에 비해 몸을 구성하는 비율이 적음	쌀, 떡, 빵, 감자, 고구마 등
단백질	4kcal	아미노산	- 세포를 구성하는 주요 성분 - 새로운 세포를 만들고 생장하는데 필요	우유, 살코기, 달걀, 치즈 등
지방	9kcal	지방산, 글리세롤	- 에너지원으로 사용되며, 몸을 구성하는 성분 - 체온 유지에 중요한 역할	식용유, 버터, 땅콩, 참기름 등

② 그 외의 영양소(부영양소) : 에너지원으로 사용되지 않는 물질로 몸을 구성하거나 생리 작용 조절에 관여한다. 무기 염류, 바이타민, 물

영양소	기능	특징
물	- 영양소와 노폐물을 운반 - 체온 유지에 관여	- 에너지원으로 사용되지 않음 - 몸의 구성 성분 중 가장 많은 양을 차지
무기염류	- 적은 양으로 몸의 여러 가지 생리 작용을 조절 - 몸을 구성하는 성분이 됨	- 에너지원으로 사용되지 않음 - 체내에서 합성되지 않으므로 음식물을 통해 섭취해야 함 - 철, 칼슘, 나트륨, 칼륨, 인, 아이오딘 등
바이타민	- 적은 양으로 몸의 여러 가지 생리 작용을 조절	- 몸을 구성하지 않고, 에너지원으로 사용되지 않음 - 대부분 체내에서 합성되지 않으므로 음식물을 통해 섭취해야 함 - 부족하면 결핍증이 나타남

지방산 탄소 결합 형태에 따라 포화지방산, 불포화지방산으로 구분한다.

① 포화지방산 실내 온도에서 고체 형태로 딱딱하게 굳어 있다. 동물성 식품에 많으나 일부 식물성 기름에도 있다. 비만, 심장병 등의 질환을 유발한다. 예 소기름, 돼지기름, 버터, 팜유, 코코넛 오일 등

② 불포화지방산 대부분 식물성 지방으로 체내에서 합성이 불가능하여 반드시 외부로부터 섭취해야 하므로 필수지방산이라고도 한다. 예 생선(청어, 연어, 고등어 등), 식물성 기름(올리브유, 콩유, 해바라기유 등), 씨앗, 견과류 등

③ 트랜스지방산 액체 상태의 식물성 지방을 운반과 보관을 쉽게 하려고 수소를 첨가하여 마가린, 쇼트닝과 같은 고체나 반고체 상태로 가공한 것이다. 트랜스 지방은 원래 자연계에 존재하지 않았던 물질이므로 지방을 분해하는 효소 대부분이 트랜스 지방을 분해하지 못한다. 따라서 몸에 흡수되어 비만과 고지혈증을 유발하고, 혈관을 좁게 하는 나쁜 콜레스테롤은 증가시키고, 혈관을 깨끗하게 해주는 좋은 콜레스테롤을 감소시킨다. 이러한 트랜스지방은 주로 인스턴트 음식 속에 많이 함유되어 있다.

온실효과 지구로부터 방출되는 복사에너지가 대기 중에서 흡수되면, 지구가 받는 태양 복사에너지의 양에 비하여 방출하는 복사에너지의 양이 적어져 지구의 온도는 상승하는 현상

온실가스 온실효과를 일으키는 원인이 되는 가스. 온실효과를 일으키는 6대 온실기체는 이산화 탄소(CO_2), 메테인(CH_4), 아산화 질소(N_2O), 수소불화 탄소(HFCs), 과불화 탄소(PFCs), 육불화 황(SF_6)이다.

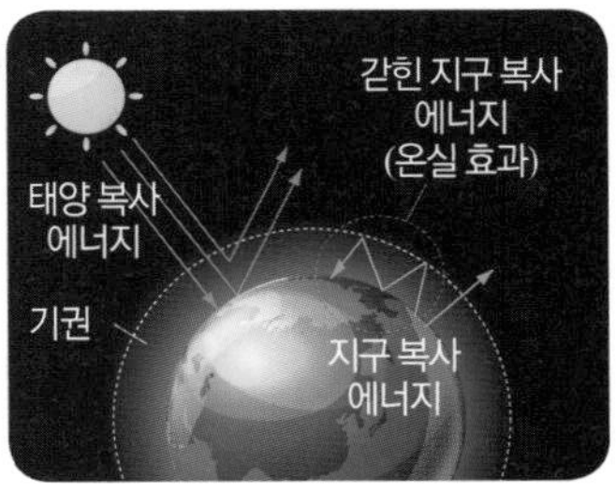

▲ 온실효과

관련 사이트

농촌진흥청 http://www.rda.go.kr/main/mainPage.do

농림축산식품부 http://www.mafra.go.kr/sites/mafra/index.do

한국식용곤충연구소 http://keilabstore.cafe24.com/

예천곤충연구소 & 곤충생태원 http://www.ycg.kr/open.content/insect/

관련 영화 및 영상

영화이름	장르	감독	영화/영상 소개
벅스 : 미래의 식량, 곤충 (2016)	다큐멘터리	안드레아 존슨	요리사와 연구진으로 구성된 팀이 세계 곳곳을 돌며 벌레를 미래의 식량으로 사용해도 좋을지 가늠해 보기 위한 미식 모험을 펼친다.
과학 다큐 비욘드 – 미래식량, 새로운 먹거리의 탄생	다큐멘터리	EBS	인구 증가와 환경 문제를 해결하기 위한 지속 가능한 미래 먹거리와 관련된 것들(인공 고기, 식용 곤충, 품종 개량 유전자 가위 기술과 식물 공장)을 소개하고 있다.

관련 도서

책이름	출판사	저자	책소개
실험실에서 만든 햄버거는 무슨 맛일까?	초록개구리	킴벌리 베네스 글/김아림 역	오늘을 살아가는 아이들이 반드시 생각해 봐야 할 복잡하지만 중요한 먹거리 문제에 대해 알기 쉬운 설명과 다채로운 사진으로 소개한다.
영양 만점 곤충 식당	예림당	서해경, 이소영 글/한수진 그림	주인공 양송이와 곤충 요리사인 송이의 아빠가 대화를 나누듯 식용 곤충에 대해 알려준다. 재미있는 칸만화 그림과 생생한 사진을 더해 내용을 효과적으로 보여 주고, 책을 읽는 즐거움을 더해준다.
세계미래보고서 2050	교보문고	박영숙, 제롬 글렌 저	『세계미래보고서 2050』은 지금과 완전히 달라지는 2050년의 모습을 예측하고 새로운 삶의 목적과 가치관을 함께 다루고자 한다.

[선정하기] 관련 도서와 영화 중 보고 싶거나 읽고 싶은 것을 선정해 보자.

[서술하기] 논제와 관련된 책을 읽거나, 영화를 감상한 이후 느낀 점을 써 보자.

활동 TIPS

★ 혼자서 하고 있다면, 3일 내 마무리 한다.

★ 교사와 그룹 활동을 하고 있다면 과제를 내준다.

주제 깊이 알기! 문제를 통해 이슈와 관련된 내용을 더 자세히 알아봅시다.

Q1 다음 중 생명 활동에 필요한 에너지원으로 사용되는 영양소가 아닌 것은?

① 탄수화물 ② 단백질 ③ 지방 ④ 바이타민

Q2 몸의 구성 성분 중 가장 많은 양을 차지하며, 영양소와 노폐물을 운반하는 영양소는 무엇인가?

Q3 무한이가 하루에 필요한 열량이 3000 kcal 라고 할 때, 무한이가 하루 세끼 식사를 통해 섭취해야 하는 3대 영양소의 양은 각각 몇 g 인가? (단, 무한이가 식사를 통해 섭취하는 3대 영양소의 비율은 지방과 단백질이 각각 20%, 탄수화물이 60% 라고 가정한다.)

Q4 곰과 같이 겨울잠을 자는 동물은 겨울잠을 자기 전에 섭취한 먹이를 체지방으로 바꾸어 몸에 저장하였다가 겨울잠을 잘 때 사용한다. 겨울잠을 자는 동물들이 섭취하는 먹이를 지방으로 바꾸어 저장하는 이유를 다음 자료를 참고하여 에너지 효율 측면에서 설명하시오.

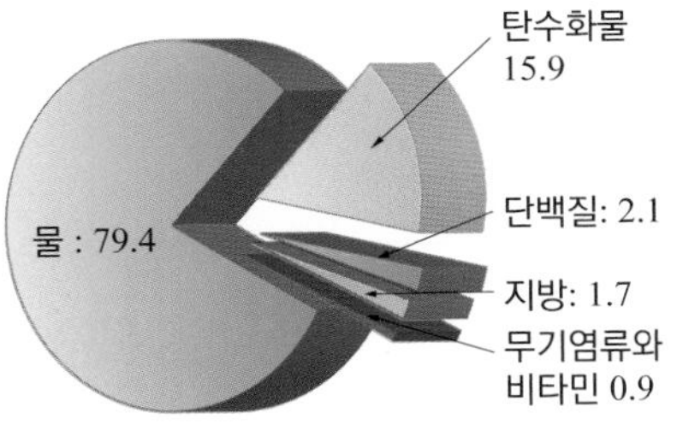

▲ 영양소별 섭취 비율 (단위 : %)

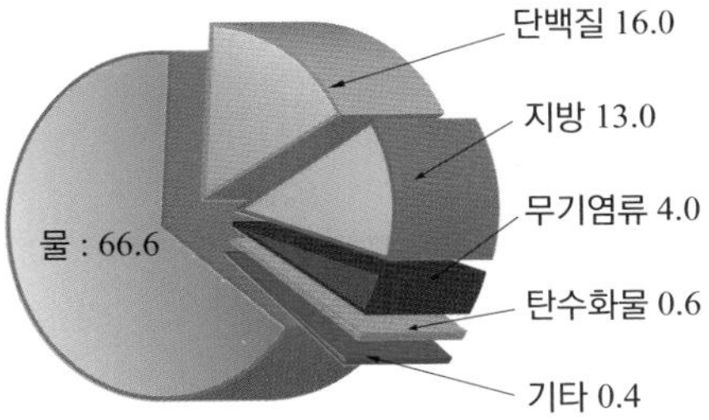

▲ 인체의 구성 성분 (단위 : %)

Q5

미국과 중국의 연구진에 의해 밀웜이 스타이로폼을 먹어서 소화할 수 있다는 연구 결과를 발표하였다. 밀웜(meal-worm)이란 갈색거저리 애벌레를 말한다. 밀웜의 장 속에 있는 슈퍼 박테리아에 의해 스타이로폼이 분해되어 일부는 이산화 탄소로 배출되고, 나머지는 대변으로 배설되며, 이 배설물 또한 작물 재배용 비료로 쓸 수 있을 만큼 안전하다고 한다.

이와 같이 곤충을 활용하는 방안에 대해 계속 연구가 진행되고 있다. 곤충을 활용할 수 있는 또 다른 방법은 무엇이 있을까? 자신의 생각을 서술하시오.

Q6

식품안전나라-식품영양성분 DB 를 통해 오늘 점심 메뉴(또는 아침 메뉴)의 영양 정보를 체크해 보자.

◈ [검색방법]

1. 식품안전나라 홈페이지(www.foodsafetykorea.go.kr)의 건강·영양 정보 클릭[상단 중앙]
2. 식품영양성분 DB 클릭[영양성분정보(좌측 2열)의 오른쪽 3번째]
3. 간편검색 화면

① 식품(원재료), 음식(외식, 조리식품), 가공식품 3개의 카테고리 중 해당 분류 클릭
② 검색창에 식품 또는 음식명 입력 및 검색
③ 자료다운 클릭 시 검색된 품목들의 주요 9대 영양성분 함량 확인 가능
④ 해당 식품·음식명 클릭 시 분석된 영양성분 함량 모두 확인 가능

식용 곤충에 대해 더 알고 싶다면 다음 책으로 더 공부해 봅시다.
· 세페이드 2F 생명과학(상) CH8. 영양소

탐구 보고서 작성을 위한 예비 단계

탐구 주제 찾기

떠오른 주제를 가지고 탐구의 목표와 예상 결과를 생각하면서 탐구 계획서를 완성해 봅시다.

Q1 지금까지 주어진 자료들을 읽고 드는 생각이나 느낌, 궁금증 등을 자유롭게 써 보자.

Q2 식용 곤충으로 만든 식품을 실제로 판매하는 곳도 있다. '한국식용곤충연구소(KEIL)'는 식용 곤충으로 만든 제품을 개발해 현재 온라인에서 판매하고 있으며, 곤충 파스타 식당도 국내에서 문을 열었다. 주어진 자료 속 7 종의 곤충 맛을 참고하여 각각을 어떤 식품으로 개발하거나 어떤 방법으로 먹으면 좋을지 구체적인 방안을 써 보자.

Q3 곤충을 식품으로 먹을 때 단점은 무엇이 있을까? 이를 개선하기 위한 방안을 각각 써 보자.

Q4 Q2, 3 에서 작성한 내용을 어떻게 실험적으로 증명할 수 있을까? 실현 가능성을 증명하기 위한 탐구 방법을 써 보자.

Q5 Q4 에서 작성한 탐구와 관련하여 어떤 산출물을 고안할 수 있을까?

Q6 계획한 탐구 방법을 토대로 탐구 주제를 정해 보자.

탐구 보고서 작성을 위한 예비 단계

탐구계획서 작성

탐구주제

탐구 동기 및 목적

탐구하고자 하는 내용

탐구를 위한 실험 설계

실험제목

준비물

실험과정

평가표

보고서를 마무리 한 후 전체 활동을 평가해 보자.

영역		평가 기준	평가 척도				
			5점	4점	3점	2점	1점
창의성	독창성	실험이나 관찰 방법, 산출물이 창의적인가?					
	유창성	실험 주제를 찾을 때 여러 가지 방법으로 찾았는가?					
	정교성	최종 산출물의 제작 완성도가 만족할 만한가?					
	융통성	실험 주제 또는 산출물이 다양하게 제시되었는가?					
이론적 타당성		산출물을 뒷받침하는 자료가 충분하며, 결론이 실험 주제와 맞는가?					
실용성(합리성)		문제 해결 방법이 현실에 적용 가능하다.					
설계 능력		주제에 맞게 실험이 설계되고, 적절한 방법이 사용되었다.					
커뮤니케이션 능력		탐구 보고서의 문맥 작성이 부드럽고, 주제와 결론이 일맥상통하며, 전달력이 있는가?					
융합성	과학(S)	산출물이나 탐구 과정에 과학적 원리가 적용되었는가?					
	기술(T)	탐구 목적에 맞게 실험을 응용하고, 산출물을 고안하였는가?					
	공학(E)	산출물이 잘 작동되는가?					
	예술(A)	산출물이 새롭고 창의적으로 디자인되었는가?					
	수학(M)	논리적이고 수학적인 기법을 사용하였는가?					
			매우 우수	우수	양호	보통	부족
총점							

점수에 따른 성취도 등급

등급	1등급	2등급	3등급	4등급	5등급
평가	60점 이상	45점 이상 ~ 59점 이하	30점 이상 ~ 44점 이하	15점 이상 ~ 29점 이하	14점 이하

주제4
마이크로비즈

Q1 치약에서 까끌까끌한 알갱이를 느껴본 적 있는가? 있었다면 알갱이가 든 치약을 사용했을 때 보통 치약과 어떤 차이가 있었는지 서술해 보시오.

마이크로비즈가 무엇일까?

마이크로비즈(Microbeads)란 크기 5mm 이하의 작은 플라스틱 입자를 말한다. 조각, 알갱이, 섬유, 파편 등 다양한 형태를 띠는 물질로, 생산 시 작게 만들어지는 '1차 미세플라스틱'과 이후 인위적 또는 자연적으로 마모되어 크기가 5mm 이하가 된 '2차 미세플라스틱'으로 분류할 수 있다. 마이크로비즈는 주로 폴리에틸렌으로 만들어지나 폴리프로필렌이나 폴리스타이렌과 같은 석유화학 성분으로 만들어지기도 한다. 크기는 5mm 이하의 mm급

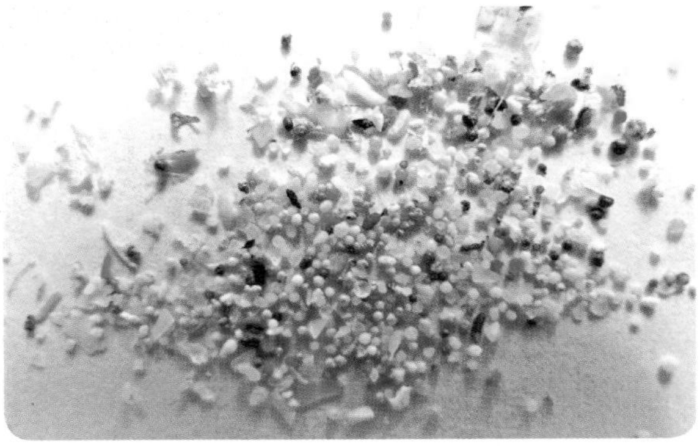

과 그 이하의 마이크로미터급(100만분의 1m)과 그리고 나노미터급(10억분의 1m)으로 나뉘며, 플라스틱의 성질이 대개 그렇듯 잘 썩지 않아 오랫동안 바다를 떠돈다.

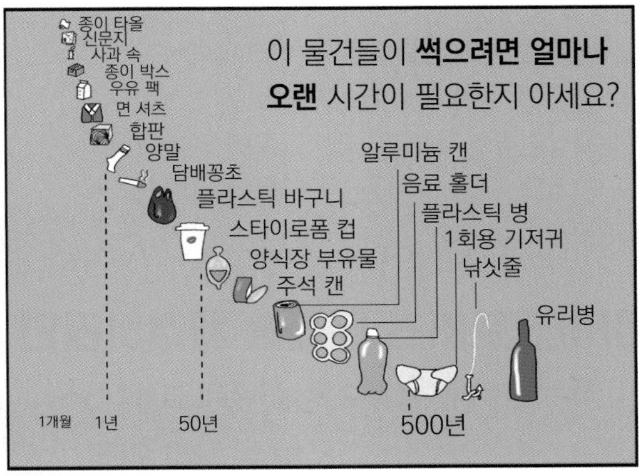

마이크로비즈는 화장품과 비누, 스크럽, 치약과 같은 개인 생활용품 등 표면의 각질이나 치석을 제거하는 박리제에 주로 사용되며 마이크로비즈에 색을 넣어 눈에 돋보이게 하는 화장품으로도 사용된다. 그 외에는 생명의학 및 보건과학에서 현미경 기술, 유체 시각화, 유체 흐름 분석 및 프로세스 문제 해결에 이용된다.'

Q2 다음 중 마이크로비즈에 속하지 않는 것은 무엇인가?

① 유리병이 깨진 조각
② 음료수 페트병이 닳아서 작게 떨어진 조각
③ 합성 섬유 옷에서 떨어진 보풀
④ 각질 제거제 안에 든 플라스틱 알갱이
⑤ 바다 위를 떠돌던 스티로폼이 잘게 부서진 조각

Q3 Q2의 마이크로비즈를 두 가지 종류로 나누어 보시오.

마이크로비즈는 왜 위험할까?

마이크로비즈의 위험성은 바다 생물들이 이를 먹이로 오인한다는 데 있다. 잘 가라앉지 않고 수면에서 수심 10cm 사이에 둥둥 떠서 돌아다닌다. 너무 작아서 인공위성이 해양쓰레기를 촬영할 때에도 보이지 않는다. 해양 생태학자에 따르면, 플랑크톤에서부터 어류, 해양 포유류까지 먹이사슬의 모든 단계에 있는 생물들이 마이크로비즈를 먹을 수 있다고 한다. 실제로 매년 약 800만 톤의 플라스틱이 바다로 유입되어 바닷새, 고래, 거북이를 비롯한 해양 생물들이 미세플라스틱을 먹게 된다.

마이크로비즈의 이동 경로를 살펴보면, 먼저 인간이 마이크로비즈가 포함된 제품을 사용하고 이것이 하수 처리장에 걸러지지 못한 채로 바다에 흘러들어간다. 이를 먹이로 오인한 바다 생물들이 마이크로비즈를 먹게 되고 장 폐색, 섭식 행동 장애, 에너지 할당 감소, 산화스트레스, 물리적 상처 등의 다양한 부작용을 겪게 되는 것이다.

또한 플라스틱은 주변의 유해 화학물질을 흡수하는 특성이 있어 마이크로비즈 입자는 고농축 독성물질이 된다. 여기서 가장 두려운 것은 이 마이크로비즈가 최종적으로 우리에게 다시 되돌아온다는 것이다. 이는 인간이 먹이그물 구조의 최상위층이기 때문인데, 때문에 마이크로비즈 사용에 대한 규제를 세계적으로 강화할 필요가 있다.

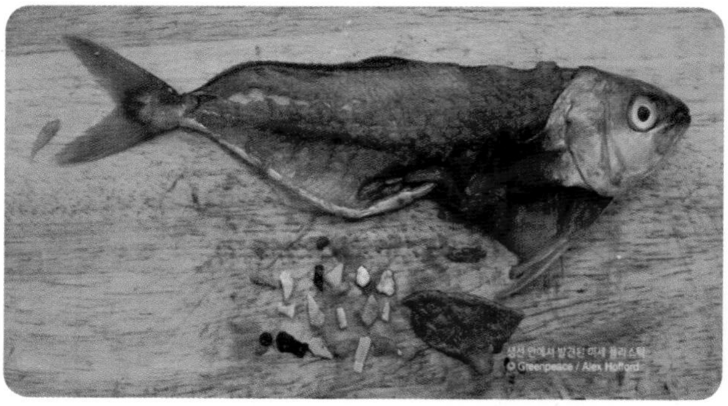

▲ 생선 안에서 발견된 미세플라스틱

마이크로비즈 문제를 해결하려면 어떻게 해야 할까?

(1) 하수 처리 시설은 어떻게 바꾸어야 할까?

하수 처리 과정

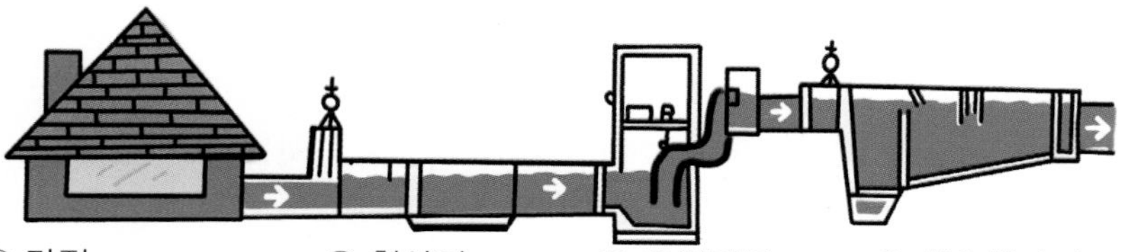

① 가정
각 가정에서 버린 물은 하수구를 통하여 하수 처리장으로 간다.

② 침사지
하수에 포함된 흙, 모래, 각종 찌꺼기가 걸러진다.

③ 유입펌프
대형펌프로 하수를 퍼올려 침전지로 보낸다.

④ 최초침전지
일정 시간 방치하여 가라앉는 물질과 뜨는 물질을 분리 처리한다.

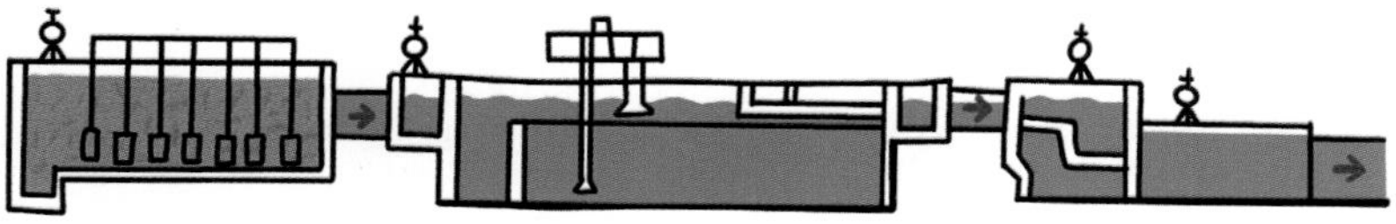

⑤ 포기조
공기를 하수에 불어넣고 미생물이 유기물을 덩어리로 만들어 가라앉힌다.

⑥ 최종침전지
약 3시간 정도 방치해 유기물 덩어리를 가라앉히고 위의 맑은 물을 방류지로 보낸다.

⑦ 강으로 재방류
정화된 물을 다시 강으로 보낸다.

(2) 오션 클린업 프로젝트

네덜란드의 청년 환경 운동가가 고안한 플라스틱 쓰레기 수거 프로젝트이다. 바닷물이 일정한 방향으로 흐르는 길목에 길이 1~2㎞의 튜브를 '학익진'처럼 펼쳐둔다. 그러면 떠다니던 플라스틱이 튜브 밑에 달린 2m 길이의 폴리우레탄 벽에 막혀 모이게 된다. 아래쪽은 트여 있기 때문에 해양 생물을 가두게 될 우려도 없다.

Q4 다음 중 하수를 처리할 때 제거하는 과정이 나머지와 다른 것은 무엇인가?

① 모래 ② 가축 분뇨 ③ 고철 쓰레기 ④ 부서진 목제 가구

Q5 자료의 하수처리 과정에서 왜 마이크로비즈가 걸러지지 않을까? 이유와 함께 서술하시오.

Q6 위의 플라스틱 제거 프로젝트 자료를 보고 둥둥 떠다니는 마이크로비즈를 하수처리시설에서 제거하려면 어떤 과정을 추가해야 할 지 방법을 고안해 보시오.

Q7 가장 최선의 방법은 마이크로비즈의 생성 자체를 줄이는 것이다. 이와 같이 1, 2차 마이크로비즈를 줄이기 위해서는 구체적으로 어떤 방법이 있을지 서술하시오.

관련 용어 및 이론

폴리에스테르 석유 화학 기술로 만든 합성 섬유로 우리 옷을 만드는 데 사용하는 플라스틱의 일종이다. 색이 번지거나 쉽게 변하지 않고 내구성이 우수하며 구김이 잘 안 생긴다. 반면에 신축성이 없고 정전기가 잘 발생하며 자연에서 분해되지 않는다.

스타이로폼 발포 스타이렌 수지라는 플라스틱의 상표명으로, 98%가 공기로 구성되어 있는 흰색 발포제를 말한다. 공기층이 열차단을 하고 매우 가벼워 완충재나 포장재, 방열재, 방한재 등으로 쓰인다.

먹이 사슬 생물 사이의 먹고 먹히는 관계

먹이 그물 먹이 사슬이 여러 개가 서로 얽혀서 복잡한 그물 모양을 이루는 것을 말한다. 상위 단계의 생물로 올라갈수록 개체수가 줄어들므로 몸속에 축적되는 유독 물질의 농도가 높아진다. 따라서 먹이 피라미드의 상위 단계로 갈수록 미세 플라스틱의 피해가 크다.

먹이 피라미드 먹이 그물에서 상위 단계로 갈수록 개체수가 줄어드는 것을 피라미드 형태로 나타낸 것이다.

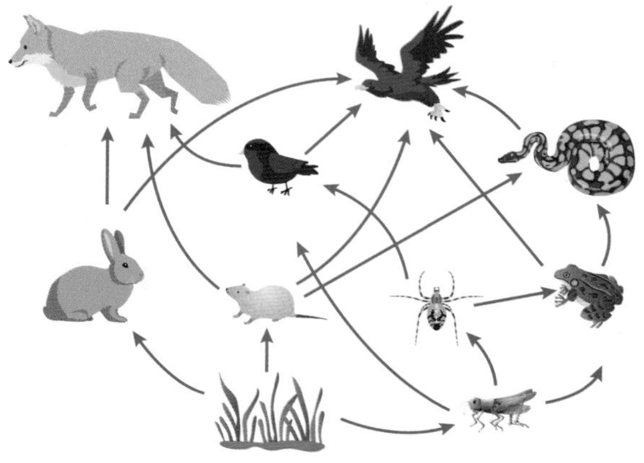
▲ 먹이 그물

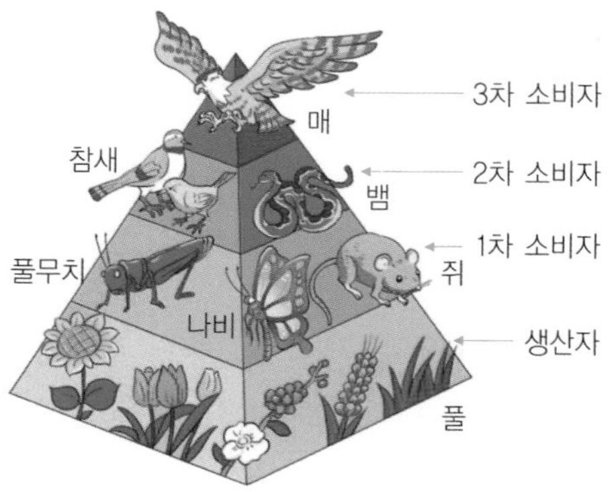

▲ 먹이 피라미드

관련 도서

책이름	출판사	저자	책소개
플라스틱 바다 지구의 바다를 점령한 인간의 창조물	미지북스	찰스 무어, 커샌드라 필립스 저/이지연 역	바다를 사랑한 한 평범한 시민이 해양 과학자이자 환경 운동가가 되어 전 세계적인 관심을 불러일으키기까지의 여정이 이 책에 생생히 담겨 있다.
플라스틱 행성	거인	게르하르트 프레팅, 베르너 보테 글 / 안성철 역	플라스틱으로 고통받는 지구를 구할 방법은 있을까? 한 가족이 나섰다. 그들은 자신의 공간에서 플라스틱을 몰아냈다. 그리고 그런 행동에서 기쁨을 느낀다. 우리 가족이 같은 일을 해낼 수는 없는 것일까?
바다를 병들게 하는 플라스틱	생각하는 책상	시르시티 블룸, 예이르 빙 가브리엘센 저 /한소영 역	바다에 플라스틱이 어떻게 버려지고 얼마나 버려지는지, 플라스틱에 어떤 독성 물질이 있는지, 그로 인해 바다 동물이 얼마나 고통받고 있는지를 생생한 사진과 함께 보여 줌으로써 우리 어린이들이 플라스틱 쓰레기의 심각성을 명확히 인식하고 깨닫게 해 준다.
어쩌지? 플라스틱은 돌고 돌아서 돌아온대!	생각하는 아이지	이진규 글 / 박진주 그림	플라스틱이라는 물건, 플라스틱 주변에서 벌어지는 현상은 이미 우리에게 너무 익숙해졌습니다. 편리함, 익숙함에 가려져서 보이지 않던 세상이 있지 않을까요? 이 책은 우리가 놓치고 있던 것들, 보이지 않던 세상을 끄집어냅니다.

관련 사이트

그린피스 http://www.greenpeace.org/korea/

국가환경산업기술정보시스템 https://www.konetic.or.kr/

환경부 http://www.me.go.kr/

여성환경연대 http://ecofem.or.kr/

관련 영화 및 영상

영화이름	장르	감독	영화/영상 소개
SBS스페셜 식탁위로 돌아 온 미세플라스틱 (2018)	다큐멘터리	황승환	편의성으로 인해 인류 생활의 패러다임을 바꾼 플라스틱이 어떻게 위협적인 부메랑으로 되돌아오고 있는지, 자칭 친환경론자 개그우먼 김미화 씨, 그리고 좋아하는 생선을 못 먹게 될까봐 고민이라는 10살 꼬마 영재 홍준수 군과 함께 추적해 본다.

[선정하기] 관련 도서와 영화 중 보고 싶거나 읽고 싶은 것을 선정해 보자.

[서술하기] 논제와 관련된 책을 읽거나, 영화를 감상한 후 느낀 점을 써 보자.

주제 깊이 알기! 문제를 통해 이슈와 관련된 내용을 더 자세히 알아봅시다.

Q1 열이나 압력에 의해 모양이 변할 수 있는 고분자 화합물을 (　　　　　　　　)이라 한다.

Q2 다음 설명 중 옳은 것은 O표, 옳지 않은 것은 X표 하시오.

(1) 플라스틱은 동물이 먹어도 안전하다. (　　)

(2) 플라스틱이 닳아 부스러져 안 보이게 되면 다른 물질로 분해된다. (　　)

(3) 플라스틱은 단단하거나 유연하거나, 질기거나 부드럽거나 등 다양한 성질을 가지도록 만들 수 있다. (　　)

Q3 다음 플라스틱의 일반적인 성질 중 플라스틱이 환경 문제가 되는 가장 큰 원인을 고르시오.

① 압력을 가해서 모양을 만들 수 있다.
② 오랫동안 썩지 않고 모양을 보존한다.
③ 가볍고 튼튼해서 물 위에 뜰 수 있다,
④ 모양을 마음대로 만들 수 있어 다양한 용도로 사용된다.
⑤ 어떤 공정을 거치면 열을 가해도 모양이 변하지 않는다.

Q4 다음 중 마이크로비즈가 사용된 목적이 나머지와 다른 것을 고르시오.

① 치약　② 각질 제거제　③ 공업용 연마제　④ 물의 흐름을 표시하는 유체 시각화

Q5 마이크로비즈와 일반적인 플라스틱 쓰레기 중 어느 쪽이 더 유해할 지 의견을 써 보시오.

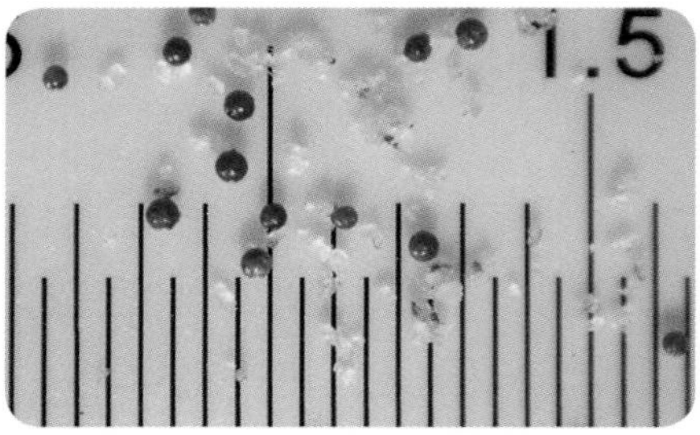

Q6 크기가 매우 작은 마이크로비즈를 바다에 버리면 생태계에서 어떤 과정을 거쳐 사람들에게 도달하게 될 지 추리하여 도식도의 화살표를 그리고 각 관계를 설명하시오.

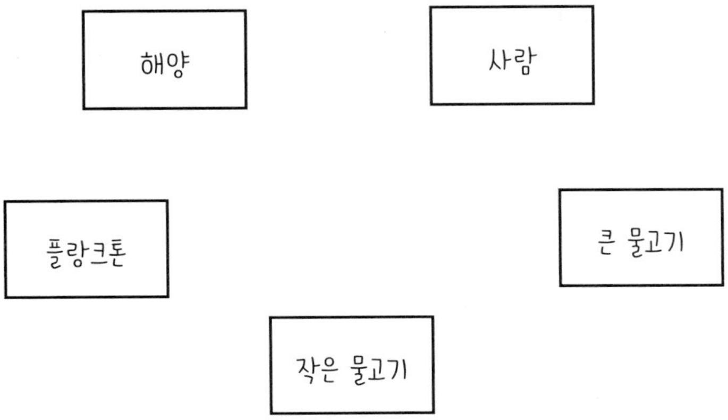

Q7 먹이 그물에서 하위 단계의 생물 개체수가 상위 단계의 생물 개체수보다 많은 이유를 설명하고, 이를 이용하여 생물 농축이 일어나는 이유를 서술하시오.

마이크로비즈와 관련된 내용에 대하여 더 알고 싶다면 다음 책으로 공부해 봅시다.

- 창의력과학 아이앤아이 생명과학(하) Ⅷ. 생태계와 상호 작용
- 세페이드 3F 생명과학(하) CH28. 생물과 환경, CH29. 개체군과 군집 CH30. 물질 순환과 에너지의 흐름
- 세페이드 3F 화학(하) CH26. 고분자 화합물

탐구 보고서 작성을 위한 예비 단계

탐구 주제 찾기

떠오른 주제를 가지고 탐구의 목표와 예상 결과를 생각하면서 탐구 계획서를 완성해 봅시다.

Q1 지금까지 주어진 자료들을 읽고 드는 생각이나 느낌, 궁금증 등을 자유롭게 써 보자.

Q2 Q1 에서 작성한 내용 중 실험을 통해 결과 확인이 가능할 것만을 추려보자.

Q3 Q2 에서 작성한 내용을 실현 가능하도록 탐구 계획을 세워보자, 불가능하다면 다른 방안을 생각해 보자.

Q4 Q3에서 작성한 탐구 계획 중 산출물을 낼 수 있는 탐구가 있는가? 있다면 어떤 산출물을 낼 수 있는가?

Q5 계획한 탐구 방법을 토대로 탐구 주제를 정해 보자.

탐구 보고서 작성을 위한 예비 단계

탐구계획서 작성

탐구주제

탐구 동기 및 목적

탐구하고자 하는 내용

탐구를 위한 실험 설계

실험제목

준비물

실험과정

탐구 보고서 기본 양식

보고서의 차례는 다음 몇 가지 예를 참고하여 적절히 가감하여 사용한다.

1. 탐구 주제
2. 탐구 동기
3. 탐구를 통해 알고 싶은 점
4. 탐구 문제 해결을 위한 사전 토론
5. 탐구를 위한 사전 조사
6. 탐구 가설 설정
7. 탐구 절차 및 방법
8. 탐구 내용
   가. 탐구 과제 ①
   나. 탐구 과제 ②
9. 탐구 결과물
10. 탐구 결론
11. 탐구를 통해 느낀점
12. 향후 연구 계획
13. 참고 문헌

1. 탐구 문제
2. 이론적 접근
   가. 문헌 조사 ①
   나. 문헌 조사 ②
3. 탐구 내용
   가. 탐구 문제의 정의
   나. 탐구 절차 및 방법
   다. 결과 정리
   라. 분석 및 토론
   마. 실행
4. 결과 및 토론
   가. 결론
   나. 탐구의 보완점
   다. 느낀 점
5. 참고 문헌

1. 탐구 동기
2. 탐구 기간
3. 탐구 내용 및 실험 계획
   가. 실험에 대한 사전 조사
   나. 실험 계획
4. 탐구 방법(실험)
   가. 실험 ①
   나. 실험 ②
5. 탐구 결과 및 해석
   가. 실험 ① 의 결과 해석
   나. 실험 ② 의 결과 해석
6. 가설 검증
7. 결론
8. 실험 오류 및 오차 분석
9. 탐구를 통하여 느낀 점
10. 참고 문헌

부록

1. 탐구 주제
2. 탐구 문제
3. 탐구 문제 선정 이유
4. 설정한 가설
5. 변인의 종류와 통제
6. 탐구 내용 및 실험 계획
   가. 실험 ①
   나. 실험 ②
7. 탐구 실험
8. 탐구 결과
   가. 실험 ① 의 결과
   나. 실험 ② 의 결과
9. 탐구 결과의 해석
   가. 실험 ① 의 결과 해석
   나. 실험 ② 의 결과 해석
10. 결론 및 일반화
11. 탐구를 통하여 느낀 점
12. 참고 문헌

평가표

CHECK!

보고서를 마무리 한 후 전체 활동을 평가해 보자.

영역		평가 기준	평가 척도				
			5점	4점	3점	2점	1점
창의성	독창성	실험이나 관찰 방법, 산출물이 창의적인가?					
	유창성	실험 주제를 찾을 때 여러 가지 방법으로 찾았는가?					
	정교성	최종 산출물의 제작 완성도가 만족할 만한가?					
	융통성	실험 주제 또는 산출물이 다양하게 제시되었는가?					
이론적 타당성		산출물을 뒷받침하는 자료가 충분하며, 결론이 실험 주제와 맞는가?					
실용성(합리성)		문제 해결 방법이 현실에 적용 가능하다.					
설계 능력		주제에 맞게 실험이 설계되고, 적절한 방법이 사용되었다.					
커뮤니케이션 능력		탐구 보고서의 문맥 작성이 부드럽고, 주제와 결론이 일맥상통하며, 전달력이 있는가?					
융합성	과학(S)	산출물이나 탐구 과정에 과학적 원리가 적용되었는가?					
	기술(T)	탐구 목적에 맞게 실험을 응용하고, 산출물을 고안하였는가?					
	공학(E)	산출물이 잘 작동되는가?					
	예술(A)	산출물이 새롭고 창의적으로 디자인되었는가?					
	수학(M)	논리적이고 수학적인 기법을 사용하였는가?					
			매우 우수	우수	양호	보통	부족
총점							

점수에 따른 성취도 등급

등급	1등급	2등급	3등급	4등급	5등급
평가	60점 이상	45점 이상 ~ 59점 이하	30점 이상 ~ 44점 이하	15점 이상 ~ 29점 이하	14점 이하

PART IV

발명품 대회

발명품 대회는
어떻게 준비할까?

단원 살짝 엿보기

01 발명을 위한 창의력 향상

새로운 것을 만들어내는 발명에는 창의력이 필요하다.
창의력이 어떤 것인지, 창의력을 키우기 위해서는 어떻게 해야 하는지 알아보자.

창의성(creativity)이란 무엇인가?

1. 과거의 경험에 의하지 않고 새로운 방법으로 문제 해결을 하려는 생산적 사고이다.
2. 문제 해결을 위하여 가지고 있는 정보들을 새롭게 조립하는 능력이다.
3. 현재에 없는 새롭고 유익한 것을 만들어내는 능력이다.

창의력의 특징

1. 하나의 답을 정하지 않고, 가능한 다양한 답을 제사하는 확산적인 사고를 하는 능력이다.
2. 기존의 정보만을 고집하지 않는다.
3. 누구나 선천적으로 가지고 태어나며, 후천적 개발이 가능하다.
4. 창의력이 높은 학생은 ① 이야기 만드는 것을 좋아하며 ② 현재 배우는 것과 다른 분야 사이의 유사점을 발견하고 연결시키려고 하며 ③ 자신이 계획한 일에 실패하더라도 좌절하지 않고 여러 가지 다른 방법을 찾는 특성이 있다.

창의력의 대표적 구성요소

1. **유창성** : 주어진 주제에 대한 다양한 아이디어를 생각할 수 있는 사고 능력
   주어진 자극에 대해 가능한 한 많은 양의 아이디어를 산출하는 사고 능력

2. **융통성** : 어떤 문제에 대해 다양한 범주에서 해결책을 제시하는 사고 능력
   주어진 문제에 대해 한 가지 방법에 집착하지 않고 다양한 접근 방법을 취하는 사고 능력

3. **독창성** : 자기 나름대로의 독특한 아이디어로 새로운 문제 해결 방식을 찾는 사고 능력
   문제에 대해 통상적인 것에서 탈피하여 독특하고 참신한 아이디어를 산출해 내는 사고 능력

4. **정교성** : 어떤 주제에 대해 실질적인 방법으로 해결책을 구체화시키는 사고 능력
   다듬어지지 않은 기존의 아이디어를 보다 치밀한 것으로 발전시키는 능력

5. **민감성** : 주변 현상에 민감하게 반응하여 새로운 해결책을 파악하는 사고 능력
   주변 환경에 관해 민감한 관심을 보이고 이를 통해 새로운 탐색 영역을 넓히는 사고 능력

Q1 자신의 일상 생활에서 창의력을 발휘했던 예 중 하나를 것을 골라 그에 관련한 일화를 소개해 보시오.

Q2 (창의력 연습 예제) 9개의 점을 한붓그리기를 하여 한 번에 모두 지나가도록 선을 그어보시오. (단, 가능한 꺾임이 적은 선으로 연결되어야 함)

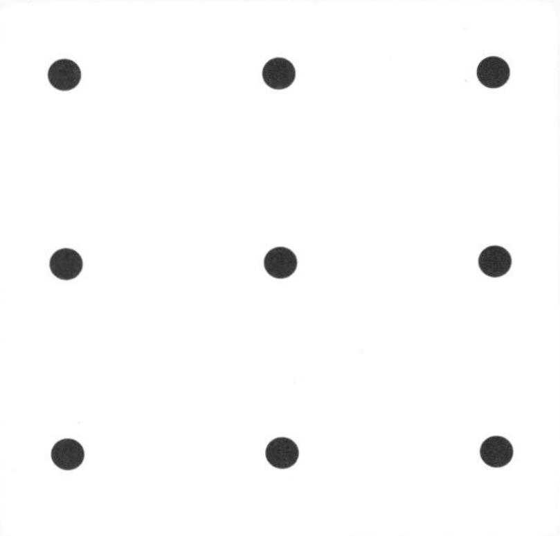

아이디어 발상법

01 브레인스토밍(Brain storming)

문제 해결을 위한 다양한 아이디어를 찾아내는 방법 중의 하나인데, 특정 주제에 대해 두뇌(brain)에서 폭풍(storm)이 휘몰아치듯이생각나는 아이디어를 많이 내놓는다는 점에서 이와 같은 이름이 붙여졌다.

방법은 자유분방하게 아이디어 발표하기, 가급적 많은 아이디어를 발표하기, 어떤 아이디어에 대해서도 비판하지 않기, 2개 이상의 아이디어를 결합하여 새로운 아이디어를 이끌어 내기 등이 있다.

Q3 볼펜의 용도를 20가지 이상 생각해 써 보시오.

02 마인드 맵(Mind map)

마음 속에 마치 지도를 그리듯이 내용을 정리해 나가는 훈련 방법이다. 먼저 큰 주제를 중심에 두고 떠오른 생각을 그 가지에 부주제로 적고, 거기에 자세한 생각의 가지를 적어나가는 필기법이다. 기존의 지식을 바탕으로 보다 새롭고 유용한 것을 도출할 수 있도록 해 주며, 창의성 개발과 함께 이해나 암기와 같은 능력 향상에도 효과가 있다. 또 복잡한 문제나 추상적인 생각을 시각적으로 이미지화하고 정리하는 데 매우 효과적이다.

Q4 '비오는 날'에 대한 마인드맵을 그리면서 발명 아이디어를 떠올려 보시오.

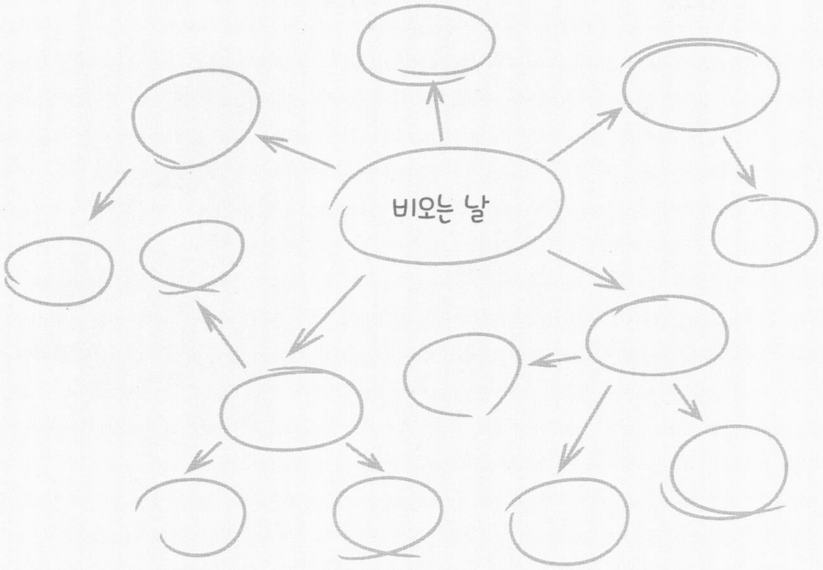

03 PMI(Plus, Minus, interesting) 기법

제안된 아이디어의 장점(Plus), 단점(Minus), 흥미로운 점(interesting)을 하나씩 거론하여 논의한 후, 그 아이디어를 평가하는 기법으로 하나의 아이디어에 대해 집중적으로 분석하고자 할 때 매우 효과적인 기법이다. 제안된 아이디어 중 무엇이 최선책인지를 파악하여 결정하는 데 도움을 준다.

PMI 기법의 전개 순서

- PMI 기법으로 다룰 주제를 선정하고 그것에 대해 기술한다.
- 주제가 정해지면 3부분(P, M, I)으로 구분하여 아이디어를 낸다.
- P(plus)에 해당하는 장점을 더욱 살릴 수 있도록 한다.
- M(minus)에 해당하는 점에 대한 원인과 대책을 제시한다.
- I(interesting)에 해당하는 점을 새로운 대안 도출의 원천으로 삼는다.

Q5 무한이는 어린이 교통 사고를 예방하기 위해 어린이들에게 교통 안전 교육을 영상으로 실시한다는 아이디어를 내었다. 이를 PMI기법에 따라 분석하고 분류해 보시오.

04 육색 사고 모자(Six Thinking Hats) 기법

학습자들이 6가지 서로 다른 색의 모자를 쓰고, 자신이 쓰고 있는 모자의 색이 의미하는 유형의 사고(아래 표 참조)를 하도록 하는 것이다. 이 방법은 자신의 생각에 국한되지 않고, 의도적으로 다른 생각을 하게 함으로써 사고력을 폭넓게 키울 수 있다.

초록 모자	새로운 아이디어, 가능성 등을 제안한다.
노란 모자	사물에 대한 긍정적 사고, 타당성 검토를 한다.
빨간 모자	감정, 본능, 육감에 따른 생각을 한다.
검정 모자	적합과 부적합의 판단, 비판적 판단을 한다.
하얀 모자	토론 과정에서 필요하거나 부족한 정보를 판별한다.
파란 모자	의제(agenda)선정, 단계 진행, 요약 및 결론을 낸다.

Q6 육색 사고 모자 기법 중에서 한 가지 모자를 고를 수 있다면 무엇을 고르겠는가? 왜 그 모자를 쓸 것인지 이야기해 보시오.

05 스캠퍼(Scamper) 기법

문제 해결의 착안점을 미리 정해 놓고 그를 7가지 경우에 따라 다각적으로 생각해서 창의적인 아이디어를 도출하는 기법이다. 기존의 제품을 개선하거나 신제품을 만들어낼 때 매우 유용하다.

① 대체하기(Substitute) : 기존의 것을 다른 것으로 대체함으로써 고정적인 시각을 새롭게 바라볼 수 있게 한다.

② 결합하기(Combine) : 두 가지 이상의 것을 결합하여 새로운 것을 만들어 낸다.

③ 적용하기(Adapt) : 어떤 것을 그 용도와 다른 목적과 조건에 맞게 적용해 본다.

④ 수정, 축소, 확대하기(Modify, Minify, Magnify) : 어떤 것의 특성이나 모양을 변형하거나 확대하고 축소하여 새로운 것을 만들어 낸다.

⑤ 다른 용도로 사용하기(Put to other uses) : 어떤 것을 전혀 다른 용도로 생각해 본다.

⑥ 제거하기(Eliminate) :
어떤 것의 일부 또는 제거가 가능한 기능들을 찾아본다.

⑦ 거꾸로 또는 재배치하기(Reverse, Rearrange) : 어떤 것의 순서, 위치, 기능, 모양 등을 바꾸거나 재정렬하여 새로운 것을 만들어낸다.

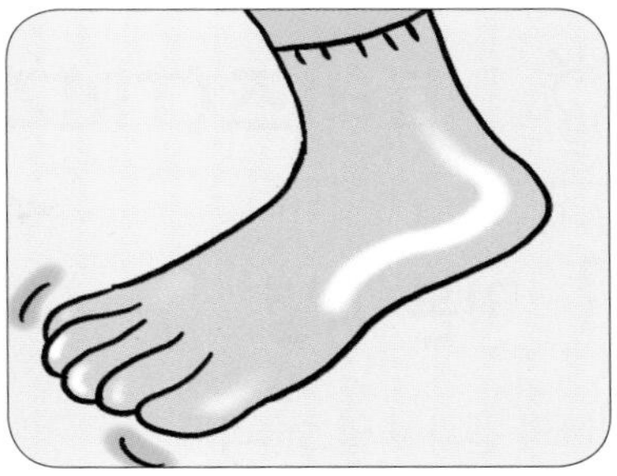

Q7 최근 발명된 스팀 의류 관리기는 무빙행어가 장착되고, 스팀으로 냄새와 세균을 없애며, 다시 열풍으로 건조하는 기능을 가지고 있다. 이는 어떤 아이템에서 아이디어를 얻은 것인지 스캠퍼 기법으로 설명하시오.

06 강제 결합법

겉으로 보기에는 관계가 없어 보이는 두 가지 이상의 아이디어나 사물을 억지로 관련시켜 새로운 아이디어를 산출하는 기법이다. 생각이 막혀서 아이디어가 떠오르지 않거나, 다양한 시각에서 전혀 새로운 아이디어를 창출하고자 할 때 유용하다.

실행 순서

- 해결하고자 하는 문제를 정확히 파악하여 분명하게 기술한다.
- 문제와 관련이 없는 사물이나 아이디어를 여러 개 선택한다.
- 강제 결합법을 활용하여 새로운 사물이나 아이디어를 창출한다.

Q8 손난로와 손수건을 강제 결합하여 개량 발명 물건을 생각해 보시오.

Ⅱ 과학토론대회
Ⅲ 과학탐구 산출물 대회
Ⅳ 발명품 대회

트리즈(TRIZ)

01 기본 개념

러시아의 겐리히 알츠슐러가 만든 것으로, 수백 만 건의 특허를 분석하여 발명에 공통적으로 나타난 특징을 정리한 것이다. 알츠슐러는 "창의적으로 문제를 해결하는 방법론"이라 지칭하였다. 트리즈의 기본 개념은 다음과 같다.

- 모순을 극복한다.
- 타협하지 않고 근본적으로 해결하는 이상적 해결책을 찾는다.
- 모순 해결과 이상적 해결을 하기 위해 적절한 자원을 활용한다.

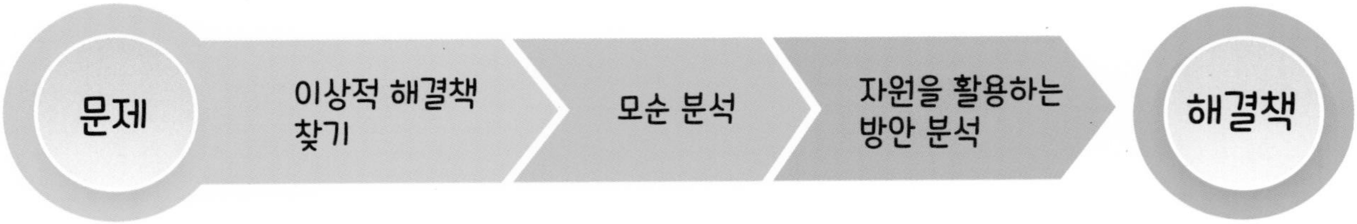

▲ 트리즈를 이용한 문제 해결 순서도

02 모순의 개념

- 기술적 모순 : 어느 특성을 개선하고자 하면, 다른 특성이 악화되는 모순이다.

예시 : 상품을 튼튼하게 포장하면 깨지지 않고 안전도가 높아지지만 무게가 증가하고 포장 비용이 더 든다.

- 물리적 모순 : 특성에는 서로 상반되는 특징이 있다는 것이다.

예시 : 비행기의 바퀴는 이착륙을 위해서는 있어야 하지만 비행 중에는 공기의 저항을 줄이기 위해 없는 것이 낫다.

Q9 물을 충분히 담을 수 있지만 비었을 때 부피를 많이 차지하는 물통의 물리적 모순을 해결하려면 어떻게 할지 아이디어를 떠올려 보시오.

해설 및 예시답안 / P. 81

03 분리의 원리

트리즈에서 물리적 모순을 해결하기 위해 사용하는 원리이다.

● 시간에 의한 분리

사람과 차가 같은 공간에서 여러 방향으로 안전하고 빠르게 다닐 수 있도록 일정한 시간 간격으로 빨간불과 파란 불이 바뀌는 신호등이 그 예이다.

● 공간에 의한 분리

고층 건물에서 같은 공간에 층 수에 따라 여러 대의 엘리베이터를 설치함으로써 많은 승객을 그 목적에 맞게 실어 나를 수 있게 한 것이 그 예이다.

● 부분과 전체에 대한 분리

자전거 체인은 강하면서도 유연해야 하는데, 단단한 금속 부품을 연결하여 강하지만 전체적으로 유연하게 만든 것이 그 예이다.

● 조건에 의한 분리

찬물과 뜨거운 물을 모두 사용하고 싶을 때, 찬물과 뜨거운 물이 나오는 입구가 나뉘어진 정수기가 그 예이다.

04 창의적으로 문제를 해결하는 40가지 방법 모음

1. 나누기
2. 필요한 것만 뽑기
3. 전체에서 일부를 다르게 하기
4. 비대칭을 이용하기
5. 합치기
6. 다용도로 쓰기
7. 포개기
8. 무게를 맞추기
9. 미리 반대 방법을 준비해 놓기
10. 미리 준비해 놓기
11. 미리 예방하기
12. 높이 맞추기
13. 반대로 하기
14. 원형으로 만들기
15. 움직이게 하기
16. 지나치게 하거나 부족하게 하기
17. 차원을 변경하기
18. 진동을 이용하기
19. 주기적으로 작용시키기
20. 유익한 작용을 지속시키기
21. 빠르게 처리하기
22. 나쁜 것을 좋은 것으로 만들기
23. 피드백을 이용하기
24. 매개체를 이용하기
25. 스스로 하게 만들기
26. 복제하기
27. 한 번 쓰고 버리기
28. 기계 시스템을 감각을 이용하도록 바꾸기
29. 공기나 유압을 사용하기
30. 얇은 막을 이용하기
31. 구멍이 뚫린 물질 이용하기
32. 색깔을 바꾸기
33. 똑같은 것을 이용하기
34. 버리거나 재활용하기
35. 물질의 속성을 바꾸기
36. 상태를 바꾸기
37. 열팽창을 이용하기
38. 활성화시키기
39. 활성화시키지 않기
40. 복합해서 쓰기

Q10 기초 공사를 위해 땅 속에 말뚝을 박기 위해서는 말뚝의 끝이 뾰족해야 한다. 그러나 말뚝이 일정한 깊이로 박힌 후에는 더 이상 밑으로 내려가지 않고 퍼진 상태로 단단하게 고정되어야 기둥의 역할을 할 수 있다. 위의 40가지 방법 중 하나를 골라 이 모순을 어떻게 해결할 수 있을지 방법을 제시해 보시오.

02 창의력 개발 훈련

문제풀이를 통해 발명에 꼭 필요한 창의성을 개발하는 훈련을 해보자.

01 칫솔과 전구의 공통점을 3가지 이상 써 보시오.

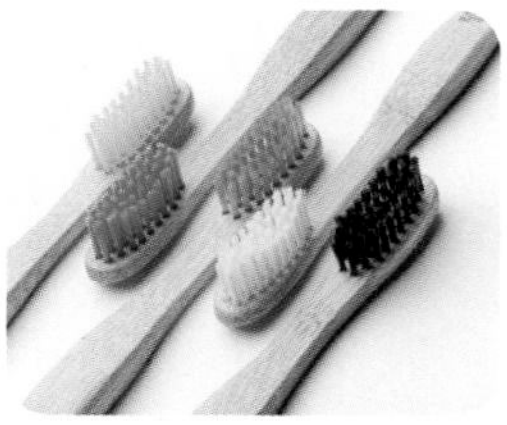

02 자물쇠는 비밀번호가 있어야 열 수 있다. 이런 자물쇠와 같은 공통점을 가진 물건을 최대한 많이 쓰시오.

03 <보기>에 주어진 도형만을 모두 이용하여 다양한 그림을 그려 보세요.

보 기

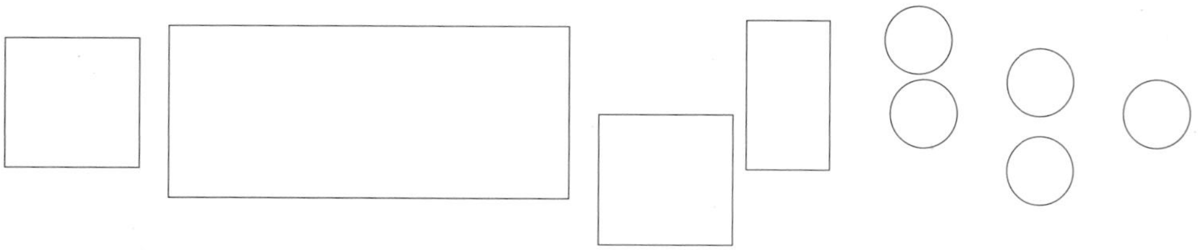

04 무한이는 조금 전 체육 수업 때문에 매우 목이 마릅니다. 그런데 무한이가 가지고 다니는 물통을 꺼냈더니 바닥에 구멍이 나서 물이 하나도 남아있지 않았습니다. 어떻게 하면 무한이가 정수기에서 물을 받아 마실 수 있을까요? 여러 가지 방법을 적어 봅시다. (많이 쓸수록 점수가 높아집니다.)

05 자석이 생활에 사용되는 예를 10가지 이상 쓰시오.

06 학교에서 신는 실내화의 단점을 쓰고, 단점을 보완한 실내화를 어떻게 만들지 써 보시오.

07 그림과 같이 물이 반 정도 채워진 페트병과 컵이 있다. <보기>에 주어진 준비물을 사용하여 페트병을 기울이지 않고, 컵에 물을 따르려고 한다. 물을 따를 수 있는 방법을 다양하게 쓰시오. (단, 주어진 물건 중 2가지 이상을 사용하고, 그림을 그려 설명하면 점수가 더 높다.)

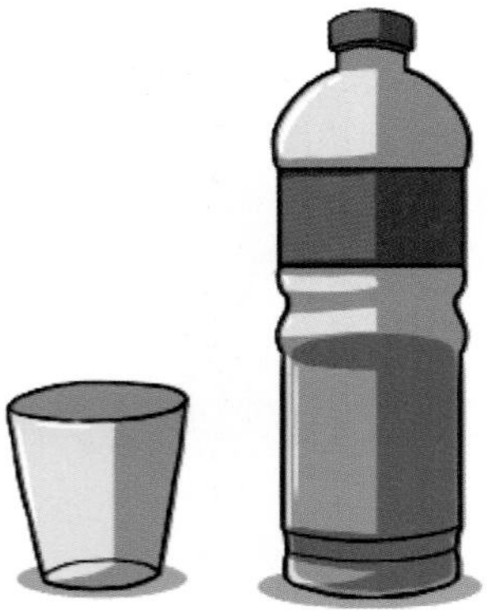

보 기

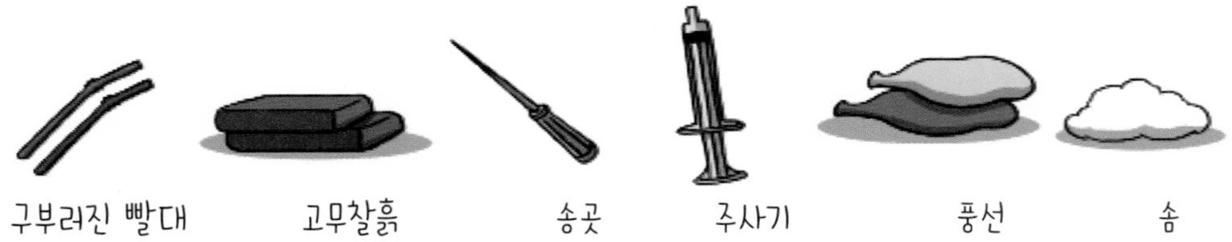

08 상상이는 학교에서 쉬는 시간에 칠판에 분필로 그림을 그리는 것을 좋아합니다. 분필 칠판의 좋은 점과 나쁜 점에는 무엇이 있을지 다양하게 써 보세요. (많이 쓸수록 점수가 높아집니다.)

09 상상이가 동글동글한 물건을 데굴데굴 굴리면 상상이네 고양이가 쫓아가며 사냥놀이를 합니다. 일상의 물건 중 고양이가 사냥놀이를 안전하게 가장 재미있게 가지고 놀 수 있는 물건은 어떤 것이 있을까요? 3가지를 고르고 이유도 말해 봅시다. (많이 쓸수록 점수가 높아집니다.)

10 사람이 상어처럼 모습이 변해서 육지에 살게 된다면, 불편한 점은 무엇이 있을까요? 또 그 해결 방안에는 어떤 것이 있을지 설명해 보세요.

11 손을 직접 대지 않고 TV를 켜고 채널을 옮길 수 있는 방법을 되도록 많이 써 보세요.

12 동물원에서 기린이 탈출했습니다. 탈출한 기린을 잡을 수 있는 방법을 최대한 많이 써 보세요.

13 1 센트짜리 동전으로는 우리나라에서 물건을 살 수 없습니다. 이 동전을 다른 용도로 사용할 수 있는 방법을 최대한 많이 써 보세요.

14 무한이는 탁자에 놓여진 이쑤시개 한 통을 가지고 이를 쑤시는 것 외에 다른 용도로 써 보려고 합니다. 어디에 어떻게 쓸 수 있을까요? 마음껏 상상해서 써 보세요. (많이 쓸수록 점수가 높아집니다.)

15 비행기가 뜨고 내리는 활주로에 새가 많으면 아주 위험합니다. 비행기가 뜨거나 내릴 때 새들이랑 부딪칠 수 있기 때문입니다. 그렇다면 활주로의 새들을 다른 곳으로 보내기 위해서 어떤 방법을 쓸 수 있을까요?

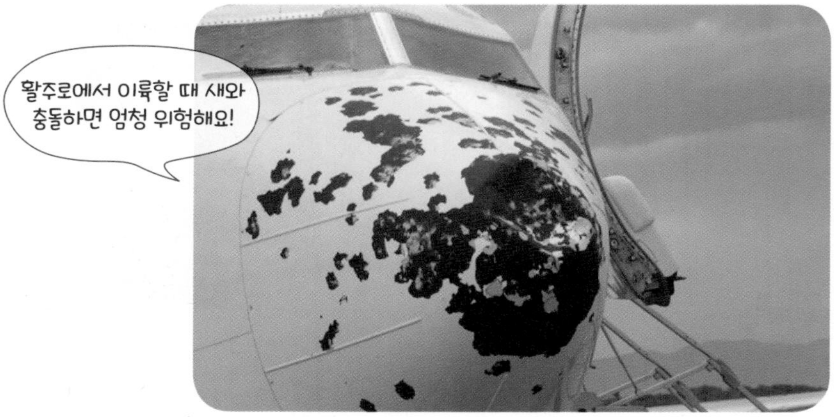

16 다음은 무한이와 상상이의 각자 자전거 중 어떤 자전거의 성능이 좋은지 알아보기 위한 실험이다. 이 실험 방법에서 문제점과 해결 방안을 써 보시오.

1. 무한이와 상상이는 결승선에 선을 그어 놓고 출발선에서 자전거를 출발시킨다.
2. 각각 페달을 5번씩 밟아서 앞으로 간 후 멈춘다.
3. 멈출 때까지 앞으로 나간 거리를 재면 멀리 나간 자전거의 성능이 더 좋은 것이다.

· 문제점 :

· 해결 방안 :

17 새의 모양을 보고 발명된 것은 비행기이다. 이와 같이 생물을 본떠서 만든 사물에는 어떤 것들이 있는지 2가지 이상 쓰시오.

18 요리를 하다가 냄비를 태웠다. 냄비는 버리고 냄비 뚜껑만 남았을 때, 냄비 뚜껑을 이용해 할 수 있는 것을 장소에 따라 다양하게 써 보시오.

내 방에서	부엌에서
거실에서	교실에서
운동장에서	바다에서

19 다음은 유선 전화기의 모습이다. 전화기의 본체와 수화기를 연결하는 전화선은 용수철 모양으로 꼬여 있다. 이 모습을 보고 다음 물음에 답하시오.

(1) 전화선이 용수철 모양일 때 좋은점을 3가지 쓰시오.

(2) 전화선 이외의 용수철 모양인 물건을 3가지 쓰고, 각각의 장점을 쓰시오.

20 다음은 우리 주변에서 쉽게 볼 수 있는 멀티탭이다. 몇 년 전만 해도 멀티탭 스위치를 누르면 꽂아놓은 모든 전자기기에 전류가 흐르고, 스위치를 끄면 모든 전자기기에 전류가 흐르지 않아 불편함이 있었다. 그래서 최근에는 플러그마다 각각 스위치가 있어 전자기기마다 각각 전류를 흐르게 할 수 있는 멀티탭이 많이 사용되고 있다. 이와 같이 멀티탭의 단점을 보완할 수 있는 새로운 멀티탭을 생각하여 그리고, 설명해 보시오.

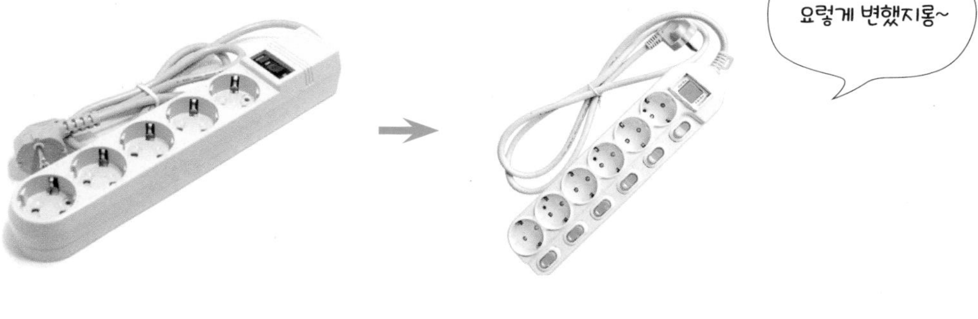

03 발명품 대회 주제 찾기

(문제인식)

주제는 어떻게 찾는 것이 좋을까?

01 우리 주변에서 볼 수 있는 불편한 점을 찾아봅시다.

생활에서 소소하게 불편한 점이 있었지만, 너무 익숙해진 나머지 평소에는 잘 느낄 수 없는 경우가 많습니다. 갑자기 억지로 떠올리려면 잘 기억이 나지 않으므로, 평소에 자연스럽게 떠오르는 불편한 점을 적어두는 습관을 가집시다.

02 떠오른 발명 주제의 해당 분야를 살펴봅시다.

아무것도 정해진 것 없이 바로 발명품을 생각하기에는 너무 생각해야 할 범위가 넓게 느껴질 수 있습니다. 발명 아이디어의 해당 분야를 살펴보고, 어떤 목적에 적합한 발명을 하고 싶은지를 떠올려 봄으로써 아이디어를 좀 더 좁혀 생각할 수 있습니다.

03 떠오른 주제가 이미 연구된 것인지 확인해 봅시다.

내가 불편했던 것은 남에게도 불편하므로, 이미 다른 사람이 연구한 주제일 수 있습니다. 국립중앙과학관, 특허청, 인터넷 쇼핑몰 등을 검색해서 자신의 아이디어가 연구되어 있는지, 연구되어 있다면 어떤 차이점을 내서 새롭게 만들 수는 없는지 생각해 봅시다.

A. 발명 아이디어 연습하기

생활과학

예시 01 긴 우산 짧은 우산 모두 편하게 꽂을 수는 없을까?

Q1 주어진 카툰을 읽고 드는 생각, 느낌, 궁금한 것들을 자유롭게 적어 보자.

Q2 위의 불편함을 해결할 수 있는 발명 아이디어를 자유롭게 써 보자.

예시 02 미끈미끈 지저분한 배수구 거름망

무한이네 집에서는 저녁 식사 설겆이 당번이 아버지이다. 아버지는 고무장갑을 끼고 능숙한 솜씨로 설겆이를 하신다. 아버지는 설겆이를 마무리할 때 배수구 거름망의 음식물 찌꺼기를 비우고 세척하신다. 아버지는 고무장갑을 끼고 수세미와 세척제를 이용하여 배수구를 청소하시는데 매번 미끈미끈한 거름망을 세척하는 작업이 시간이 걸릴 뿐더러 녹녹치 않다고 하신다.

무한이는 생각하였다. 식기 세척기는 있는데 미끈미끈한 거름망 세척기는 왜 없을까? 거름망을 자동으로 세척할 수 있는 방법을 고안할 수 없을까?

Q3 주어진 글과 그림을 보고 드는 생각, 느낌, 궁금한 것들을 자유롭게 적어 보자.

Q4 위의 불편함을 해결할 수 있는 발명 아이디어를 자유롭게 써 보자.

발명 아이디어 연습하기

예시 03 컵과 접시를 하나로?

〈뷔페에서 생긴 일〉

Q5 위의 만화를 보고 드는 생각, 느낌, 궁금한 것들을 자유롭게 적어 보자.

Q6 위의 불편을 해결할 수 있는 발명 아이디어를 자유롭게 써 보자.

학습용품

예시 04 평균대, 재밌지만 무거워서 옮기기 힘들어요~

작년 체육 시간에 선생님을 도와 평균대를 옮긴 적이 있었다. 길이가 길고 무거워서 창고에서 꺼낼 때도 힘이 들었는데 다시 집어 넣을 때는 창고 구석을 비집고 들어가야 해서 더욱 힘들었던 기억이 있다. 평균대에서 앞으로 걷기, 옆으로 걷기 등으로 균형 잡는 운동을 하며 내 머리 속에는 온통 '균형 잡는 운동은 단순한 것 같은데 꼭 이 무거운 평균대를 옮겨서 해야 하는 거야?' 라는 생각 뿐이었다.

'평균대를 가볍고 공간도 덜 차지하게 만들 수는 없을까?' 라는 생각을 하다가 강당에 팔걸이 의자가 눈에 보였다. '팔걸이 의자나 상다리처럼 경첩을 이용하여 공간을 줄이거나 조립식으로 평균대를 만든다면 훨씬 이용 공간이 줄어들지 않을까?' 라는 생각이 떠 올랐다.

Q7 주어진 글과 그림을 보고 드는 생각, 느낌, 궁금한 것들을 자유롭게 적어 보자.

Q8 위의 불편함을 해결할 수 있는 발명 아이디어를 자유롭게 써 보자.

발명 아이디어 연습하기

예시 05 크레파스, 자리를 너무 차지해!

어머니에게 생일 선물로 36색 크레파스를 받았다. 다양한 색상의 크레파스에 신이 나서 친구들에게 자랑도 하였고, 새로 산 크레파스로 그림을 그리면 매우 잘 그릴 수 있을 거란 생각도 들었다.

그러나 그런 생각도 잠시, 비좁은 책상에서 그림을 그린지 얼마 안 되어 새로 산 크레파스 통을 책상에서 떨어뜨렸고, 바닥에 흩어진 크레파스를 주워담느라 많은 시간을 보냈다. 그래서 크레파스를 허벅지에도 놓아보고 책상 위에 세워보기도 하였다. 그래도 너무 불편하였다. 펼쳐진 크레파스와 스케치북, 연필 등을 책상 위에 함께 놓기엔 공간이 너무 비좁다는 생각이 들었다. 책상 위에서 스케치북을 펼친 상태에서 크레파스를 최소한의 공간을 이용하여 정리하고 사용하는 방법이 없을까 고민하게 되었다.

Q9 주어진 글과 그림을 보고 드는 생각, 느낌, 궁금한 것들을 자유롭게 적어 보자.

Q10 위의 불편함을 해결할 수 있는 발명 아이디어를 자유롭게 써 보자.

발명 아이디어 연습하기

예시 06 상대의 돌을 이용해서 이기는 오목 게임은 없을까?

평소 오목 게임을 즐기던 나는 친구들의 불평을 흔히 듣는다. 즉, 오목은 먼저 시작하는 사람(검은 돌을 가진 사람)이 돌이 하나가 많기 때문에 30수 이상이 되기 전까지는 절대적으로 유리하다. 그 점 때문에 나중에 한 사람(흰 돌을 가진 사람)은 수비 밖에 못하고 먼저 한 사람이 실수를 하기를 바라거나, 아니면 무조건 수비만 하다가 끝난다는 것이다.

현재 오목은 상대편 돌이 단순히 방해물일 뿐인데 상황에 따라 상대방 돌을 이용해서 점수를 얻을 수 있게 하고 반대로 내 돌을 상대방에 이용될 수도 있고 기존에 두었던 돌을 장기 게임처럼 수정할 수 있다면 게임을 하는 순서에 따라 유리하거나 불리하게 되지 않고 전략이 매우 다양한 오목이 될 것 같았다. 이러한 룰을 고안하고 적용하기 위해서는 어떻게 하면 좋을까 고민해 보기로 하였다.

Q11 위의 만화를 보고 드는 생각, 느낌, 궁금한 것들을 자유롭게 적어 보자.

Q12 위의 불편함을 해결할 수 있는 발명 아이디어를 자유롭게 써 보자.

발명 아이디어 연습하기

예시 07 살랑 살랑, 팽글 팽글, 연과 바람개비를 한꺼번에?

남동생이 1학년일 때 '즐거운 생활' 공부 시간에 연만들기 활동을 한다고 하였다. 어떻게 연을 만들었는지 궁금했는데 남동생은 우리가 일상 생활에서 사용하는 평범한 비닐봉투에 실만 묶어 운동장에서 즐겁게 날리고 있었다. 내가 보기엔 비닐 봉투를 실에 묶어 마냥 날리는 것이 시시하고 유치해 보이는 데도 비닐봉투가 떠 있는 것만으로도 동생은 마냥 즐거워했다. 그런 동생 모습을 보면서 '좀 더 재미있는 방법으로 연날리기를 할 수는 없을까?' 라는 생각이 들어서 '재미를 더한 바람개비 연' 을 고안해 보기로 하였다.

Q13 주어진 글과 그림을 보고 드는 생각, 느낌, 궁금한 것들을 자유롭게 적어 보자.

Q14 바람개비를 이용해 연날리기를 재미있게 할 수 있는 발명 아이디어를 자유롭게 써 보자.

자원재활용

예시 08 폐 회전의자를 재활용해서 재미있는 돌림판 만들기

버려지는 회전의자의 바퀴 부분은 더 오래 쓸 수 있을 것 같은데 버려지다니 자원 낭비라는 생각도 들고, 쓰레기 처리에 돈을 내야 한다는 생각에 처리 비용이 아깝기도 했다. 그래서 다리 부분에 바퀴가 회전한다는 것과 다섯 개의 다리를 가지고 있는 것을 이용하면 여러 개의 선택이 동시에 가능한 돌림판을 만들 수 있지 않을까 하는 생각이 들었다.

Q15 주어진 글과 만화를 보고 드는 생각, 느낌, 궁금한 것들을 자유롭게 적어 보자.

Q16 폐 회전의자의 바퀴 부분을 활용할 수 있는 발명 아이디어를 자유롭게 써 보자.

발명 아이디어 연습하기

Q17 발명의 4가지 분야 중 어느 분야를 선택하여 발명을 하고 싶은가? 그 이유는?

Q18 이제까지의 자료와 같이 자신의 일상 생활에서 발명 소재를 찾고, 어떤 방법으로 해결할 수 있을지 제안해 보시오.

B. 주제 집중 탐구

주제1 어디를 찍을까?

어디를 찍는거야?

아아~~ 스테이플러를 찍기 전에 어디에 찍힐건지 알고 조정할 수 있는 방법은 없을까~~??

Q1 스테이플러로 종이를 찍을 때 편한 점과 불편한 점을 나열해 보시오.

스테이플러의 구조

스테이플러는 금속제의 철기에 철침을 삽입하여 종이 등을 철하는 기구이다. 일본과 한국에서는 'EH호치키스(EH Hotchkiss)'라는 스테이플러 회사의 상품에 새겨진 'E H Hotchkiss'라는 글씨를 따라 오랫동안 호치키스라고 불러왔다. 용도에 따라서 구조가 다르며, 철침의 크기에 따라 여러 종류의 것이 있다. 33호·10호 스테이플러는 한국산업규격 KS G 2621에 의해서 구조·성능 등을 규정한 소형 철기인데, 손끝으로 가볍게 쥐기만 해도 편하게 찍을 수 있으므로 일반 사무용, 우편물의 봉함, 공작용으로 널리 보급되어 있다. 그 밖에 특수한 것으로서 두꺼운 종이용, 다량의 서류를 철하는 데 사용하는 대형, 곡물·목탄·비료 등의 부대 철하기, 기타 꼬리표·포스터 등의 첨부용, 과일의 봉지 씌우기, 식품류의 봉지 철하기, 포장 부대의 봉함용 등 용도에 따라 각종의 스테이플러가 있다. [참조 : 네이버 지식백과]

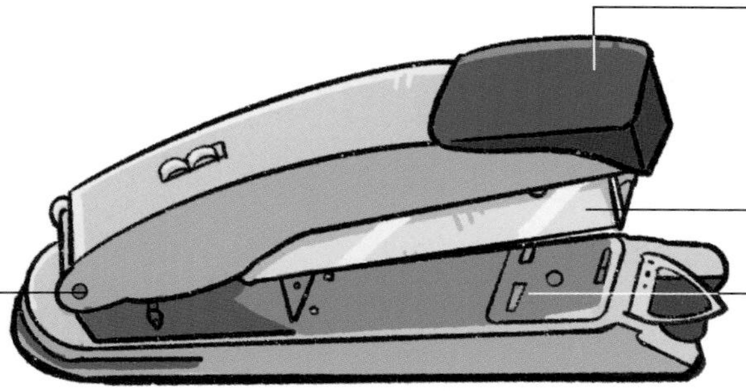

스테이플러의 클린치 과정

종이를 스테이플러의 밑판에 올려 놓고 찍힐 부분을 아랫몸체 구멍에 적당히 맞춘 후 위덮개를 누르면 윗몸체의 금속 돌출부가 아랫몸체에 길게 끼워져 있는 철침 중 맨 앞쪽 하나를 정확히 눌러 철침의 반대쪽에 접촉해 있는 종이를 뚫게 되고 누르는 힘에 의해 철침이 밑판의 홈에서 휘어 종이를 감싸는 클린치 과정이 일어난다.

클린치 과정

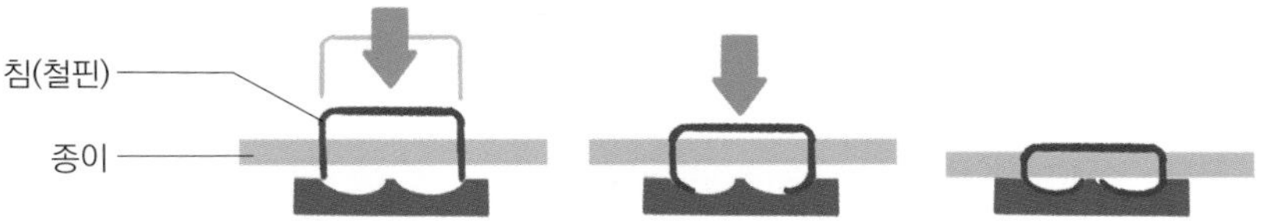

① 침이 종이를 관통한다.
② 침이 깊숙히 눌려 들어가며 종이를 고정한다.
③ 더욱 깊숙히 들어간 침이 홈의 모양을 따라 안쪽으로 접히면서 종이를 확실히 고정한다.

Q2 **여러 장이어서 두꺼워진 종이를 찍을 때 스테이플러 윗덮개를 어떻게 누르는 것이 가장 잘 클린치가 일어나는가?**

지레의 원리

(1) 지레를 사용할 때의 힘 : 무게 w 의 물체를 들기 위해 받침대를 놓고, 반대편에서 힘 F 를 가해 눌러서 물체를 h 만큼 들어 올린다. 이때 누르는 지점이 받침점으로부터의 거리가 멀수록, 물체가 받침점으로부터 거리가 가까울수록 힘이 적게 든다.

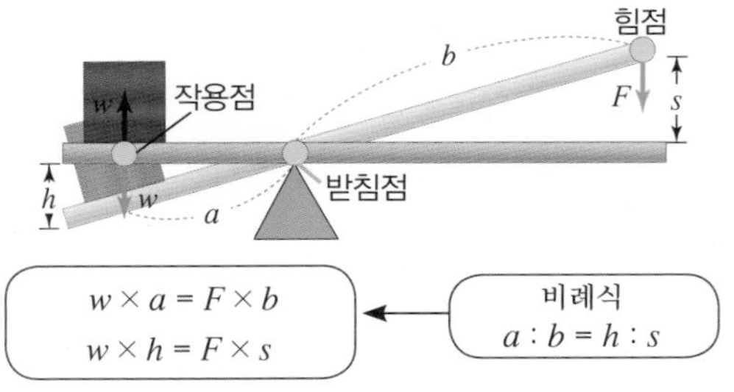

▲ 지레의 원리

▲ 무거울수록 받침대에 가까워야 수평을 잡을 수 있다.

① a 가 짧을수록 b 가 길수록 F 는 작아진다. ⇒ 힘의 이득

② a 가 짧을수록 b 가 길수록 s 는 길어진다. ⇒ 거리의 손해

(2) 지레의 종류와 이용 : 힘점, 받침점, 작용점의 위치에 따라 3가지로 구분한다. 스테이플러는 받침점-작용점-힘점이 차례로 있는 2종 지레이다.

	1종 지레	2종 지레	3종 지레
구조	작용점 받침점 힘점	받침점 작용점 힘점	받침점 힘점 작용점
특징	힘의 이득	힘의 이득	거리의 이득
예	가위, 시소, 펜치, 펌프, 양팔저울, 윗접시 저울	절단기, 병따개, 스테이플러 호두까개, 외바퀴 손수레	젓가락, 핀셋, 집게, 낚싯대

압력이란?

압력은 단위 면적당 '수직으로' 미치는 힘을 뜻한다. 단, 반드시 정확한 면적을 필요로 하지는 않는데, 따라서 전체적인 힘이 약해도 매우 작은 면적에 미칠 경우 압력은 높아지며, 반대로 비교적 강한 힘이라도 넓은 면적에 대해 미치면 압력은 작아진다. 예를 들어 압정 끝은 면적이 매우 작기 때문에 큰 압력이 걸려 단단한 곳에 잘 박힌다. 사용되는 경우로는 기압, 수압이 있다. 스테이플러의 철침의 끝이 매우 뾰족하므로 종이에 강한 압력을 주어 종이가 뚫리는 것이다.

▲ 1 기압은 밑면적 1m² 의 전체 대기 높이의 공기 기둥의 무게와 같다.

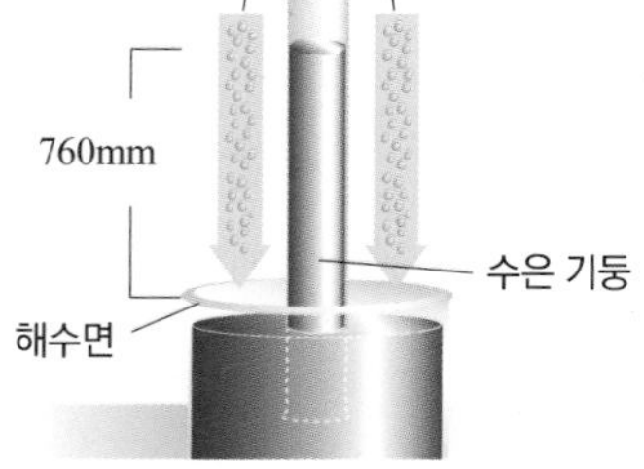

▲ 해수면에서 1 기압의 대기압과 760 mm 의 수은 기둥의 압력은 같다.

$$압력 = \frac{면을\ 누르는\ 힘}{힘을\ 받는\ 면적}$$

집중 탐구 문제

01 다음 〈보기〉에서 지레의 원리를 이용한 예를 모두 고르시오.

〈 보기 〉

㉠ 가위	㉡ 핀셋	㉢ 젓가락	㉣ 계단
㉤ 병따개	㉥ 엘리베이터	㉦ 장도리	㉧ 스테이플러

02 다음과 같은 스테이플러는 윗덮개의 어느 부분을 눌러야 철침에 가해지는 힘이 가장 클까?

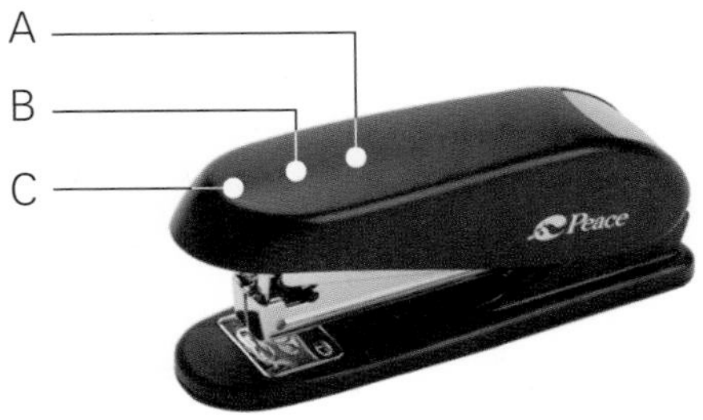

03 그림과 같이 물체를 들어 올릴 때, 지레를 누르는 힘은 몇 N 인가? (단, 지레의 무게와 마찰은 무시한다.)

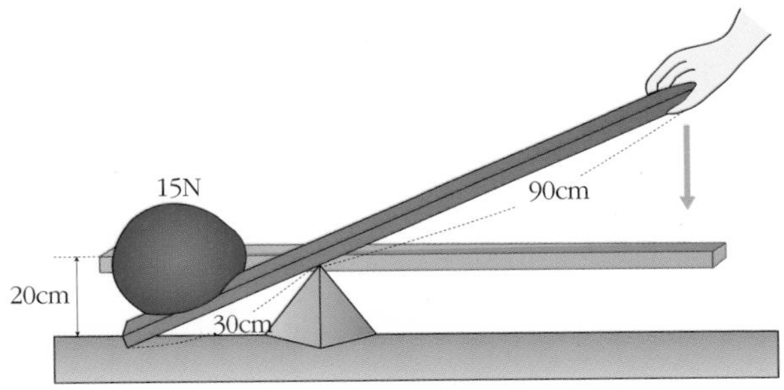

04 무게가 50 N 인 직육면체 모양의 물체가 있다. 이 물체를 수평면에 놓았을 때 지면과의 접촉 면적이 0.5 m^2 이었다. 접촉면에 작용하는 압력은 얼마인가?

① 100 N/m^2 ② 200 N/m^2 ③ 300 N/m^2 ④ 400 N/m^2 ⑤ 1000 N/m^2

발명 아이디어 정리

Q1 지금까지 주어진 자료들을 읽고 드는 생각이나 느낌, 궁금증 등을 자유롭게 적어 보자.

Q2 스테이플러를 정해진 곳에 찍을 수 있는 방안 중 가장 적절한 것이 무엇인지 이유와 함께 써 보시오.

Q3 그것이 발명품으로 실현이 가능할까? 실현시킬 방안을 구체적으로 써 보자.

Q4 위 단계에서 구상한 발명품이 유용한 것일까? 어떤 점에서 유용할 지 써 보자.

Q5 위 발명품을 실현시킬 때의 문제점을 구체적으로 써 보자.

발명계획서 작성해 보기

구상한 발명품의 개선 목적과 예상 결과를 생각하면서 발명계획서를 완성해 봅시다.

발명 주제

발명 동기 및 목적

발명품 설명

발명품 제작 과정

준비물

제작 과정

발명품의 효과

활용성과 전망

주제2 맛있는 길러 먹는 감자

감자는 맛있어!

Q1 식물을 물을 이용해 재배하는 방법을 '수경 재배'라고 한다. 수경 재배를 본 적이 있는지 쓰고, 수경 재배하는 이유가 무엇일지 설명해 보시오.

감자는 어떤 식물

가지과에 속하는 대표적인 구황작물(예전에 가뭄이 심해 주식물인 쌀과 보리가 모자랄 때 대신 먹었던 농작물)로 안데스 산맥이 원산지이다. 수분과 녹말, 단백질, 비타민 C 가 풍부하며 지방이 거의 없다. 척박한 땅에서도 잘 자라기 때문에 기르기 쉽고 약 90일 만에 수확이 가능하여 생산성이 좋다. 또, 저온성 작물로 14~23℃ 에서 잘 자라고, 적당한 수분이 필요하므로 흙 속에서 재배해야 한다. 재배할 때 수분이 너무 많으면 썩는다. 감자는 삶고 굽고 튀기고 찌고 가는 등 다양한 방법으로 요리해 먹을 수 있으며, 발효시켜 술을 만들 수도 있고, 얼거나 썩은 것도 전용 요리법이 있을 정도로 버릴 게 없다.
우리가 일반적으로 먹는 감자는 감자의 열매가 아니다. 영양분을 저장하기 위해 진화한 덩이줄기의 일종으로, 감자의 열매는 따로 있다. 감자의 열매는 방울토마토와 매우 닮았지만, 맹독이 있기 때문에 먹을 수는 없다. 또한 싹에도 독이 있기 때문에 감자에서 싹이 나면 그 부분을 먹어서는 안된다.

▲ 감자의 꽃과 열매

식물의 영양기관

식물의 잎, 줄기, 뿌리를 '영양기관'이라고 한다. 식물이 살아가는 데 필요한 양분을 만들고 이용하는 장소이기 때문이다. 잎에 들어 있는 엽록체는 태양에너지를 이용하여 포도당(녹말)을 만들고, 잎을 달고 있는 줄기는 뿌리에서 흡수하거나 잎에서 만든 물과 양분을 몸 전체로 보내는 일을 한다. 식물체를 지탱하고 있는 뿌리는 흙 속에서 물과 무기양분을 흡수하여 줄기로 보낸다. 식물의 생장과 생산은 영양기관에서 일어난다.

(1) 뿌리의 다양한 변형 – 환경에 적응된 결과이다.

저장뿌리	호흡뿌리	기생뿌리
		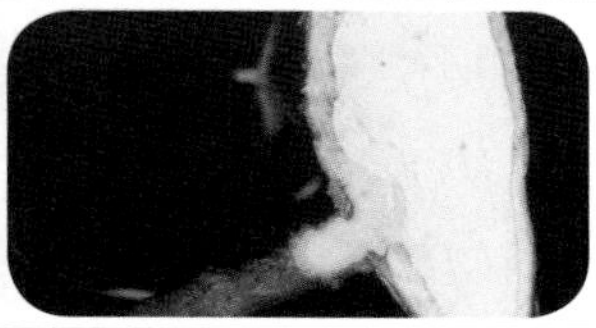
양분을 저장하여 뿌리 전체가 비대해 진다.	뿌리의 일부가 공기 중에 노출되어 호흡할 수 있게 해 준다.	기생 식물이 숙주에 붙어 기생할 때 만들어진다.
예 고구마, 달리아, 무, 당근 등	예 옥수수, 석곡 등	예 새삼, 겨우살이 등

부착뿌리	수중뿌리	버팀뿌리

다른 물체에 붙어 자란다.	식물체가 물에 떠 있을 수 있도록 받쳐준다.	아래쪽 줄기 마디에서 뿌리를 내어 몸을 지탱한다.
예 담쟁이덩굴, 송악 등	예 생이가래, 개구리밥, 마름 등	예 옥수수, 수수 등

(2) 줄기의 다양한 형태

곧은줄기	감는줄기	기어오르는줄기
 해바라기	 나팔꽃	 담쟁이덩굴
덩이줄기	기는줄기	땅속줄기
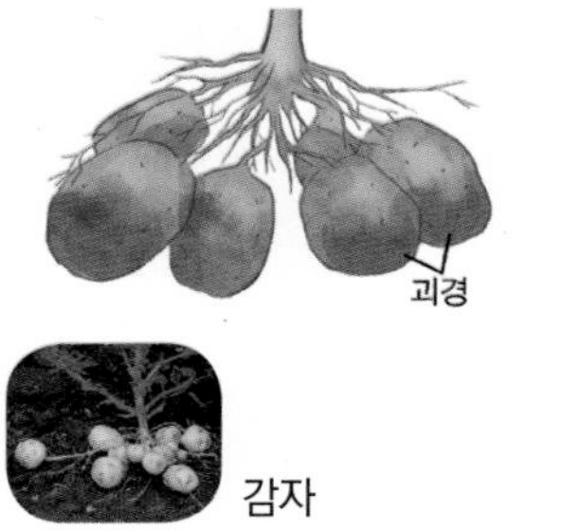 감자	 양딸기	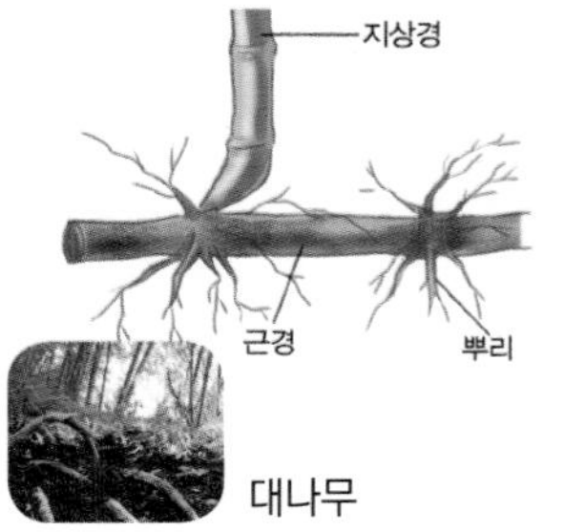 대나무

☸ 저장줄기

- 선인장의 줄기는 살줄기로 건조한 환경에서 견딜 수 있도록 줄기의 조직에 수분을 저장하는 저장줄기이다.
- 영양분을 저장하는 양파의 비늘줄기, 감자의 덩이줄기는 저장줄기이다.

(3) 감자의 재배
덩이줄기인 감자의 눈을 틔워 싹을 심고 재배하는 동안 흙을 북돋워준다. 흙을 북돋워 주어야 감자알이 굵어진다. 흙이 얇아지거나 갈라져 빛을 많이 받게 되면 감자는 줄기이므로 광합성을 하여 표면이 녹색으로 변하고 솔라닌이라는 독성 물질이 생긴다.

(4) 잎의 변형

- 덩굴손 ⇨ 물체를 잡는다. ㉡ 완두, 호박, 오이 등
- 바늘잎 ⇨ 몸을 보호하고 물의 증발을 막는다. ㉡ 선인장
- 저수잎 ⇨ 물을 저장한다. ㉡ 용설란
- 포충잎 ⇨ 곤충을 잡기에 알맞다. ㉡ 파리지옥, 끈끈이주걱
- 비늘잎 ⇨ 여러 겹의 비늘잎으로 되어 있다. ㉡ 양파, 튤립

▲ 용설란

▲ 파리지옥

수경재배

완전 배양액(물+무기양분)과 특정 원소가 결핍된 배양액(물+무기양분)에서 각각 식물을 재배하는 방법으로 생장 결과를 비교하여 특정 원소의 기능, 결핍증을 알 수 있다. 감자의 경우 씨감자를 생산할 때 유용하다.
① 완전 배양액 : 식물 생장에 필요한 무기 양분이 모두 포함된 배양액
② 크롭액 : 식물 생장에 필요한 10원소 중 탄소를 제외한 완전 배양액
⇨ 탄소는 광합성 시 이산화 탄소의 형태로 잎의 기공을 통해 흡수되므로 탄소를 배양액에 넣는 무기양분에서 제외시킬 수 있다.

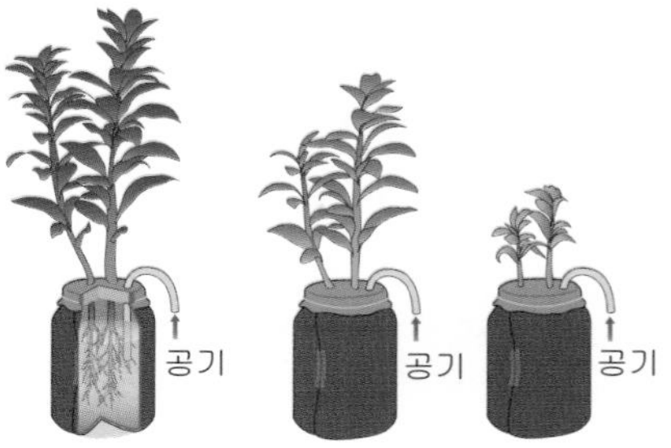

▲ 완전배양액 ▲ 특정 원소가 결핍된 배양액

집중탐구 문제

01 우리가 일반적으로 먹는 감자는 식물의 영양기관 중 어디에 속하는가?

① 뿌리 ② 줄기 ③ 잎

02 식물의 줄기 종류와 줄기가 변한 형태가 바르게 연결된 것은?

① 가시 - 장미, 선인장 ② 덩굴손 - 포도, 완두 ③ 덩이줄기 - 감자, 고구마
④ 감는줄기 - 양파, 나팔꽃 ⑤ 저장줄기 - 선인장, 감자

03 다음 그림은 뿌리의 구조를 나타낸 것이다. 흙 속의 물이 뿌리로 흡수될 때 세포 내 용액의 농도가 가장 높은 곳에서부터 낮은 곳 순서대로 기호로 쓰시오.

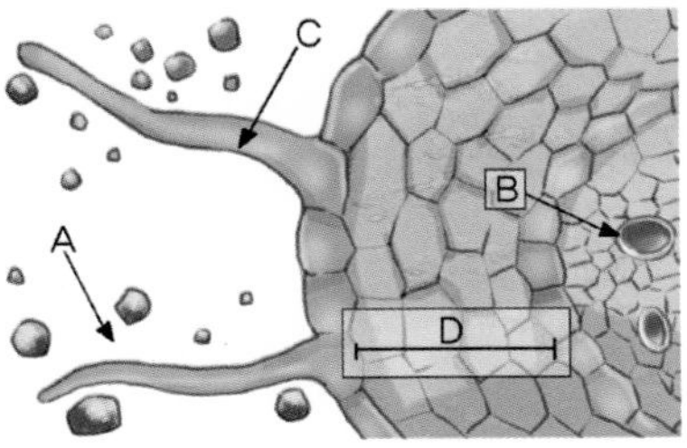

A : 흙 속
B : 식물의 뿌리 내부의 물관
C : 뿌리털
D : 뿌리의 피층

04 감자를 재배할 때 흙 속에서 빛을 차단한 상태에서 재배한다. 그렇게 하는 이유 2가지를 쓰시오.

05 식물을 수경재배(물재배)하는 것은 무엇 때문인가?

① 식물체를 구성하는 성분을 알아보기 위해서이다.
② 식물이 흡수하는 물의 양을 알아보기 위해서이다.
③ 식물의 뿌리에서 물이 흡수되는 원리를 알아보기 위해서이다.
④ 식물 뿌리가 흡수하는 원소의 종류를 알아보기 위해서이다.
⑤ 식물의 생장에 필요한 원소의 종류와 그 기능을 알아보기 위해서이다.

발명 아이디어 정리

Q1 지금까지 주어진 자료들을 읽고 드는 생각이나 느낌, 궁금증 등을 자유롭게 적어 보자.

Q2 식물을 죽이지 않고 감자를 수확할 수 있는 다양한 방법을 생각해서 적어 보자.

Q3 위 방법 중 가장 실현 가능한 것이 무엇인가? 한 가지를 적고 설명해 보자.

Q4 식물을 죽이지 않고 감자를 수확하는 방법을 구체적으로 그림을 그려 나타내 보자.

Q4 위와 같이 감자를 재배할 때 문제점이 있다면 구체적으로 써 보자.

발명계획서 작성해 보기

구상한 발명품의 개선 목적과 예상 결과를 생각하면서 발명계획서를 완성해 봅시다.

발명 주제

발명 동기 및 목적

발명품 설명

발명품 제작 과정

준비물

제작 과정

발명품의 효과

활용성과 전망

주제 집중 탐구

주제3 침대에서도 불을 끄고 싶어!

불 끄러 가는 거 귀찮아!

아아~~ 내가 필요한 여러 곳에서 전등을 끄고 켤 수는 없을까??

Q1 전등 스위치가 멀리 있어서 끄거나 켜러 가기 귀찮았던 경험을 떠올려 보고 설명해 보시오.

전류, 전압, 저항

(1) 전류 (I) : (−)전기를 띤 입자(전자)들의 이동으로 생기는 (+)전기의 흐름이다.

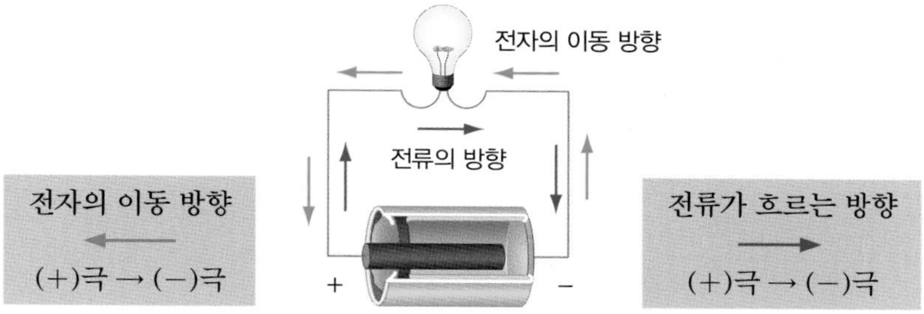

① 전류의 방향 : 전지의 (+)극에서 (−)극으로 흐른다. 전자의 이동 방향과 반대 방향이다.
② 전류의 단위 : A (암페어), mA (밀리암페어), 1 A = 1,000 mA
③ 전자 : (−)전기를 띤 입자로 물질 내부에 많은 수가 존재하며, 도선에 전지를 연결하면 전지의 (−)극에서 (+)극 쪽으로 도선 속 전자가 이동한다.

(2) 전압(V) : 전류를 흐르게 하는 능력이다. 전선의 두 점 사이에 전류가 흐른다면 두 점 사이에는 전압이 걸려 있어서 전압이 높은 곳에서 낮은 곳으로 전류가 흐른다.
① 전압의 단위 : V(볼트)
② 전압과 전류 사이의 관계 : 물높이(수위차)가 높아질수록 수압이 증가하여 물줄기가 세지듯이 전압(전위차)이 클수록 전류의 세기는 커진다.

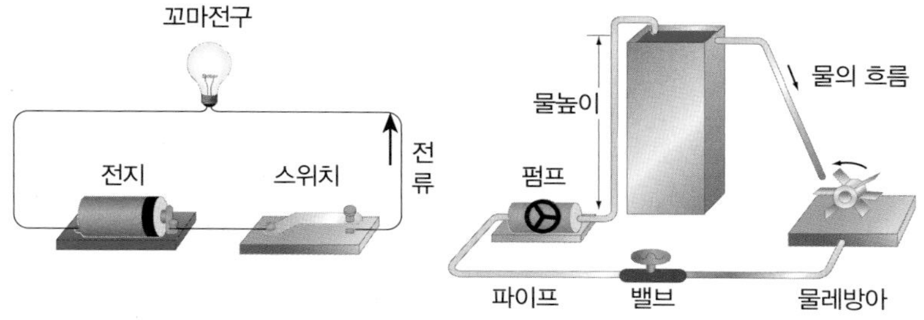

▲ 전기 회로 ▲ 물의 흐름

전기 회로	전류	전압	꼬마전구	전지	전선	스위치
물의 흐름	물의 흐름	물높이	물레방아	펌프	파이프	밸브

Q2 전류는 한 곳에서 다른 곳으로 흐른다고 하지만 전압은 '흐른다'라고 하지 못한다. 그 이유를 설명해 보시오.

(3) 저항(전기 저항(R)) : 전류가 흐르는 물질이 전류의 흐름을 방해하는 정도를 말한다.

① 저항의 단위 : Ω(옴). 1 Ω : 전압이 1 V 일 때 1 A 의 전류를 흐르게 하는 저항값

② 저항이 생기는 이유 : 전자가 도선 속을 통과하면서 원자와 충돌하기 때문에 발생한다.

③ 저항에 영향을 주는 요인들

· 물질(도선)의 종류 : 물질의 종류에 따라 다르다.

전기 회로 수도관 비교	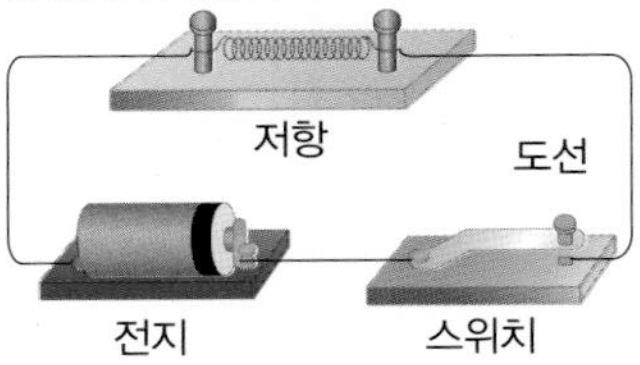	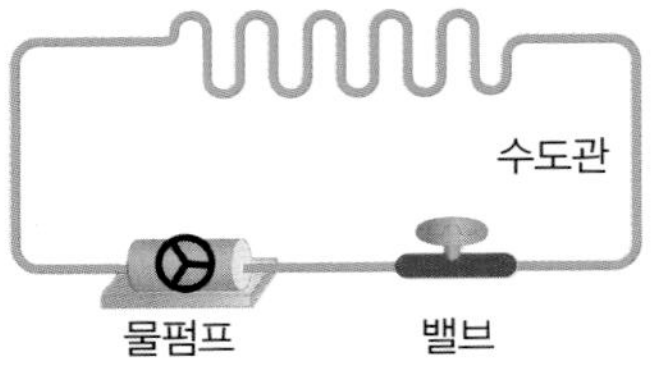

· 도선이 짧을수록, 도선이 굵을수록 전자가 잘 통과할 수 있으므로 저항이 작아진다.

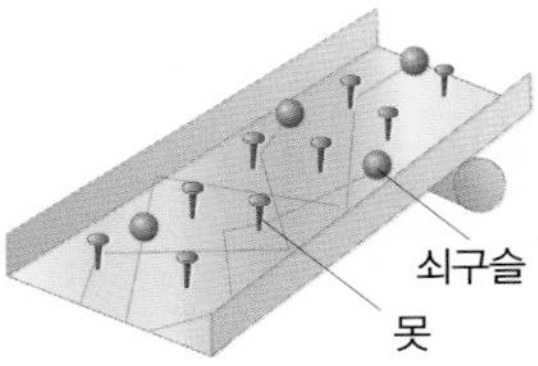

쇠구슬	전자
못	원자
쇠구슬과 못의 충돌	저항
빗면의 기울기	전압

▲ 저항, 전압, 전자의 흐름의 비유

전류의 세기(I)는 전압(V)에 비례하고, 저항(R)에 반비례한다.

$$I = \frac{V}{R} \text{ (옴의 법칙)}$$

전기 회로도

① 전기 회로 : 전기가 흐를 수 있도록 전기 기구를 연결한 것이다.

② 전기 회로도 : 전기 회로를 간단한 전기 기호로 나타낸 것이다.

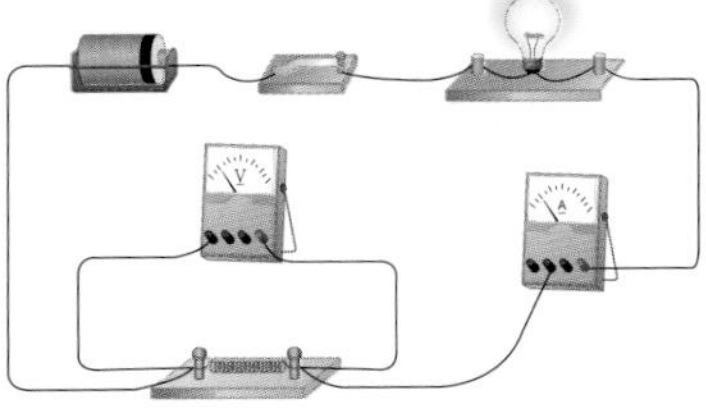

▲ 전기 회로

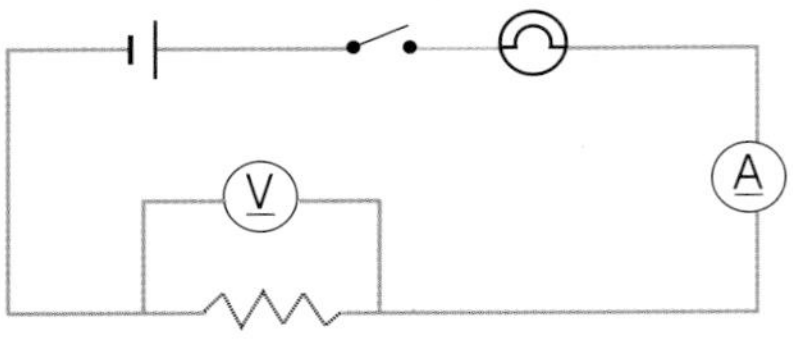

▲ 전기 회로도

(3) 전기 기호

명칭	전기 기구	전기 기호	명칭	전기 기구	전기 기호
건전지		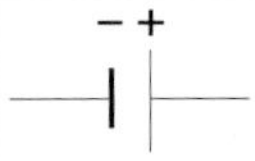	전구		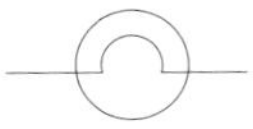
스위치			저항		
전류계		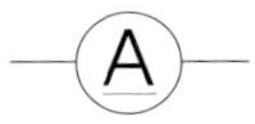	전압계		

집중탐구 문제

01 다음 그림은 도선 내부에 있는 전하의 모습이다. 이에 대한 설명으로 옳은 것은?

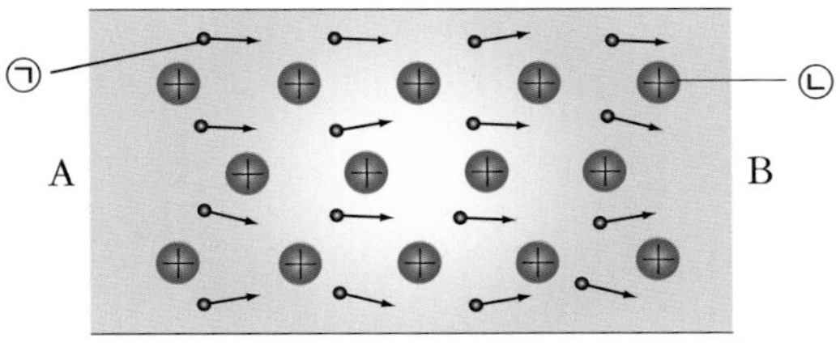

① ㉠은 원자핵이다.

② ㉡은 전자이다.

③ 전류는 A에서 B로 흐르고 있다.

④ 도선에는 전류가 흐르지 않고 있다.

⑤ 전류의 방향과 전자의 이동 방향은 반대 방향이다.

02 오른쪽 그림의 전기 회로를 전기 회로도로 바르게 나타낸 것은?

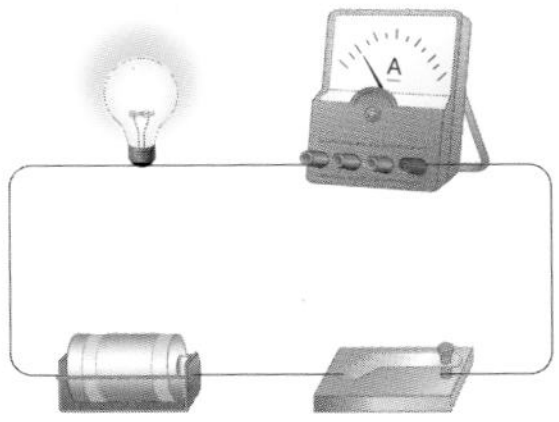

①
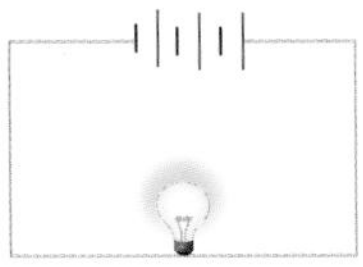

②
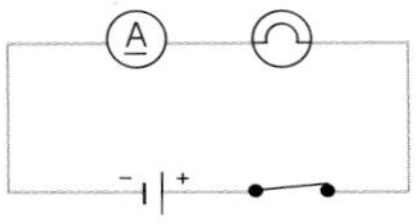

③
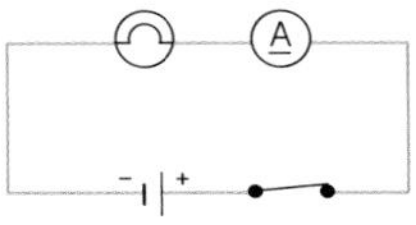

④
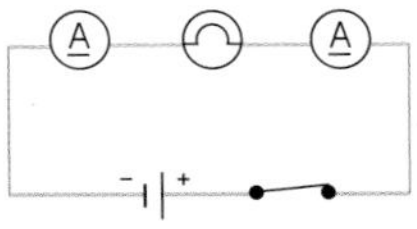

⑤
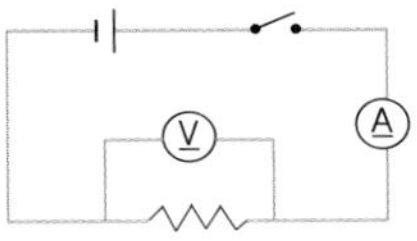

03 다음 그림의 전기 회로를 전기 회로도로 나타내시오.

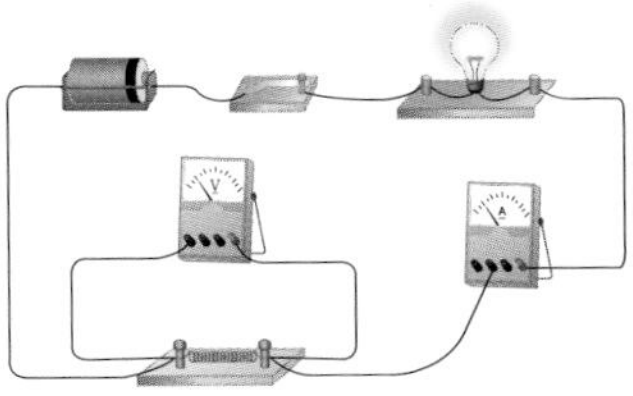

04 다음 그림과 같은 전기 회로에서 전지의 전압은 몇 V 인가?

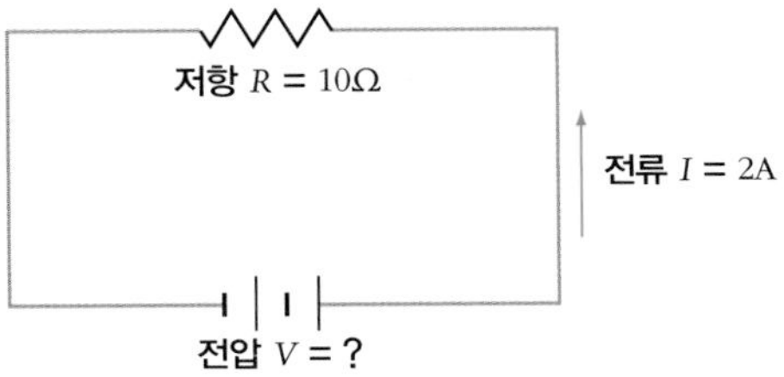

발명 아이디어 정리

Q1 지금까지 주어진 자료들을 읽고 드는 생각이나 느낌, 궁금증 등을 자유롭게 적어 보자.

Q2 전등에 스위치 2개 이상을 연결하여 아무 스위치를 사용하더라도 동일한 전등을 켜고 끌 수 있는 전기 회로도를 고안해 보자.

Q3 실제로 전원, 침대, 문, 전등을 배치하고 전선과 스위치를 어떻게 연결할 것인지 조감도를 그려보자.

Q4 위와 같이 방에 회로를 연결할 때의 문제점이 있다면 구체적으로 써 보자.

발명계획서 작성해 보기

구상한 발명품의 개선 목적과 예상 결과를 생각하면서 발명계획서를 완성해 봅시다.

발명 주제

발명 동기 및 목적

발명품 설명

발명품 제작 과정

준비물

제작 과정

발명품의 효과

활용성과 전망

MEMO

아이앤아이

누구나 마음속에
고래 한 마리가 살지

가끔은
마음 속에 살고 있는 고래를 위해서
밤 하늘의 별들을 바라보렴~

무한상상

http://cafe.naver.com/creativeini

무한상상

i&i 아이앤아이

꾸러미 과학대회

과학토론대회 과학탐구산출물대회 발명품대회

해설/예시 답안

초등

i&i 아이앤아이

꾸러미 과학대회

해설 및 예시답안

초등

01 과학 토론 대회 예비 논제 찾기 (문제인식)

예비 논제 자료 1

눈에도 잘 보이지 않는 플라스틱이 위험하다고? (본문 24쪽)

[서술1]

(다음과 같은 내용을 포함시켜 자유로운 서술을 해 보자.)

· 미세플라스틱은 동물에게 해롭지만 그것을 최종적으로 먹게 되는 사람이 결국 심각한 위험에 처해지게 될 것이다.

· 전 지구 상에 분포하는 플라스틱을 거둬들이는 방법을 연구해야 한다.

· 미세플라스틱을 줄이는 방법을 연구해야 한다.

· 생활 곳곳에 활용되고 있는 플라스틱을 대체할 수 있는 방안을 연구해야 한다.

· 미세플라스틱을 분해할 수 있는 세균을 찾아 번식시켜 플라스틱을 분해하는 방법은 왜 쓰이지 않고 있는 것인가?

· 미세플라스틱은 결국 생물에 돌연변이를 일으켜 괴상한 모양을 한 생물이 출현하게 될 것이다.

[논제 뽑아보기1]

– 미세플라스틱은 줄일 수 있다. / 없다.

– 실생활에서 미세플라스틱의 배출은 필수적이다. / 아니다.

– 미세플라스틱은 사람(생물체)에게 위험하다. / 위험한 정도는 아니다.

– 미세플라스틱을 줄이기 위해 일회용 플라스틱 사용을 금지해야 한다. / 너무 과도한 조치이다.

– 미세플라스틱은 해양 오염의 주범이다. / 해양은 다른 물질도 많이 오염시키므로 주범은 아니다.

예비 논제 자료 2

안개도 안 꼈는데 하늘이 왜 뿌옇지? 미세먼지 때문이 맞을까? (본문 27쪽)

[서술2]

(다음과 같은 내용을 포함시켜 자유로운 서술을 해 보자.)

· 미세먼지는 중국에서도 날아오지만 산업활동 과정에서 나오는 것도 무시할 수 없다. 절감 대책은 무엇일까?

· 미세먼지 낀 날은 마스크를 꼭 써야 겠다. 우리의 폐에 매우 좋지 않은 영향을 미치니까.

· 미세먼지가 비에 녹으면 산성비가 된다. 산성비는 식물이 자라는데 해롭다.

· 초미세먼지는 너무 작아 마스크로 막을 수 없다. 그렇다면 막을 수 있는 방법은 무엇일까?

· 미세먼지가 많이 낀 날은 휴교를 해야 한다. 그렇지만 집에 있어도 미세먼지가 끼므로 줄이는 방법을 연구해야 한다.

· 공기청정기는 초미세먼지도 없앨 수 있는 걸까?

· 중국 북부 사막에 나무를 심어 바람이 불어도 황사가 날리지 않게 하면 우리나라의 미세먼지는 많이 줄어들 것이다.
· 미세먼지 저감 식물을 키워서 자연적으로 미세먼지가 감소할 수 있으면 좋겠다.
· 활성탄이 미세먼지를 흡착시켜 제거한다고 하니 방 안에 활성탄을 둬서 미세먼지를 줄여야 겠다.

[논제 뽑아보기 2]

- 미세먼지를 줄이기 위해 산업활동을 억제해야 한다. / 그럴 수는 없다.
- 미세먼지는 대부분 중국에서 오는 황사 때문이다. / 아니다.
- 미세먼지 휴교 기준을 강화해야 한다. / 다른 방법을 찾아야 한다.
- 각 교실에 공기 청정기를 설치해야 한다. / 반드시 그럴 필요는 없다.
- 미세먼지의 원인과 그 구체적 해결방안의 실현성에 대해 찬성 입장과 반대 입장으로 나누어 토론하시오.

예비 논제 자료 3

VR, AR, MR? 현실과 어떻게 다른가! (본문 30쪽)

[서술3]

(다음과 같은 내용을 포함시켜 자유로운 서술을 해 보자.)
· VR 기법은 게임을 현실생활에서 응용할 수 있게 만들었다.
· AR 기법을 통해 만들기 어려운 배경들을 만들어 이용할 수 있는 것이다. 경제적으로 도움이 될 것이다.
· 문제는 MR 기법이다. 이제 우리는 고래를 하늘에 띄울 수도 있고, 회오리 바람을 거리에 만들 수도 있다.
· VR은 장비가 안정화되지 않아 어지럼을 유발하는 문제점이 있다.
· VR은 가상공간에 의존하어 되며 폭력성을 띠게 되는 등 정신상태가 나빠진다고 한다.
· 뉴욕타임즈, 케이트 스페이드 뉴욕, 아마존, 스냅챗을 이용한 Bareburger, 까르푸 스타워즈, 도미노피자 스냅챗 등 다양한 AR 광고가 있다는 것을 알고 있다. 우리나라에도 AR 광고가 많다.

[논제 뽑아보기]

- VR 기법 때문에 게임 중독자가 더 많아질 것이다. / 현재와 비교하여 큰 변화는 없을 것이다.
- AR 기법을 이용한 문화는 비용을 획기적으로 줄일 것이다. / 아니다.
- MR 기법의 경험은 실제 경험과 같거나 더 생생할 것이다. / 실제 경험보다 못할 것이다.
- VR은 사용자의 폭력성을 유발시키는 등 정서상 문제점은 해결될 수 없다. / 해결이 가능하다.
- VR, AR, MR 기법은 자체로 혁명적이므로 계속 발전시켜야 하며, 다른 산업에 응용하는 기법도 발전시켜 나가야 한다. 그 가능한 예를 찾아보고 그 가능성에 대해 찬성과 반대 입장으로 나누어 토론하시오.

예비 논제 자료 4

내 몸에 쌀알 크기의 칩을 넣는다고?! (본문 33쪽)

[서술4]

(다음과 같은 내용을 포함시켜 자유로운 서술을 해 보자.)

· 베리칩을 심으면 현대판 God Father 가 나타날 것 같은 예감이 든다.

· 베리칩은 GPS를 더욱 효율적으로 확장시켜 미래의 AI 시대를 앞당기게 될 것이다.

· 영화에서처럼 거울이나 카메라만 응시해도 인물의 신분과 모든 인적사항이 드러나고 인물의 행동이 처음부터 끝까지 샅샅이 모니터링되고 있는 등 과연 부작용이 없을지 의심스럽다.

· 왜 하필 스웨덴인 걸까? 오늘날의 스웨덴은 현금이 없는 사회다. 2018년 스웨덴 전체 경제에서 현금이 차지하는 비중은 약 1%에 불과했다. 2007년부터 수도 스톡홀름에서는 버스와 지하철 이용 요금을 현금으로 낼 수 없게 했다. 스웨덴에서 베리칩은 매우 유용한 장치이다.

· 베리칩은 지구종말론자들의 주장처럼 우려했던 일이 현실로 나타나는 것일까?

· 베리칩을 심으면 자율주행자동차 시대에 훨씬 더 편리한 서비스를 제공받을 수 있지 않을까?

[논제 뽑아보기4]

- 베리칩은 개인정보 유출의 관점에서 매우 위험하다. / 아니다. 베리칩을 개발했듯 안전장치도 개발하면 된다.
- 베리칩은 RFID의 한계, 도입 비용, 부작용 등으로 도입하기엔 먼 미래 일이다. / 그리 시간이 걸리지 않는다.
- 다가오는 AI 시대에 대응하기 위해서 베리칩 제도는 빨리 적용되어야 한다. / 아니다. 베리칩이 미치는 효과는 미지수다.
- 제로페이 등이 활성화되는 것으로 봐서 결국은 베리칩 시대가 될 것이다. / 아니다. 베리칩은 선호하는 개인들에게만 국한될 것이다.
- 베리칩은 사람에게 유용한 점이 많겠는가? 아니면 불리한 점이 많겠는가? 양편으로 나눠서 토론해 보시오.

논제가 될 만한 예시

(본문 37쪽)

GMO(유전자 변형 생물체)

- GMO 기술은 나중에 인간에게 해를 끼친다.(생태계 교란 등 종 다양성 감소) / 유익하게 작용한다.
- GMO 식품은 인류에게 축복이다. / 재앙이다.

자율주행자동차

- 자율주행자동차는 안전하다. / 아직 안전하기 않다.
- 자율 주행 자동차는 가까운 미래의 인간 교통 수단으로 매우 유익하다. / 유익하지만 교통수단으로 정착 되기 위해서는 오랜 시간이 걸린다.

AI(조류독감)

- 조류독감은 인간에게 위험하다. / 위험하지만 예방가능하다.
- 조류독감은 예방할 수 있다. / 없다.

인공지능 로봇(AI)

- 인공지능 로봇은 사람의 전부를 실현할 수 있다.(사람을 100% 대체 가능하다) / 대체 가능하지 않다.
- 사람보다 뛰어난 인공지능 로봇(다방면으로 뛰어난)을 만들 수 있다. / 없다.
- 인공지능 로봇에 의한 일자리 감소는 일시적인 현상이다. / 아니다.

동물실험, 임상실험

- 동물실험, 임상 실험은 윤리적인 문제가 큰 문제이다 / 윤리적인 문제는 발생하지 않는다.
- 동물실험, 임상 실험은 사회 가치 실현을 위해 필요하다. / 동물, 인간 존엄을 지키는 일이 더 중요하다.

범죄 예측 시스템

-범죄예측 시스템은 도입이 필요하다. / 부작용 때문에 도입을 지연시켜야 한다.

소음과 건강

- 사람이 조심하여 소음을 줄여야 한다. / 과학적인 방법으로 소음 극복이 가능하다.

화학물질

- 화학물질을 만들었듯이 화학물질의 폐해도 과학적으로 줄일 수 있다. / 폐혜가 심각하여 화학물질 제품을 을 줄이는 법안을 강화해야 한다.

신종 바이러스

- 신종 바이러스는 극복 가능하다. / 현재의 과학 기술로는 극복할 수 없다.

지구 온난화(오존 농도)

- 지구 온난화는 통제 가능하다.(인공적으로 조절할 수 있다.) / 현재의 과학기술로는 통제 가능하지 않다.

02 실전처럼 토론 준비하기

주제1 맞춤아기

논제 뽑아보기

(본문 39-40쪽)

· 맞춤아기(유전자 조작) 기술은 허용해야 한다. / 허용해서는 안된다.

· 복제 인간은 독립된 인간인가? / 대체품인가?

· 복제 인간은 인격이 존중되어야 하는가 / 존중될 필요가 없는가

Q1

1. 맞춤아기 기술이 의료기술 발전에 기여하는 것이 아니라 의료기술 발전에 따라 맞춤아기 기술이 발전하는 것이다. 더 나아가 맞춤아기 기술이 사회 발전에 어떻게 기여하는지에 대한 의견을 제시하는 것은 토론보다는 토의(공통의 문제에 대한 최선의 해결 방안을 얻기 위한 말하기)에 적절하다고 할 수 있다. (토론 : 찬성과 반대의 입장으로 나뉘는 주제에 대하여 각각 서로의 입장을 관철시키기 위하여 근거를 들어 자기의 주장을 논리적으로 펼치는 말하기)
2. 맞춤아기 기술의 허용 범위에 대한 의견은 기술적 문제이기 때문에 찬성과 반대를 할 수 있는 것이 아니다. 찬반 토론 논제로는 적절하지 않다.
3. 배아줄기세포 연구를 허용하는 것이 좋은지, 허용하지 않는 것이 좋은지에 대한 각각의 주장을 내세워 토론을 할 수 있다.
4. 맞춤아기 기술을 허용해야 한다, 허용하지 말아야 한다를 각각 주장으로 내세워 각각 그 근거(문제점, 장점 등)를 제시하여 토론을 할 수 있다.
5. 맞춤형 아기를 원하는 부모 개인의 선택인지, 사회적인 선택(사회적인 영향)인지 각각 주장을 내세워 개인의 문제인지 인류 공동의 문제인지 토론을 할 수 있다.

Q2

논제: (출제자 예시 답안)-각자 논제를 생각해 보고, 설명해 보자.

4. 맞춤아기 기술은 전면 허용해야 한다.

이유 : 모든 부모의 마음은 자신의 자식이 멋지고 건강하고 똑똑한 아이로 자라고 싶어한다. 맞춤아기 기술로 부모들이 원하는 아이를 얻을수 있도록 기회를 주어야 한다.

또한, 부모가 유전병을 가지고 있는 경우 그 아이도 유전병에 걸리게 될 가능성이 크고 부모에게는 어떠한 선택의 여지가 없다. 아이가 태어나서 다른 사람과 같은 기본적인 인생을 살 수 있게 해 주는 것은 너무도 중요한 일이다. 이럴 때 맞춤아기 기술로 유전병을 치료하는 것이 필요하다.

또한, 맞춤아기 기술로 성비(性比)를 조절하거나 유전자 조작기술과 결합하여 부모의 취향에 맞는 아이을 양산하여 인류의 모습을 바꿀 수 있다.

맞춤아기가 탄생한다면 유전자 연구도 가능할 것이다. 유전자 연구를 통해 불치병을 치료할 수 있다. 그렇다면 운명으로 받아들일 수 밖에 없었던 질병까지도 크리스퍼 기술(유전자 가위 기술)을 통해 치료해 인류는 누구나 건강한 삶을 누릴 수 있다.

주제 깊이 알기

(본문 46쪽)

01 배아 줄기 세포, 성체 줄기 세포, 역분화 줄기 세포

02 인간의 심장, 간, 피부, 신경 등 모든 기관을 구성하는 세포로 분화할 수 있는 능력이 있는 줄기 세포이다.

03 배아 줄기 세포는 신체의 여러 장기로 분화될 능력이 있지만 성체 줄기 세포는 신체의 일부 세포나 조직으로만 분화가 가능하다.

04 특정 환자의 체세포 핵을 넣어 만든 복제 배아 줄기 세포(핵치환)로부터 얻은 장기는 체세포를 제공한 환자에게 이식할 때에만 거부 반응이 일어나지 않는다.

05 (1) 복제 배아 줄기 세포를 분화시키면 복제인간을 만들 수 있다. 복제인간을 하나의 인격체로 대우해 줄지, 장기 이식 등을 위해 이용할지는 판단해 봐야 할 문제지만 인간의 존엄성이 위협받는다는 점에서 비윤리적이다.

(2) 복제 배아 줄기 세포의 성공 확률이 낮으므로 성공하기 위해 많은 수정란과 배아가 필요하며, 실패한 배아는 폐기할 수 밖에 없다. 배아를 하나의 생명체로 본다면 이것은 비윤리적이며, 인간의 생명 자체를 상업화할 가능성이 있어 역시 인간의 존엄성이 위협받을 수 있다는 점에서 비윤리적이다.

(3) 유전자 검사를 통해 얻은 DNA 지문으로 태아에게 나타날 유전병을 예측할 수 있고, 병의 진단 및 발병 가능성을 예측한다는 것은 인간의 복리를 증진한다는 점에서 윤리적으로 매우 좋다고 할 수 있다.

06 핵을 제거한 난자에 환자의 체세포 핵을 넣는 과정 (핵치환 기술)

07 ㉡은 핵은 제공한 환자와 동일한 복제 줄기 세포이므로 ㉡의 유전자 구성은 핵을 제공한 환자 A와 동일하다.

08 ② 이 방법으로 얻은 줄기 세포는 복제 배아 줄기 세포이다.

09 (1) X (2) O (3) X

해설 (1) 난자 제공자는 반드시 여자이지만 체세포 제공자는 남자, 여자 모두 가능하다. 따라서, 환자가 여자라면 핵을 주입하여 만든 줄기 세포에는 X 염색체가 존재하며, 환자가 남자라면 핵을 주입하여 만든 줄기 세포에는 X, Y 염색체가 존재한다.

(2) 핵치환 기술을 통해 만든 줄기 세포는 배아 줄기 세포이므로 신체의 모든 기관을 이루는 세포로 분화될 수 있다.

(3) 줄기 세포를 분화시켜 얻은 조직은 체세포를 제공한 환자와 유전자 구성이 동일(동일한 유전자를 가진다.)하므로 체세포를 제공한 사람에게 이식하여도 면역 거부 반응을 일으키지 않는다. 하지만 난자를 제공한 사람에게 이식하면 면역 거부 반응이 일어난다.

10 (1) X (2) O (3) O

해설 (1) 생물의 다양성 훼손 : 유전자 편집 기술로 만들어진 동 · 식물때문에 야생종이 감소할 수 있다.

(2) 윤리적 위험 : 인공적으로 제작된 생명체에 대한 존엄성 저하 및 제조자에 의한 학대가 우려된다.

(3) 유전자 오염 : 곤충, 바람 등 오염원에 의해 유전자 편집이 되지 않은 작물의 DNA가 오염될 가능성이 존재한다.

그 외 크리스퍼 기술에 대한 문제점

· 사회·경제적 위험 : 유전자 편집에 의해 생산된 식량이 증가함에 따라 전통적인 농업 방식이 위협받는다.

· 종교적 반대 : 이미 GMO를 반대하는 수많은 종교단체에서는 유전자 편집 기술을 반대하고, 대체 장기 생산을 위해 유전자 편집된 동물을 인간 생명 연장을 위한 도구로 이용하는 것을 반대한다.

(본문 48쪽)

토론 개요서 작성하기

마인드맵을 통해 '맞춤아기'에 대한 자신의 생각 쓰기

사회적

[예시 답안]

· 유전자 재조합된 맞춤 아기는 사회적으로 환영을 받을까?

· 특정 유전자(열성 유전자)에 대한 사회적 차별 발생

· 유전자에 따른 인간 계급 발생

· 맞춤아기 기술에 대한 비용은 사회적인 문제인가?

· 부작용이 발생한 경우 사회적인 책임인가?

· 우수한 유전자만을 갖는 아기를 원하는 사람들이 많아져 인간의 다양성 상실(개성 상실)

기술적

[예시 답안]

· 생명공학 기술의 발전으로 질병 예방

· 줄기세포를 이용하면 생체 인공 장기의 개발로 부작용 최소화

· 크리스퍼와 같은 유전자 가위 기술의 발전

· 유전자 가위 기술의 장점 : 원하는 유전자를 가공할 수 있다. / 질병 퇴치

· 유전자 가위 기술의 단점 : 다른 유전자에 나쁜 영향을 끼칠 수 있다.

개인적

[예시 답안]

· 맞춤아기는 개인적인 일인가?

· 부작용이 발생한 경우 개인의 책임인가?

· 맞춤아기 기술에 대한 비용은 개인적인 문제인가

윤리적

[예시 답안]

· 맞춤아기를 만들기 위해 인공수정을 해야 함

· 인공수정을 하기 위해서는 여러 개의 수정란이 필요함

· 수정란은 태아라고 할 수 있는가?

· 언제부터 태아라고 할 수 있는가?

· 원하는 유전자 가공이 되지 않은 수정란은 폐기해야 하나?

기 타

[예시 답안]

· 맞춤아기를 만들기 위해 인공수정을 해야 함

· 인공수정을 하기 위해서는 여러 개의 수정란이 필요함

· 수정란은 태아라고 할 수 있는가?

· 수정란은 언제부터 태아라고 할 수 있는가?

· 원하는 유전자 가공이 되지 않은 수정란은 폐기해야 하나?

논제 '맞춤아기 기술은 허용해야 하는가?' 에 대한 찬성, 반대 입장 쓰기

(본문 49쪽)

찬성입장

[예시 답안]

1. 더 뛰어난 아기를 태어나게 할 수 있다.

- 유전적으로 우수한 아기가 많이 태어날 수 있어 인류는 더욱 우량하게 발전할 수 있다.
- 크리스퍼 CAS9(유전자 편집기술)의 발달로 인하여 DNA를 구성하는 염기를 자유자재로 변경할 수 있게 되어 원하는 아기를 만들 수 있다. 따라서 유전학 기술을 인간의 건강을 개선하는 데에만 사용한다면 맞춤아기 기술로 인해 인류는 우수한 유전자를 가진 사람들이 많아져 인류는 더 유리한 진화를 하게 될 것이다.

2. 인류의 질병 퇴치에 기여한다.

- 태어날 아기가 반드시 가지고 있을 유전병을 미리 제거할 수 있어 태어날 아기의 삶의 질이 높아질 수 있다. 또한, 나쁜 질병 유전자가 영원히 사라질 수 있어 불로장생이 가능해진다.
- 불치병을 가지고 태어나 평생 힘들게 살아가야하는 불행을 미리 막을 수 있어 인류는 더욱 발전하게 될 것이다.

3. 생명공학 기술의 발전에 기여한다.

- 유전자 조작 연구가 더욱 활발하게 진행될 것이므로 생명과학 기술은 나날이 발전하게 될 것이며, 그에 따른 또 다른 좋은 파장을 기대할 수 있다.
- 과학기술의 발전으로 인류가 진일보 할 수 있다.

4. 부모가 자녀에게 우수한 유전자를 만들어줄 수 있다.

- 유전병 유전자를 후대에게 물려준다는 미안한 마음을 없앨 수 있어 세계 인구가 증가할 수 있다. 즉, 점차 출생률이 감소하고 있는 현 시점에서는 좋은 소식이다. 또한, 태어난 자녀는 자신의 좋은 유전자로 인해 삶에 대한 만족도가 높아 삶의 질이 높아질 것이다.

5. 유전적 질병이 완전히 제거된 완벽한 인간의 탄생이 늘어남으로서 인류의 생존 수명은 무한대로 늘어날 수 있다.

- 줄기세포 활용이 확대되면, 이로부터 얻은 장기는 언제든 이식 가능하므로 인간은 죽지 않고 살 수 있다.

(본문 49쪽)

반대입장

[예시 답안]

1. 우생학이 부활할 위험성이 있다.

- 우생학이 부활하면 인류는 유전자 재조합 동 · 식물과 다를 바 없는 존재가 되어 혼란을 초래한다.
- 인간에게 등급을 매겨 차별을 심화시킬 수 있다.(유전자 조작에 의해 태어난 새로운 유형의 인종 간 갈등 발생)

2. 인간의 존엄성과 주체성을 훼손시킨다.

- 부모가 원하는 유전자를 갖고 태어나는 아이들은 자신의 출생(자신이 유전자 조작에 의해 태어났음)에 대한 회의를 느낄 수 있으며, 윤리적인 차원에서 사회적으로 차별을 받을 수 있다.(대우를 받지 못할 수 있다.)
- 이미 태어난 자녀의 치료 목적으로 태어난 맞춤아기는 자신의 의지와는 상관없이 형제자매에게 골수, 장기 등을 내주어야 하므로 신체의 자유와 인권이 무시당하는 것이다.

3. 안전성이 검증되지 않았다. : 맞춤형 아기의 탄생이 어떤 생물학적 부작용이 발생할지 아직 정확하지 않다.

- 인간의 유전 현상은 단순하지가 않아(단성유전이라고 단정 지을 수 없다.) 특정 유전자 변형이 오직 하나의 결과만을 나타낼 것이라고 단정 지을 수 없다. 즉, 뜻하지 않은 작은 결함이 더 큰 질병을 일으킬 수 있어 인류를 위협하게 될지도 모른다.

4. 계층 간의 격차를 심화시킨다.

- 금전적이 여유가 있는 사람들의 자손은 좋은 유전자를 선택받아 태어날 확률이 높아져, 부익부 빈익빈의 격차가 더욱 커질 것이다.

5. 과학기술 발전이 인류에 재앙을 초래하기도 한다.

- 과학기술의 발전은 뜻하지 않은 문제가 발생할 수 있어 인류 멸망의 지름길이 될 수 있다.
- 유전적 질병으로부터 안전할지라도 예상치 못한 또 다른 위험성에 노출되어 한 번에 멸망할 수도 있다.(예 : 겸형적혈구빈혈증을 갖는 사람은 말라리아 발생이 높은 아프리카에서 생존 확률이 정상인보다 높다.)

6. 윤리적으로 옳지 못한 행동이다.

- 맞춤아기는 시험관 수정 기술을 통해 특정 배아를 골라 탄생시켜야 하므로 여러 배아 중 원하는 배아만을 자궁에 이식하고 나머지는 폐기하는 행동은 인간이 될 가능성이 있는 배아를 죽이는 살인 행위라고 할 수 있다.

발표 및 토론하기

(본문 53쪽)

발표하기

[예시 답안]

찬성입장

1. 지금보다 더 뛰어난 아기를 창조할 수 있으므로 유전적으로 우수한 아기가 많이 태어날 수 있습니다. 이는 곧 인류를 더욱 발전시키는 방법입니다. 맞춤아기 기술에 적용할 수 있는 기술 중 하나인 유전자 편집기술 즉, 크리스퍼 CAS9의 발달로 인하여 DNA를 구성하는 염기를 자유자재로 변경할 수 있게 되어 원하는 아기를 만들 수 있습니다. 따라서 유전학 기술을 인간의 건강을 개선하는 데에만 사용한다면 맞춤아기 기술로 인해 인류는 우수한 유전자를 가진 사람들이 많아져 인류는 더 발전하게 될 것입니다.

2. 태어날 아기가 반드시 가지고 있을 유전병을 미리 제거할 수 있어 태어날 아기의 삶의 질이 높아질 수 있습니다. 더불어 나쁜 질병 유전자가 영원히 사라질 수 있어 인류의 질병 퇴치에 기여할 수 있으며, 인류는 지금보다 더 발전하게 될 것입니다.

3. 맞춤아기 기술을 발전시키기 위해 유전자 조작 연구 등이 더욱 발달하게 진행될 것이므로 생명과학 기술은 나날이 발전하게 될 것이며, 그에 따른 부수적 연구가 활발하게 진행되어 인류의 과학 기술의 발전에 기여할 수 있게 될 것입니다.

4. 유전병 유전자를 후대에게 물려준다는 업보에서 벗어나 세계 인구가 증가할 수 있습니다. 즉, 출생률 감소의 걱정이 사라질 수 있는 겁니다. 또한, 태어난 자녀가 자신의 유전자로 인한 열등감을 극복하고 긍정적이며 행복한 삶을 추구하는데 기여할 것입니다.

5. 줄기세포 활용이 확대되면, 이로부터 얻은 장기를 언제든 이식 가능하므로 인간의 장기가 노쇠하면 갈아주면서 인간의 생명이 무한대로 연장되는 획기적인 일이 일어날 수도 있습니다.

반대입장

1. 우생학이 부활할 위험성이 있습니다. 우생학이 부활하면 인류는 유전자 재조합 동 · 식물과 다를 바 없는 존재가 되어 혼란을 초래하게 되어 인간을 등급을 매기는 단계에 도달하게 되어 차별이 심화될 것입니다. 유전자 조작에 의해 태어난 새로운 유형의 인종 간 갈등 발생으로 전쟁 등이 빈번하여 인류는 멸종할 가능성이 있습니다.

2. 맞춤아기는 시험관 수정 기술을 통해 특정 배아를 골라 탄생시켜야 하므로 여러 배아 중 원하는 배아만을 자궁에 이식하고 나머지는 폐기하는 행동은 인간이 될 가능성이 있는 배아를 죽이는 살인 행위라고 할 수 있습니다.

3. 부모가 원하는 유전자를 갖고 태어나는 아이들은 자신의 출생(자신이 유전자 조작에 의해 태어났음)에 대한 회의를 느낄 수 있으며, 사회적으로 차별을 받을 수 있습니다.

4. 이미 태어난 자녀의 치료 목적으로 태어난 맞춤아기는 자신의 의지와는 상관없이 형제자매에게 골수, 장기 등을 내주어야 합니다. 그도 사람일진대 인권이 그렇게 무시되어도 되는지요?

5. 인간의 유전 현상은 단순하지가 않아 특정 유전자 변형이 오직 하나의 결과만을 나타낼 것이라고 단정지을 수 없습니다. 즉, 뜻하지 않은 작은 결함이 더 큰 질병을 일으킬 수 있어 인류를 오히려 위협하게 될지도 모르는 일입니다. 맞춤아기 기술을 처음부터 다시 논의해야 합니다.

6. 금전적인 여유가 있는 사람들의 자손은 좋은 유전자를 선택받아 태어날 확률이 높아지고 금전적인 여유가 없는사람들은 그런혜택을 받기가 어려워진다면 전인류에게 이익이 된다고 주장하는 맞춤아기 기술을 도입할 이유가 사라집니다. 오히려 지금보다 부익부 빈익빈의 격차가 더욱 벌어질 것입니다.

질의 응답하기

(본문 54쪽)

[예시 답안]

찬성측이 반대측에 질의 / 응답

Q. 우생학이 무엇인지 설명해 주세요.

A. 우생학은 인류를 유전학적으로 개량할 것을 목적으로 하여 여러 가지 조건과 인자 등을 연구하는 학문입니다.

Q. 스스로가 좋은 유전자를 가지고 있다면 자존감이 높아지고 더 나은 삶을 살 수 있지 않을까요?

A. 오히려 자연적인 유전자를 누군가가 바꿔놓았다고 생각하면 자존감에 큰 상처를 입을 수 있습니다. 만약 부모가 원하는 유전자를 갖고 태어나는 아이들은 자신의 출생(자신이 유전자 조작에 의해 태어났음)에 대한 회의를 느낄 수 있으며, 의료기록 등에 나타나 있으므로 오히려 사회적으로 차별을 받을 수 있습니다. 이건 결코 더 나은 삶이라고 할 수 없을 것입니다.

Q. 맞춤아기 기술로 태어날 아기가 반드시 가지고 있을 유전병을 미리 제거할 수 있어 태어날 아기의 삶의 질이 높아질 수 있지 않을까요?

A. 아기의 유전병이 완전히 제거된다면 그럴 수도 있겠습니다만 인간의 유전 현상은 단순하지가 않아 특정 유전자를 제거한다는 것이 가능하냐는 것입니다. 유전자 가위로 유전자를 도려낼 때 작은 결함이라도 나타나지 않는다는 보장은 없는 것입니다. 뜻하지 않은 작은 결함이 더 큰 질병을 일으킬 수 있어 장차 태어날 아기는 더욱 심각한 유전적 결함을 갖게 될지도 모른다는 거죠.

Q. 어쨌든 맞춤아기 기술은 생명공학 기술을 발전시켜 더 나은 인류의 미래를 제시하지 않을까요?

A. 생명공학 기술의 발전이라는 것이 무엇이냐라는 것입니다. 단지 염색체를 자르는 기술을 뜻하는 것이라면 그것은 발전이라고 말하기 어렵습니다. 기술의 발전이 많은 부작용을 초래하는 것이라면 그것은 발전이라고 할 수 없을 것입니다.

반대측이 찬성측에 질의 / 응답

Q. 크리스퍼 CAS9이 정확하게 원하는 DNA만을 자를 수 있다고 단정지을 수 없습니다. 그러므로 예상하지 못한 부작용이 발생할 수 있습니다. 아직도 연구, 개발 중인 기술을 인간에게 함부로 사용하는 것은 옳지 못합니다. 이것에 대해서는 어떻게 생각하나요?

A. 인간의 유전병이나 불치병을 퇴치를 위해서 크리스퍼 기술이 필요한 것인데, 정확한 부위를 잘라낼 수 없는 경우라면 많은 부작용이 나타날 것입니다. 따라서 더욱 연구를 할 필요가 있을 것입니다. 시간이 걸려도 정확한 연구를 하여 정확한 부위만 잘라낼 수 있도록 해야 하겠지요. 연구의 범위와 과제에 대해 법제화를 하여 부작용의 발생 원인을 차단하는 노력도 필요해 보입니다.

Q. 부모가 원하는 유전자를 갖고 태어나는 아이들은 자신의 출생(자신이 유전자 조작에 의해 태어났음)에 대한 회의를 느낄 수 있으며, 의료기록 등으로 인해 사회적으로 차별을 받을 수 있지 않을까요?

A. 사회 전반적인 의식의 개혁이 필요하다고 봅니다. 전 사회적 교육이 필요할 수도 있습니다. 즉, 유전자 조작에 의해 태어났다는 것이 수치가 아닌 자연스러운 것이라는 사회적인 공감대 형성이 필요합니다. 요즘 개인정보 보호를 하는 것처럼 개인정보에 대한 철저한 보호가 필요해 보이기도 합니다. 그렇게 되면 사회적인 차별은 없어지리라고 생각합니다.

Q. 맞춤아기 기술은 금전적이 여유가 있는 사람들의 자손은 좋은 유전자를 선택받아 태어날 확률이 높아져, 부익부 빈익빈의 격차가 더욱 커지지 않을까요?

A. 여러 보완 장치가 필요할 것입니다. 모두 똑같이 선택할 수 있게 요즘 아파트 분양제처럼 같은 조건에서 분양을 하게 만든다거나 유전자 선택을 꼭 금전적인 것으로 결정할 수 없게 하는 것이죠. 그러기 위해서는 공적 의료 자금이 많이 필요할지는 모르나 공평한 것이 우선인 사회가 되어야 한다고 생각합니다.

주제2 원자력 발전

논제 뽑아보기

(본문 57-58쪽)

· 핵 폐기물을 안전하게 버릴 수 있는가? / 안전한 처리는 불가능한가?

· 원자력발전은 안전한가? / 안전하지 않은가?

· 각자 판단할 때 재생 에너지와 원자력 에너지 중 어느 에너지의 사용을 권장하겠는지 양쪽으로 나누어 토론하시오.

Q1

1. 원자력발전이 안전한지 안전하지 않은지에 대한 찬반 토론을 할 수 있다.
2. 원자력발전의 허용 범위에 대한 것은 의견을 서로 나누어 토론할 수 있는 주제이지 찬반 토론 논제가 될 수는 없다.
3. 방사성 물질에 오염된 핵 폐기물을 안전하게 버릴 수 있을지 없을지에 대한 것은 기술적인 부분과 사회 인식적인 부분을 모두 포함하므로 개인에 따라 찬성과 반대를 할 수 있다. 적절한 논제라고 할 수 있다.
4. 핵 폐기물을 처리하는 방법은 다양할 수 있으며, '어떻게'에 대한 의견은 찬반으로 나눌 수 없으므로 토론의 논제가 될 수 없다.
5. 원자력 에너지와 재생 에너지 중 어느 에너지의 사용이 미래를 위한 에너지일지 판단할 때, 개인마다 입장이 다를 것이므로 찬성 입장과 반대 입장으로 나눠서 토론할 수 있다.

Q2

논제(예시) :

1. 원자력 발전은 안전한가 안전하지 않은가?

이유(예시) :

구 소련의 체르노빌 원전 사고에 의한 피해가 심각하고, 최근에 일본 후쿠시마 원전 사고에 의한 피해가 확산된다고 들었다. 두 사고 모두 직접적인 원인이 핵 폐기물을 넣어 격리해 놓는 격납고를 부실하게 건설했기 때문이라고 판명이 났고, 사람의 안전 부주의가 그 원인이라고 하더라도 그 위험성은 언제나 있는 듯하다. 또한 후꾸시마 원전에서의 방사성폐기물이 강물을 통해 바다로 흘러가 바다를 오염시키고 인근 해상에서 잡힌 물고기를 우리나라에 수출하고 있다고 하니 우리 국민들의 피해도 우려된다.

다른 한편으로는 이산화 탄소를 발생시키지 않아 화석 연료를 대체할 수 있고, 건설비가 많이 들지만 발전단가가 저렴하고, 우리 기술로 지을 수 있다는 것은 큰 장점이다. 원자력 발전이 우리나라 전체 전기 생산량에 있어서 큰 부분을 차지하고 있으므로 대체 방법 없이 쉽게 폐기할 수는 없다.
정부는 탈원전을 목표로 하고 대체 에너지인 재생 에너지 사업에 박차를 가하고 있는 듯 하지만 시설에 대한 안전성 검토와 기술에 대한 충분한 검증을 해야 하므로 시간이 많이 걸릴 것이다. 그렇다면 빠른 시간에 원자력발전을 폐기할 수는 없을 것이고 우리는 안전한 전기를 사용해야 하므로 원자력발전은 안전한가 또는 안전하지 않은가에 대한 충분한 토론을 할 수 있다고 생각한다.

주제 깊이 알기

(본문 63-64쪽)

01 원자력발전

02 ㉠ 중성자 ㉡ 핵분열

해설 원자로에서 무거운 원자핵이 분열할 때(핵분열 반응) 방출하는 에너지를 이용하여 전기 에너지로 전환하는 발전 방식을 핵발전이라고 한다

03 (1) X (2) O (3) X

해설 (1) 우라늄 원자핵이 핵분열할 때 발생하는 에너지를 이용하여 터빈을 돌려 전기 에너지를 생산하는 발전 방식이 핵발전이다.
(2) 원자로의 감속재와 제어봉을 사용하여 연쇄 반응 속도를 조절한다. 감속재는 중성자의 속력을 느리게 하여 연쇄 반응이 잘 일어나도록 돕는 물질로 그 재료로는 보통의 물이나 중수를 사용한다.
(3) 핵발전은 우라늄 원자핵의 핵에너지를 전기 에너지로 전환시키는 발전 방식이다.

04 (1) O (2) O (3) X

해설 (1), (2) ㉡ 우라늄 원자핵에 ㉠ 느린 중성자가 충돌하면, 2개의 원자핵으로 분열되면서 2, 3개의 중성자와 에너지를 방출한다. 이 중성자들이 다른 우라늄 원자핵에 충돌하여 핵분열이 연쇄적으로 일어나면서 막대한 에너지가 방출되고, 이 에너지로 물을 끓여 만들어진 수증기가 터빈을 돌려 발전기에서 전기 에너지를 생산한다.
(3) 핵분열 후 질량의 총합은 핵분열 전에 비해 감소한다. 이때 감소한 질량의 일부가 에너지로 전환되어 방출된다.

05 ④

해설 방사성폐기물에는 원전 직원들이 사용했던 모자와 신발, 마스크, 장갑, 방호복 등의 중·저준위 방사성폐기물과 원자로에서 에너지 연료로 사용한 우라늄과 원전 해체 폐기물(사용후핵연료)인 고준위 방사성폐기물이 있다.

06 제어봉

해설 원자로 내에서 감속재는 고속 중성자의 속도를 감속시켜 연쇄반응이 잘 일어나도록 하고, 제어봉은 중성자를 흡수하여 연쇄반응 속도를 조절한다.

07 ②, ③, ④

해설 ②, ③, ④ 신재생 에너지는 기존의 화석 연료를 변환하여 이용하거나 재생 가능한 에너지를 변환하여 이용하는 에너지이다.
①, ⑤ 천연 가스, 석유, 석탄과 같은 화석 연료와 우라늄의 핵에너지는 신재생 에너지에 해당하지 않는다.

08 ⑤

해설 신재생 에너지는 기존에 사용하지 않았던 새로운 에너지와 고갈의 위험이 없고 계속해서 재생하여 사용할 수 있는 에너지를 합친 것이다. ④ 석탄을 그대로 사용하지 않고 액화/가스화 시켜서 사용하는 것이 신에너지이다. ⑤ 신재생 에너지는 기존 에너지원에 비해 초기 투자 비용이 많이 든다.

토론 개요서 작성하기

(본문 65쪽)

마인드맵을 통해 '원자력 발전'에 대한 자신의 생각 쓰기

사회적

[예시 답안]

· 정부의 탈원전 정책
· 신재생에너지로 대체 가능성
· 폐기하면 전력 부족 가능성
· 폐기하는 경우 방사능폐기물 처리 문제
· 안전한 에너지 공급 대책
· 유지하는 경우 냉각수에 의한 바닷물 온도 상승 문제, 물고기의 서식처 변환 문제

개인적

[예시 답안]

· 전기에너지 생산에 따른 전기 요금 인하 가능
· 방사능 노출 위험에 따른 불안감
· 방사능 위협 없는 우리의 미래
· 원자로 건설 기술 수출
· 안전이 확보될 수 있다면 괜찮지 않을까?
· 핵폐기물에 의해 나타나는 비용이 만만치 않음.
· 우리나라처럼 국토가 좁은 나라에서 유용하지 않을까?
· 재생에너지는 국토가 넓은 나라에서 쉽게 얻을 수 있지 않을까?

문제점

[예시 답안]

· 원전 사고 발생 위험
· 방사성 폐기물 저장 공간 부족 및 처리 방법
· 폐기 시 전기요금 인상 문제
· 안전한 에너지 공급 문제

기술적

[예시 답안]

· 방사성 폐기물 안전처리방법 고안 필요성 확대
· 원자력발전소 건설 기술의 해외 수출
· 우리나라만의 안전한 핵폐기물 처리 방법을 고안할 수는 없을까?

기 타

[예시 답안]

· 후꾸시마에서 유출된 방사능 물이 전 태평양을 돌다가 우리나라에 피해를 준다.
· 일본산 수산제품을 수입하지 말아야 한다.
· 우리나라라고 후꾸시마 원전 사고와 비슷한 사고가 안일어난다는 보장은 없다.

논제 '원자력 발전은 유지되어야 하는가?' 에 대한 찬성, 반대 입장 쓰기 (본문 66-67쪽)

찬성입장

[예시 답안]

1. 원자력 발전은 이산화 탄소를 배출하지 않기 때문에 친환경 에너지이며, 안전한 에너지이므로 유지되어야 한다.

- 전세계적으로 온실가스에 의한 지구온난화가 점차 심해지고 있는데, 전기를 생산하는 과정에서 보통은 온실가스의 배출을 피할 수 없다. 하지만, 원자력은 온실가스의 주범이 되는 이산화 탄소를 거의 배출하지 않는 청정에너지이므로 지구온난화를 해결하면서 전기 공급도 가능하므로 일석이조의 에너지 발전이다.

2. 전기에너지 생산량이 많은 원자력 발전이 줄어들면 전력 발생 단가가 높아져 전기요금이 상승하게 된다. 즉, 신재생에너지가 원자력 발전의 대체재가 되기는 어렵다.

- 원자력 발전의 원료인 우라늄은 다른 전력원에 비해 가격이 저렴하고 얻을 수 있는 에너지의 양이 많다. (태양광과 LNG의 발전 단가가 원자력에 비해 매우 높다.) 그러므로 원전을 점차 폐쇄하게 되면 전기 요금의 상승은 불가피할 것이다. 요금 상승은 곧 경제적으로 열악한 상황에 있는 사람들이 더욱 고통받게 될 결과로 나타날 것이다.

반대입장

[예시 답안]

1. 원전 사고가 발생하면 엄청난 재앙을 초래한다.

- 지금까지 세계적으로 3번의 큰 원전 사고가 발생하였는데, 피해복구가 어려울뿐만 아니라 방사능에 의해 염색체 변형 등 유전적 결함이 발생하여 후손들에게까지 그 고통을 남기고 있다.

2. 방사성 폐기물을 저장하고, 처리할 방법이 부족하다.

- 방사능을 적게 배출하는 중 · 저준위 방사성폐기물을 관리하는 기간이 300년이며, 고준위 방사성폐기물은 10만 ~ 100만 년이다. 따라서 방사성폐기물은 생태계에 엄청난 악영향을 미친다. 지하수로 침입하는 경우를 회피할 수 없는데, 안전하게 격리할 수 있는 기술이 아직 확보되지 못한 상태이기 때문이다. 또한, 현재 원전 내 수조에 임시 보관중인 고준위 핵폐기물의 저장 공간이 곧 포화 상태에 이르기 때문에 더욱 큰 문제가 된다.

3. 우라늄의 매장량이 한정되어 있다.

- 원자력 발전에 핵연료로 사용되는 우라늄의 매장량이 무한정 공급될 수 없다. 즉, 우라늄의 매장량은 한정되어 있으므로 장기적으로 보았을 때 신재생에너지 발전이 후대를 위해 최선의 에너지 생산 방법이다.

발표 및 토론하기

(본문 69쪽)

발표하기

[예시 답안]

찬성입장

1. 전세계적으로 온실가스에 의한 지구온난화가 점차 심해지고 있는데, 전기를 생산하는 과정에서 보통은 온실가스의 배출을 피할 수 없습니다. 하지만, 원자력은 온실가스의 주범이 되는 이산화 탄소를 거의 배출하지 않는 청정에너지이므로 지구온난화를 해결하면서 전기 공급도 가능하므로 일석이조의 에너지 발전입니다. 그러므로 원자력 발전은 유지되어야 한다고 생각합니다.

2. 신재생에너지인 태양광과 LNG의 발전 단가가 원자력에 비해 매우 높습니다. 즉, 원자력 발전의 원료인 우라늄은 다른 전력원에 비해 가격이 저렴하고 얻을 수 있는 에너지의 양이 많습니다. 그러므로 원전을 점차 폐쇄하게 되면 전기 요금의 상승은 불가피할 것입니다. 요금 상승은 곧 경제적으로 열악한 상황에 있는 사람들이 더욱 고통받게 되는 결과로 나타나게 될 것입니다. 그러므로 신재생에너지가 원자력 발전의 대체재가 되기에는 갈 길이 멀다라고 생각합니다.

반대입장

1. 지금까지 세계적으로 3번의 큰 원전 사고가 발생하였는데, 원전 사고는 피해복구가 어려울뿐만 아니라 방사능 피폭에 의한 치사율이 높으며, 기형아 출산률을 높입니다. 그뿐만 아니라 방사능에 의해 염색체 변형 등 유전적 결합이 발생하여 후손들에게까지 그 고통을 남기고 있습니다. 따라서 후손까지 생각한다면 원전 사고에 의한 재앙을 미리 막아야 할 것이라 생각합니다.

2. 방사능을 적게 배출하는 중 · 저준위 방사성폐기물을 관리하는 기간이 300년이며, 고준위 방사성폐기물은 10만 ~ 100만 년입니다. 따라서 방사성폐기물은 생태계에 엄청난 악영향을 미치게 됩니다. 지하수에 침입하는 경우를 회피할 수 없는데요, 안전하게 격리할 수 있는 기술이 아직 확보되지 못한 상태이기 때문입니다. 또한, 현재 원전 내 수조에 임시 보관중인 고준위 핵폐기물의 저장 공간이 곧 포화 상태에 이르기 때문에 더욱 큰 문제가 아닐 수 없습니다. 그러므로 원자력 발전은 중지해야 마땅하다고 생각합니다.

3. 원자력 발전에 핵연료로 사용되는 우라늄의 매장량이 무한정 공급될 수 없습니다. 즉, 우라늄의 매장량은 한정되어 있으므로 장기적으로 보았을 때 신재생에너지 발전이 후대를 위해 최선의 에너지 생산 방법이라고 생각합니다.

질의·응답하기

(본문 70쪽)

[예시 답안]

찬성측이 반대측에 질의

Q1 : 오래전부터 신재생에너지 개발 및 발전을 위해 노력하고 있지만, 신재생에너지가 원자력 발전에 의한 에너지 생산을 아직까지 따라오지 못하고 있습니다. 따라서 신재생에너지의 발전이 더욱 확고해질 때까지는 원자력 발전이 필요합니다. 지금 당장 우리는 전기 에너지 없이 하루도 살기 어렵기 때문입니다. 이에 대해 어떻게 생각하십니까?

Q2 : 원자력발전 기술은 우리나라가 기술력 1위라고 해도 과언이 아닙니다. 이러한 기술력을 바탕으로 외국의 원자력발전소를 수주해서 외환을 벌어들이고도 있고요. 탈원전이 되는 경우 이러한 기술력이 사장되어 미래의 먹거리를 없애 버릴 수 있는 우려가 있습니다. 이에 대해 어떻게 생각하십니까?

반대측이 찬성측에 응답

A1 : 전기가 없으면 불편하겠지만, 원자력 발전을 지속할 경우 발생하게 될 재앙을 생각한다면 또한, 미래의 후손들의 안전까지 생각한다면 원자력 발전을 점차 감소시키는 것이 맞다고 생각합니다. 지금 당장의 편리함을 위해 이기적으로 행동해서는 안된다고 생각합니다.

A2 : 탈원전 정책을 추구하지만 정부는 2070년까지는 유지한다는 방침입니다. 이것은 앞으로 50년 이후의 상황입니다. 그때까지 꾸준히 기술력을 높여나갈 수 있고, 얼마든지 수출할 수도 있습니다. 문제는 그때 이후의 상황인데 예측하기 어렵지 않겠습니까? 원전 수출에 대한 다른 대안이 나올 수도 있는 것이고, 전 세계가 탈원전을 목표로 하는 상황이 오지 않으리라는 보장도 없습니다. 그때는 쓸모없는 기술이 될 수도 있겠지요. 기술을 더 발전시켜 나가야 한다고는 생각합니다. 또다른 미래 기술이 포함되어 있을지도 모르니까요.

반대측이 찬성측에 질의

Q1 : 원자력 발전이 이산화 탄소를 배출하지 않는다고 청정에너지라고 할 순 없습니다. 이산화 탄소 하나만 본다면 모를까 방사능이 얼마나 무서운 파급효과를 일으키는지 쉽게 알 수 있지 않습니까? 이에 대해 어떻게 생각하십니까?

Q2 : 독일의 경우를 보면 2002년에 에너지 전환법이 통과되어 이번 여름에는 태양광발전만으로 우리나라 원전보다 더 많은 전기를 공급했다고 하지 않습니까? 즉, 원자력발전을 충분히 대체할 수 있는 것으로 보이는데 이것에 대해서는 어떻게 생각하십니까?

찬성측이 반대측에 응답

A1 : 방사능은 위험합니다. 하지만, 우리는 모든 것을 완벽하게 할 순 없습니다. 하나의 이익을 위해서는 포기해야 하는 것이 있기 마련입니다. 원자력발전으로 인한 우리 생활의 편리함은 상상하기 어려울 만큼 우리 일상생활에서 큰 비중을 차지하고 있습니다. 원자력 발전을 통해 지구 온난화도 막고 고효율 에너지를 얻을 수 있다면 노력하면서 피해를 최소화하면서 지켜야 하지 않을까 싶습니다.

A2 : 일단 독일의 경우와 우리나라의 경우는 다르다는 말씀부터 드립니다. 독일은 우리나라보다 국토 면적이 훨씬 넓습니다. 재생에너지에 필요한 땅이 있다는 것이죠. 재생에너지도 각종 소음과 환경오염을 초래합니다. 우리나라처럼 좁은 국토에 각종 재생에너지 장치를 설치한다면 소음과 환경오염에 몸살을 앓는 지역도 상당할 것입니다. 우리나라만의 에너지 대처법이 필요한 것인데, 섣불리 탈원전하면 각종 부작용에 대한 책임은 누가 질 것인지요?

주제3 동물실험

논제 뽑아보기 1

(본문 74-75쪽)

· 실험 동물(또는 식용 동물)과 반려 동물은 정해져 있을까?

· 인간의 이익을 위해서 동물의 생명을 빼앗을 수 있는가?

· 동물실험은 인간을 위해 꼭 필요할까?

Q1

1. 동물실험은 사회적인 상황에서 어쩔 수 없이 꼭 필요한 것인지 않은지에 대한 찬반 토론을 할 수 있다.
2. 동물실험의 대안에 대한 과학적 근거를 들어 대안이 있다, 없다는 것에 대한 찬반 토론을 할 수 있다.
3. 동물실험은 윤리적으로 정당한지 정당하지 않은지에 대한 찬반 토론을 할 수 있다.
4. 토론 논제에는 선입견이나 편견이 개입되어 있으면 안된다. 어느 한쪽에 무게를 실어주는 표현들이 포함되어 있으면 공정한 토론이 진행될 수 없다. 찬성과 반대 측이 첨예하게 대립할 수 있는 주제여야 하며, 논제에서 특정 입장을 대변해서는 안된다. 따라서 '잔인한 동물 실험은 금지해야 한다.' 라는 명제와 '동물 실험을 금지해야 한다'라는 명제는 분명히 다르다. 마찬가지로 '동물도 생명이 있기 때문에 동물실험을 금지해야 한다' 거나 '동물 사랑을 실천하기 위해 동물실험을 금지해야 한다'라는 명제도 토론 논제로 적합하지 않다.
5. 동물실험을 통해 얻은 결과를 그대로 인간에게 적용할 수 있는지 없는지에 대한 찬반 토론을 할 수 있다.

Q2

(예시답안)

논제 : 초·중·고등학교에서 살아있는 동물실험은 과연 꼭 필요한가?

이유 : 학교에서 과학 수업 시간에 진행한 개구리 해부 실험을 할 때 생명을 경시하는 아이들 태도에 충격을 받은 적이 있다. 아직 생명 윤리 의식이 자리 잡지 않은 학생들에게 동물실험을 먼저 진행하는 것이 과연 도움이 될까? 라는 생각에 이러한 논제를 정해 보았다.

논제 : 동물실험은 윤리적으로 정당한가?

이유: 동물실험은 살아있는 생명체를 대상으로 인간의 필요에 의해 각종 약물을 주입하거나, 독극물에 대해서 어떻게 각 종장기가 반응하고 행동이 어떻게 나타나는가를 실험하거나 오랫동안 자극을 줄 경우 동물의 몸속 구조에 어떤 변화가 일어나는지를 연구하는 것이므로 동물을 학대하는 것이다. 그러므로 매우 비윤리적이라고 할 수 있다.

그러나 한편으로는 인간이 겪어야 할 여러 약물이나 제품 때문에 나타나는 부작용을 사람이 아닌 동물로 대체하는 것이므로 인간의 입장에서는 최선의 예방책, 대비책이 될 수 있을 것이다. 오랫동안 인간이 겪어온 만성 질환을 치료하는 데 동물을 이용하는 것이고, 약을 투여했을 때 인간에게 나타날 여러 부작용을 동물을 이용하여 최소화하는 것이며, 각종 제품을 사용했을 때 나타나는 여러 부작용을 동물실험을 통해 예방할 수 있으니 사람에게는 매우 적절한 방법이 될 수 있다. 동물실험을 하지 않으면 수 많은 사람이 제품이나 약품에 의해서 희생되는 일이 발생할 것이다. 우리는 동물이냐 사람이냐를 고민해야 한다.

주제 깊이 알기

(본문 80쪽)

01 실험동물

02 ③

해설 설치류가 전 세계적으로 가장 많이 사용되는 이유는 다음과 같다.
① 임신 기간이 약 보름 정도로 매우 짧고 새끼를 많이 낳아 실험에 용이하기 때문이다.
② 수명도 1 ~ 3년으로 아주 짧은 편에 속한다.
③ 사람과의 유전적인 유사성이 약 80% 이상으로 높은 편에 속하고, 인간과 흡사한 몸의 구조를 지니고 있다.
④ 작은 크기는 관리가 쉽고, 그에 따라 사용되는 약물의 양도 적어 비용면에서도 합리적이다.

03 ①, ③, ⑤

해설 ① 감소(Reduce) : 의학적 통계 결과를 얻을 수 있는 최소한의 동물을 사용하라는 원칙이다. 실험에 사용되는 동물의 수를 통계적으로 유의성을 가지는 최소한으로 감소시키고, 유용한 목적에 활용하고, 같은 양의 데이터를 얻는데 사용하는 동물의 수를 감소시키라는 것이다.
③ 대체(Replacement) : 살아있는 동물 개체의 사용을 줄이는 실험법으로 동물실험을 될 수 있으면 피하고 동물실험이 아닌 다른 연구 수단으로 대체하여 동물실험 수행 자체를 적극적으로 줄이도록 하라는 원칙이다. 동물이 아닌 세포 실험 등으로 동물실험을 대체하고, 중추신경계가 없는 하등 동물이나 세포 또는 조직 배양, 컴퓨터 시뮬레이션 등 수학적 모델로 동물실험을 대체하라는 것이다.
⑤ 완화·정제(Refinement) : 동물실험과 수행 과정이 계획되어야 하며 숙련된 연구자가 수행하여 실패율을 줄이고 꼭 필요한 동물만 사용하여 불필요하게 노출되는 고통을 줄이자는 원칙이다. 동물에게 줄 수 있는 불필요한 통증과 고통을 최소화하는 것에 초점을 둔다. 불필요한 실험이 반복되지 않도록 실험 절차와 과정이 명료하고 정교해야 한다. 적절한 마취와 진통제 및 진정제 등을 사용함으로써 동물의 고통, 스트레스 등을 최소화하고 동물이 느끼는 고통의 완화를 위해 노력하는 것이다.

04 ①, ②, ⑤

해설 샴푸, 면도 크림, 자외선 차단제 처럼 사람의 몸에 직접 사용하거나 음용하는 제품은 거의 동물실험을 거친다. 미국 식품의약국안전처는 기업의 의사와 관계없이 모든 의료 기기에 대한 동물실험을 요구하고 있다. 의료기기로 취급되고 있는 콘택트렌즈도 출시 전 동물실험이 행해진다. 의무적으로 대부분의 제품에 동물실험을 하고 있지만, "클리어 콘센스(Clear Conscience)"라는 동물실험을 하지 않는 콘택트렌즈도 판매되고 있다. 천연 소재로 만들어진 화장지의 경우 동물실험이 이루어지지 않고 있지만, 표백과 향기가 나는 화장지는 동물실험이 이루어지고 있다. 포스트잇이나 테이프와 같이 접착제를 사용하는 제품의 경우 접착제의 안정성을 확인하기 위한 동물실험이 이루어지고 있다.

05

해설 ① 사람 피부나 몸에 직접 사용하는 제품의 부작용이 나타날 수 있다.
② 제품의 검사 장치로 감지되지 않는 각종 독성에 몸의 각 기관이 영향을 받아 각종 질병이 발생할 수 있다.
③ 화학제품 등은 몸의 각 분비물과 화학 반응을 하여 원치않는 물질이 생성되어 각종 질환의 원인이 될 수 있다.
대책 : 사람이 만드는 각종 제품은 직간접적으로 몸과 접촉하므로 그 부작용을 최소화하기 위해서 동물실험을 하는 것이다. 그렇지만 동물을 직접 사용하는 방법은 많은 부작용이 따르므로, 오가노이드나 장기칩을 이용하고 인공지능을 이용한 가상현실을 이용하여 실험하는 방법이 좋은 대안이 될 수 있을 것이다.

토론 개요서 작성하기

(본문 81쪽)

마인드맵을 통해 '동물실험'에 대한 자신의 생각 쓰기

사회적

예시

· 의학의 발달
· 동물실험에 대한 관한 법률 필요
· 동물이 사람대신 희생될 수도 있지 않을까?
· 동물 학대는 큰 사회 문제이다.
· 오가노이드를 이용하면 좋겠다.
· 동물에 대한 근본적인 생각을 바꾸는 것이 좋겠다.

개인적

예시

· 부작용, 독성이 적은 제품을 사용할 수 있다.
· 인공지능 시대에 걸맞게 다른 대안이 나올 수 있겠지?
· 동물들이 인간을 대신해 고통을 짊어지고 가고 있구나.
· 동물실험 금지는 너무 동물들 입장에서 생각하는 것 아닌가? 다 사람을 위한 것인데..
· 동물들의 고기는 중요한 인간의 식량 아닌가?

윤리적

예시

· 동물의 생존 권리 존중(생명 윤리에 어긋남)
· 인간이 고문받으면 안되듯이 동물도 고문받지 않을 권리가 있다.
· 우리는 동물의 몸을 식량으로 하고 있다. 그 자체가 비윤리적이다.
· 동물을 윤리적으로 취급하는 것이 먼저냐, 인간의 권리가 먼저냐?
· 쥐는 인간에게 전염병을 옮기는 등 박멸의 대상이다. 쥐는 오히려 실험동물로 쓰는 것이 더 나은 일 아닌가?

경제적

예시

· 인간을 대상으로 하는 실험은 비용이 많이 든다.
· 아무리 비용을 많이 써도 인간을 대상으로 할 수 없는 실험이 있다.
· 오가노이드, 장기칩 등을 도입하려면 아직 많은 돈과 시간을 써야 한다.

기 타

예시

· 동물실험에 대한 대안이 존재한다.
· 인간과 동물은 생물학적 차이가 존재한다.
· 인공지능을 이용한 동물실험 대체 방법이 기대된다.
· 그동안 인간을 위해 희생된 많은 동물들이 불쌍하다.
· 그렇지만 동물실험은 어쩔 수 없는 일이 아니었나? 많은 사람들의 행복해 질 수 있는 권리를 위해서..

논제 '동물실험은 계속 되어야 하는가?' 에 대한 찬성, 반대 입장 쓰기

(본문 82쪽)

찬성입장

예시

1. 동물실험은 실효성이 있다.

- 동물실험을 통해 소아마비, 결핵, 풍진, 홍역 등 치명적 질병들에 대한 예방 백신이 개발될 수 있었다.
또한 인간을 대신한 동물 덕분에 미지의 영역을 개척할 수 있었다. 1957년 11월 3일 역사상 최초로 인간을 대신해 스푸트니크 2호를 타고 유기견 '라이카'가 우주로 나갔다. 우주로 나가는 동안 라이카의 맥박, 호흡 등 생체 정보가 기록되어 지구로 전송되었고, 이로써 유인 우주선에서의 생명 활동의 변화 등 인간의 우주 여행에 필요한 정보들을 얻을 수 있었다. 이 외에도 높은 수압 때문에 인간이 직접 들어가기 힘든 심해 탐사에서도 처음에는 동물들을 대상으로 실험을 한다.

2. 동물실험으로 치명적인 부작용을 잡아낸다.
- 1937년, 미국에서 '설파닐아미드 사건' 이 일어났다. 미국에서 만든 설파닐아미드라는 항생제는 사람들에게 꽤 큰 효과가 있을 것으로 예상돼 동물 실험을 거치지 않고 바로 사용되었는데, 복용한 사람들 중 107명이 부작용으로 사망했다. 만약 사람들이 복용하기 전에 동물실험을 제대로 거쳤다면 부작용을 줄일 수 있었을 것이다.
최근 발생한 가습기 살균제 사고는 독성 실험을 거치지 않아, 원인 미상의 폐 질환으로 우리나라에서만 28명이 사망했다. 사건 발생 후 독성 실험을 한 결과, 해당 가습기 살균제에는 유독물질이 포함되어 있었던 것으로 판명되었다. 이 역시 동물실험을 제대로 했다면 막을 수 있는 희생이었다.

3. 인간을 대상으로 실험하는 것은 한계가 있다.
- 인간의 경우 한 세대가 70~80년 정도로, 몇 세대에 걸쳐 오랜 시간을 관찰해야 유전학적인 특성을 밝힐 수 있다. 따라서 직접 인간을 대상으로 하는 실험은 한계가 있다. 모건(1866~1945, 유전학자) 은 이를 극복하기 위해 생애 주기가 짧은 초파리를 이용해 성염색체에 존재하는 유전인자로 인해 발현하는 색맹이나 혈우병 등 반성유전에 관해서 알아냈다.
또한 사람을 상대로 직접 독성 실험을 하는 것은 불가능하다. 그래서 동물 실험을 통해 독성의 정도를 조사할 수 밖에 없다.
'반수치량 검사' : 한 무리의 실험동물 중 50% 가 사망하는 독성물질의 양을 '반수치량' 이라 한다. 이를 통해 인간에게도 위험할 수 있는 독성 물질의 양을 파악해, 매우 위험할 수 있는 물질은 '유독물'이나 '특정 유독물'로 지정해 사용을 제한한다.

4. 현실적으로 동물실험을 대체하기 어렵다.
- 줄기세포, 동물 세포를 이용한 대안도 동물 실험을 기반으로 하는 것이며 어떤 대안도 동물 실험 자체를 대체하기는 어렵다. 또한 원숭이나 돼지의 장기 또는 세포를 사람에게 이식하는 이종장기 이식이 성공해 환자들에게 희망을 주는 등 동물실험의 순기능도 적지 않아 향후 국민적인 공감대를 얻어내야 할 것으로 보인다.

(본문 83쪽)

반대입장

예시

1. 동물실험은 윤리적으로 옳지 않다.
- 동물도 인간과 동등한 생명이며, 고통을 느낄 수 있는 존재이다. 인간의 의료 증진을 목적으로 한 동물실험뿐만 아니라 미용이나 성형을 위한 제품 개발에도 무분별하게 동물실험이 행해지고 있는 것은 문제이다.

2. 동물 실험은 실효성이 없다.
- 실제 인간과 동물 사이에 생물학적 차이가 존재한다. 또한 동물실험을 거쳤음에도 부작용이 생긴 약품의 사례가 있다. 탈리도마이드, 클리오퀴놀, 오프렌, 에랄딘 약품에 의한 사고가 그 예이다.
- 인간과 동물이 공유하는 질병은 인간이 가진 전체 질병의 1.16% 이다. 동물들은 파킨슨병, 심장 질환, 알츠하이머, HIV, 조현병 등 인간이 걸리는 많은 질병에 걸리지 않는다. 또한 동물실험으로 검증되어도 거부반응이나 부작용이 발생할 수 있다. 동물실험이 많은 미국의 경우, 신약 부작용으로 죽는 사람이 1년에 10만 명 이상 된다고 한다.

3. 동물실험의 대안이 존재한다.
- 컴퓨터 모델링, 동물 세포, 인공 피부 등을 통해 동물실험을 대체할 수 있으며, 이미 동물실험 없이 매출을 내는 'Lush', '더 바디샵' 등의 화장품 기업도 있다.
- 인공지능을 이용한 오가노이드, 장기칩 사용을 활성화 해야 한다. 아직 일반적인 사용을 하기까지는 시간과 노력이 필요하다.

(본문 85쪽)

발표 및 토론하기

발표하기 예시

찬성 입장

1. 불가피한 최소한의 동물실험을 진행시키는 것조차 허용하지 않는다면 과학적, 의학적 발전을 기대하기 어려울 것이고, 다가오는 질병의 위협에 대처하지 못할 것입니다. 동물실험의 정확성을 전적으로 보장할 수 없고 많은 동물의 희생도 따르겠지만 지금까지 인류발전에 기여한 것을 고려해볼 때, 동물실험을 무작정 반대하는 것은 지금까지의 의료 및 과학발전을 무시하는 것이고, 미래의 상황에 대한 무책임한 행위입니다. 효율적이고 유용한 동물실험, 최소한으로 엄격하게 하는 것에는 찬성합니다만, 인류의 발전을 위해 희생당하는 동물들에게 항상 감사하는 마음을 가져야 합니다.

반대 입장

1. 인간의 이익을 위해서 동물의 생명을 빼앗을 권리는 없다고 생각합니다. 몇몇의 사람들은 아직까지도 동물시험이 생명과학발전을 위한 최상의 방법이라고 생각합니다. 하지만 그것은 과학기술이 발달되지 않을 때의 상황에 지나지 않습니다. 많은 과학자들은 동물실험을 대체할 방법을 모색하고 있고, 동물실험을 금지하는 방향으로 나아가고 있습니다. 또한 동물실험을 진행하였다 해서 그 약품에 대한 안정성을 100% 신뢰할 수 없고, 이렇게 만들어진 약물이 모두 인류의 발전에 큰 영향을 주었다고 할 수 없습니다. 따라서 동물실험을 진행하는 것은 생명 윤리에 관점에서 보았을 때에도, 인간의 안정성에 관점에서 보았을 때에도 부적절하다고 생각합니다.

질의·응답하기 예시

(본문 86쪽)

찬성측이 반대측에 질의

Q : 많은 나라에서 동물실험을 통한 연구가 진행되고 있고, 그에 대한 결과로 인류의 복지가 증진되었습니다. 동물실험 결과가 전 인류적 차원에서 이익을 주고 있습니다. 이에 대해 어떻게 생각하십니까?

반대측이 찬성측에 응답

A : 동물실험을 통해 얻게 된 성과는 가치있는 것이라고 생각합니다. 하지만 현재 과학기술이 발달한 만큼 이를 대체할 또다른 방법을 찾기 위한 노력을 기울여야 합니다. 생명의 가볍고 무거움은 없기 때문에 생명의 존엄성을 지키기 위한 선택을 해야 한다고 생각합니다.

반대측이 찬성측에 질의

Q : 동물 실험은 단지 개발 비용을 줄이기 위한 수단에 지나지 않습니다. 개발 비용 때문에 동물실험을 계속하면 동물의 생명을 경시하는 경향이 생길 수 있다고 생각하지 않으십니까?

찬성측이 반대측에 응답

A : 사람들은 실험동물 희생을 가치있게 여기고 있으며, 동물실험에 대한 관련 법령도 제정하고 있기 때문에 동물실험이 동물의 생명을 경시하는 현상을 야기한다고 볼 수는 없는 것 같습니다. 동물실험이 인류 과학 발전에 기여하고 있는 점을 잊으면 안될 것 같습니다.

PART III

과학 탐구 산출물 대회 해설 및 예시 답안

02 대회 준비하기

주제1 빛공해

Q1

p.105

예시 1. 종합운동장과 가까운 곳에 위치한 아파트에 살다보니 프로야구 시즌만 되면 야구장에서 사용하는 강한 조명과 시끄러운 소리에 스트레스를 많이 받고 있다.
2. 내 방에 들어오는 상가의 전광판 불빛때문에 밤에 잠을 잘 때마다 암막 커튼을 쳐야 아늑하게 잠이 들 수 있다.
3. 집 앞에서 밤새 영업 중인 편의점 불빛으로 잠을 깊이 자기 힘들다.
4. 밤낮없이 빛에 노출된 매미가 밤에도 시끄럽게 울어서 밤에 잠을 자기가 힘들었다.
5. 인공 조명으로 몰려드는 벌레때문에 집앞이 더러워졌다.

Q2

p.106

TIP 빛공해를 피하기 위한 수단으로 활용되는 '수면 안대' 를 발전시킨 창작물을 고안하는 것도 좋은 탐구 주제가 될 수 있다.

예시
· 비행기에서 수면 안대를 착용해보았지만 잠이 더 잘 오거나 하지는 않았다.
· 잠이 잘 오게 해준다는 향기나는 온열 수면 안대를 착용해 본 적이 있다. 잠이 잘 오는 것까지는 잘 모르겠지만 눈이 편안한 것은 느낄 수 있었다.

주제 깊이 알기

p.108

Q1

정답 (1) ③ (2) ④ (3) ① (4) ②

해설 (1) 군집된 빛 - 한 장소에 과도하게 조명이 사용되어 혼란스러움을 유발하는 현상으로 도로변의 다양한 조명 등은 운전자로 하여금 혼란을 야기하여 사고를 유발할 수 있다.
(2) 산란광 - 자연 상태의 밤하늘은 육안으로 수천 개의 별과 은하수가 분명하게 보이지만, 산란광이 심한 지역에서는 은하수가 전혀 보이지 않는 것은 물론, 육안으로 볼 수 있는 별들이 매우 한정적이다.
(3) 침입광(장해광) - 침입광은 강한 불빛이 외부에서 생활 공간의 창문을 통하여 들어갈 때 문제가 되며 불면증, 내분기계 장애 등을 유발한다.
(4) 눈부심 - 옆으로 새는 빛은 눈부심을 유발하며 특히 운전자에게는 일시적인 시각장애를 유발하여 사고로 연결될 수 있다.

Q2

정답 ④

해설 빛공해를 줄이기 위해서는 필요한 곳에만 빛을 비추는 것이 적합하다. 따라서 가로등의 아래로 집중된 조명이 가장 적절한 형태이다.

Q3

예시 우리의 생체리듬에 관여하는 호르몬인 멜라토닌은 밤과 같이 어두운 환경에서 만들어지고 빛에 노출되면 합성이 중단된다. 침실이 인공조명에서 나오는 빛에 노출되면 멜라토닌 분비가 억제되고 수면장애가 나타나게 된다. 잠을 제대로 자지 못하게 되면 다음 날 낮 동안의 활동에도 지장을 주고 비만과 소화장애, 심혈관질환 등을 일으켜 건강에 해롭다.

해설 멜라토닌은 송과체에서 분비되는 신경호르몬으로 생리기능 변화에 중요한 역할을 한다. 인간의 눈에 도달하는 빛에 영향을 받는 멜라토닌의 분비량은 낮에는 저조하고, 밤에는 높은 일주기 양상을 나타낸다. 따라서 멜라토닌은 수면리듬과 깊은 관계가 있다.

Q4

예시 인공조명에서 나오는 청색광은 각성 작용을 일으켜 수면을 방해하고, 수면의 질을 떨어뜨려서 생체 리듬을 깨뜨리게 되므로 건강을 해치게 된다.

해설 청색광은 우리가 눈으로 볼 수 있는 빛인 가시광선의 하나로, 380 ~ 500nm 사이의 낮은 파장이다. 가시광선 중 가장 파장이 짧고 강한 이 광선은 컴퓨터 모니터나 TV, 스마트폰 등의 액정에서 지나치게 많이 방출된다.

최근 미국의 한 대학에서 청색광에 눈이 장시간 노출되면 시력 감퇴를 겪을 수 있다는 연구 결과가 나왔다. 청색광 때문에 망막 세포를 파괴하는 독성 물질이 생겨 고령층 실명의 주요 원인 중 하나인 황반변성에 걸릴 수 있다는 것이다.

그러나 이 연구 결과에 의문점을 제기하는 사람들도 적지 않다. 사람의 눈에는 스스로를 보호하는 능력이 있는 만큼 청색광에 의해 영향을 받더라도 스스로 회복하는 능력이 있으므로 실명을 유발하지 않는다는 주장도 있다. 따라서 '청색광이 실명을 유발한다'는 주장은 아직까지는 확실하지 않다.

하지만 청색광이 눈 건강에 좋지 않다는 점은 사실이다. 청색광에 지나치게 노출되면 눈의 피로가 심해지고, 눈이 피로해지면 안구 건조증이 심해져서 눈의 통증과 두통도 발생할 수 있다. 또한 청색광에 오랫동안 노출되면 수면 사이클을 조절하는 호르몬인 멜라토닌 분비가 감소해 생체리듬이 흐트러지고 수면의 질을 떨어뜨려 숙면을 방해한다. 이 때문에 청색광에 오래 노출되면 수면 부족에 시달리게 되고, 수면 부족은 비만, 고혈압, 심장병, 당뇨병, 면역력 저하 등을 일으킬 수 있다.

탐구 주제 찾기

p.110

Q1 예시 · 빛을 선택적으로(원하는 곳에) 비출 수 있는 기기를 만들 수 있을까?
· 빛이 해롭기만 할까?
· 빛 공해를 최소화할 수 있는 방안은 없을까?
· 빛을 더 효율적으로 사용할 수 있는 방법은 없을까?
· 청색 빛을 뺀 인공조명을 만들 수 있을까?
· 빛 공해는 식물 생장에 어떤 악영향을 끼칠까?
· 청색 빛에 얼마 이상 노출되어야 수면에 지장을 줄까? 등

Q2 예시 · 유리창에 코팅을 하여 외부의 빛이 실내에 비추는 것을 최소화시킨다.
· 움직이는 물체가 있을 때만 빛이 비추는 가로등을 개발하면 쓸데없는 에너지 낭비도 줄이고, 가로등 빛으로 인한 피해를 줄인다.
· 청색 빛을 선택적으로 차단할 수 있는 화면 보호 필름을 개발한다.
· 주거 지역과 가까운 곳에 있는 간판의 빛을 제한하는 법을 만든다.
· 간판에 사용되는 빛이 특정 각도 이상으로 퍼지지 않도록 하는 전구를 개발한다.
· 국립 공원에 있는 조명은 특정 시간 이후에는 모두 소등한다.
· 필요한 곳에만 효율적으로 빛을 비추는 조명을 개발한다.
· 건축물이나 조형물 등에 비추는 야간 장식 조명의 경우 빛이 새어나가지 않도록 조절한다.
· 빛이 과도하게 새어나가는 곳에 차광막이나 차광판을 설치한다.
· 동식물이 살고 있는 서식지에 동식물에 피해를 주지 않는 색의 빛만을 방출하는 가로등을 개발한다. 등

Q3 예시 · 실내 조명 중에서는 사람이 움직일 때 빛이 켜지는 조명이 있다. 이 조명에 사용된 동작 감지 센서를 이용하면 (이와 비슷한 원리를 이용하면) 움직이는 물체가 있을 때만 불이 켜지는 가로등을 개발할 수 있을 것이다.
· 태양 빛이 비출 때는 빛을 통과시키고, 인공 조명 빛이 비출 때는 빛을 차단하는 코팅제를 조사해 본다.
· 청색빛만을 차단할 수 있는 투명한 물질을 조사해 본다.

Q4 예시 1. 우리 주변에서 빛 공해에 노출되어 있는 곳을 조사한다.
2. 실내 조명 중 동작 감지 센서가 사용된 조명의 원리를 탐구한다.
3. 동작 감지 센서를 이용한 시스템을 구상하고 설계해 본다.
5. 구상한 시스템을 이용하여 간단한 모형을 만들고 이를 작동시켜 본다.

Q5 예시 〈전기 절약 시스템〉
움직이는 물체가 있을 때만 불이 켜지는 시스템을 고안한다.
〈빛 차단 유리창〉
얇은 막을 유리에 코팅하여 외부에서 들어오는 빛을 차단하는 특수 유리를 고안한다.
〈청색 빛을 주로 차단하는 필름〉
청색 빛을 차단하는 화면 보호 필름을 고안한다.

Q6 예시 빛 공해를 줄이는 전기 절약 시스템 고안 / 빛 차단 유리창 고안 / 청색 빛을 차단하는 화면 보호 필름의 고안

빛공해를 주제로 한 실제 제출된 또래 친구의 탐구 보고서

p.112

탐구주제

광공해 방지, 전력 절약 시스템 개발

탐구동기

2015년은 UN에서 선포한 '세계 빛의 해 (International Year of Light and Light-based Technologies)'이다. 유네스코(UNESCO)의 결의와 추천으로 지난 2013년 UN총회 의결을 거쳐 선포된 것이다. 2012년 11월 유네스코 집행이사회의의 동의하에 여러 나라의 과학자들이 2013년 5월의 UN총회에 초대되어 빛의 해 지정에 대해 발표하였다. 그 후 2013년 12월에 열린 UN총회에서 결의안이 만장일치로 채택되었고 2015년을 세계 빛의 해로 선포되기에 이르렀다. '세계 빛의 해' 선포는 광학과 그 응용기술들의 중요성을 일깨우고자 하는 의도라고 한다. 2015년은 공교롭게도 이슬람 세계의 과학자 이븐 알 하이삼이 'Book of Optics'이란 제목의 책을 발간한지 1000년이 되는 해이며 프랑스 물리학자 오귀스탱 장 프레넬(Fresnel)이 '빛의 파동성'을 증명(1815년)한 지 200년이 되는 해이기도하고 영국의 물리학자 제임스 클러크 맥스웰(Maxwell)이 전기장과 자기장이 한 쌍이 돼 공중으로 전달되고 빛도 전자기파의 일종일 것이라고 예측한지 150년이 되는 해이기도 하고 마지막으로 알베르트 아인슈타인(Einstein)이 일반상대성 이론 논문을 발표한지 100년이 되는 해이다. 이렇게 몇 백 년 전부터 인류는 빛이 무엇인지에 대한 연구와 그 빛을 활용할 수 있는 방안에 대하여 끊임없이 연구해 왔다. 하지만 이렇게 우리 인류의 역사와 오랫동안 함께 한 빛도 긍정적인 측면만 있는 것은 아니다. 위에 언론자료들을 보면 최근 인류가 개발한 '과다한 인공 빛'의 영향으로 여러 가지 심각한 문제점들이 발생하고 있다. 인간에게 수면장애를 유발한다던지, 동물들에게 이동주기 혼란을 준다던지, 식물들에게는 생장장애를 유발한다던지 등 동식물뿐만 아니라 인간에게도 여러 가지 안좋은 영향을 미치고 있는데 이를 총칭하여 '광공해'라고 한다. 또한 '과다한 인공 빛'은 인류에게 엄청난 전력낭비도 안겨주고 있다. 우리는과학탐구토론대회를 준비하면서 우리 인류의 문명을 발전시킨 빛의 현대사회에서의 활용 사례에 대하여 탐구하고, 더 나아가 과다한 인공빛에 의한 광공해와 전력손실을 방지할 수 있는 시스템을 연구해 보았다.

탐구계획

기간	탐구 내용
20OO. X. XX. ~ 20OO. X. XX.	프로젝트를 위한 회의 및 전체적인 계획 수립
20OO. X. XX. ~ 20OO. X. XX.	실제 인공 빛 측정을 위한 견학, 인공 빛에 영향을 받은 식물들 채집을 위한 견학
20OO. X. XX.	문제점 인식과 아이디어 정립을 위한 회의1
20OO. X. XX.	문제점 인식과 아이디어 정립을 위한 회의2
20OO. X. XX. ~ 20OO. X. XX.	아이디어를 현실화시키기 위하여 청계천 방문 및 관련재료 구입/ 아이디어에 관한 구체적인 부분 학습
20OO. X. XX. ~ 20OO. X. XX.	시스템 설계 및 조립
20OO. X. XX. ~ 20OO. X. XX.	보고서 작성 및 수정

탐구하고자 하는 내용

1. 우리가 주변에 어떠한 인공 빛들에 얼마나 노출되어있는지를 조사하고, 그러한 인공 빛들을 조성하는 환경에는 어떠한 것들이 있는지 관찰해 본다. 그리고 행정구역에서 지정한 인공 빛의 허용 범위와 비교해 본다.
2. 광공해는 앞에 이론적 배경에서 언급한 것처럼 동물뿐만이 아니라 식물에게도 많은 부정적인 영향을 미친다. 우리는 주변에서 인공 빛이 과다한 지역을 찾아 그곳에서 발생하고 있는 식물의 광공해 피해 현장을 조사하고자 한다.
4. 우리는 앞에서 탐구한 아이디어와 회로에 관한 이해를 더 심화하여 전체 회로를 조립해보는 것을 탐구해 보고 이것이 과연 과학적, 기술적으로 실현 가능한 아이디어인지 간단한 모델을 통하여 제시해보기로 하였다.
5. 앞에서 탐구한 아이디어와 회로에 관한 이해를 더 심화하여 전체 회로를 조립해 보는 것을 탐구해 보고 이것이 과연 과학적, 기술적으로 실현 가능한 아이디어인지 간단한 모델을 통하여 제시해 보기로 하였다.

준비물

발광다이오드

포토트랜지스터

C1740 트랜지스터

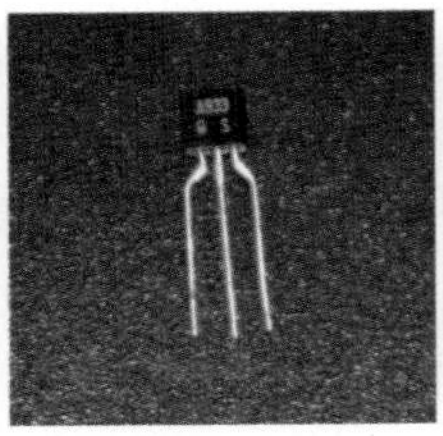
A933 트랜지스터

비교기

가변저항

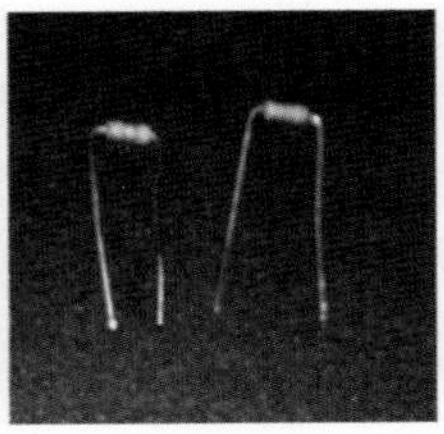
일반저항

브래드포드판

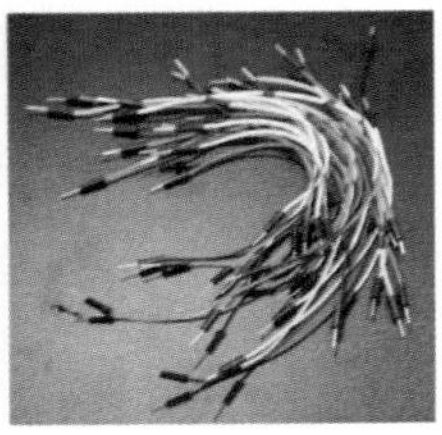
전선

실험 과정

1. 주변의 인공 빛 관찰 및 광공해 실태 조사를 위한 견학

광고 등 주변 조도 측정

주거지역 주변 조도 측정

상가 주변의 조도 측정

사무실 주변의 조도 측정	지하철 역 주변의 조도 측정	편의점 주변의 조도 측정

2. 광공해에 영향을 받고 있는 식물 채집 및 관찰

주변의 식물들을 관찰한다.	인공 빛에 과다 노출 된 식물 관찰 및 채집	인공 빛에 적게 노출 된 식물 관찰 및 채집

3. 빛을 이용한 광광해 방지 및 전력 절약 시스템 개발을 위한 구상 및 설계

1) 첫 번째 구상 및 설계회의

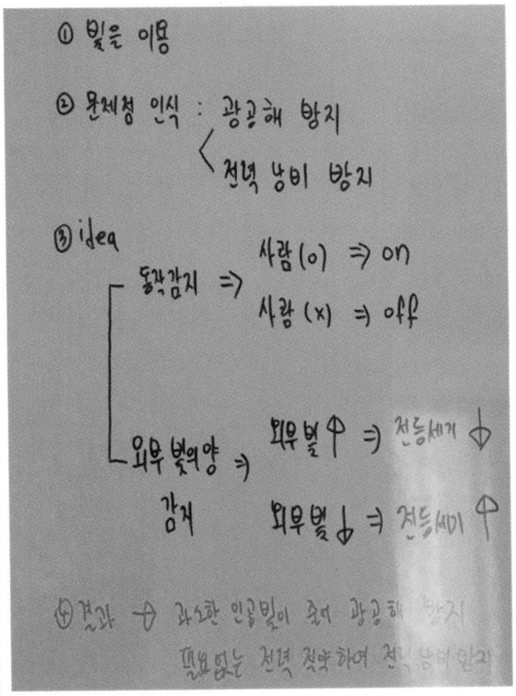

우리는 첫 번째 회의에서 우선 빛을 이용한 시스템을 연구하기로 먼저 계획을 세웠다. 그리고 우리가 지금까지 탐구한 자료들을 바탕으로 '광공해' 와 '전력낭비' 라는 문제점에 대하여 인식하였다. 그리고 어떻게 하면 문제점을 해결할 수 있을까를 고민 하던 중에 건물 내부의 사람의 동작을 감지하여 동작이 없으면 사람이 없다는 것이니까 이것을 인식하여 전등이나 에어컨 등의 전원을 자동으로 ON/OFF할 수 있게 하자는 아이디어가 나왔다. 그리고 낮에는 자연 광이 많다는 점에 착안하여 이러한 외부 자연광을 인식하여 전등의 밝기를 조절할 수 잇을 것이라는 아이디어도 나오게 되었고, 위 아이디어 들을 좀 더 생각해본 결과 우리가 인식한 문제점을 해결할 수 있다는 생각이 들어서 계속 연구해보기로 하였다.

2) 두 번째 구상 및 설계 회의 (아이디어 구체화 방안)

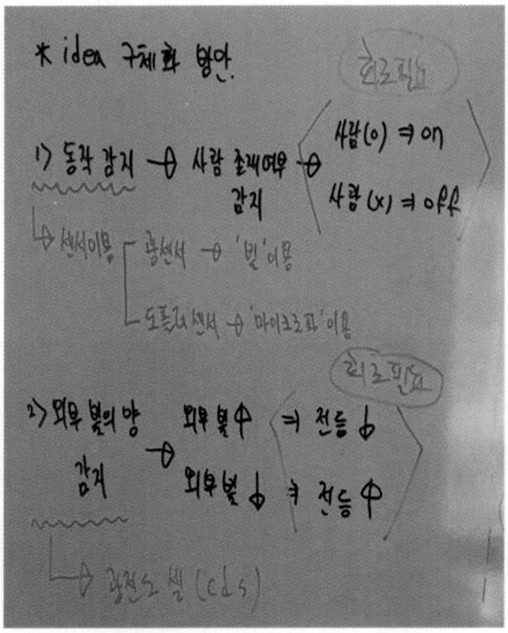

우리는 첫 번째 회의에서 내놓은 아이디어들을 구체화시키기 위하여 두 번째 회의를 하였다. 우선 빛을 이용하여 동작감지를 하는 방법에 대하여 고민 중에 '융합과학' 시간에 배운 적이 있는 '센서'에 대하여 알아보았다. 그리고 현재 동작을 감지하여 사람의 유무를 판단하는 센서로는 '마이크로파를 이용한 도플러 센서'가 가장 많이 사용된다는 것을 알았다. 하지만 마이크로파는 통상적으로 빛이라고 하기에는 애매한 것 같아 고민 중에 통상적인 의미의 빛을 이용하여 움직임을 감지하는 광센서인 '포토 인터럽터'를 알게 되었고 이것을 이용하여 동작감지를 하기로 하였다. 그리고 외부 빛의 양을 어떻게 감지할까 고민하던 중 과학서적에서 본 '광전효과'에 대한 개념이 떠올랐고 이것을 이용하여 외부 빛의 양을 감지하는 '광전도 셀'에 대하여 알게되 이것을 사용하기로 하였다.

3) 세 번째 구상 및 설계회의 (관련 이론에 대한 학습)

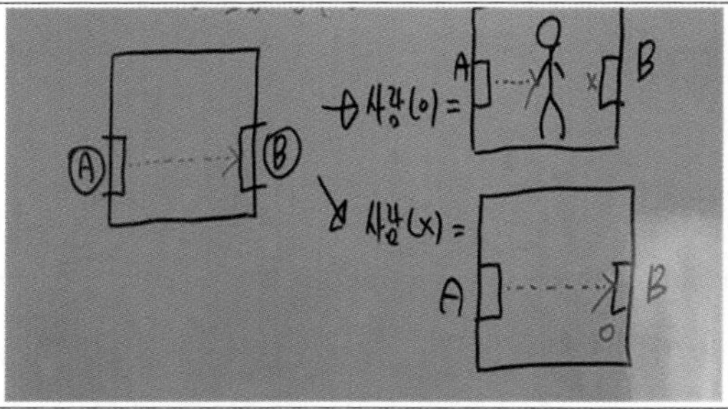

세 번째 회의에서는 동작감지를 통한 사람의 존재 유무를 감지하는 역할을 하게 될 '포토 인터럽터'에 대하여 공부를 해보았다. 그리고 위와 같이 사람이 있을 경우 A에서 B로의 빛이 차단된다는 것에 착안하여 회로를 구상해보기로 하였다.

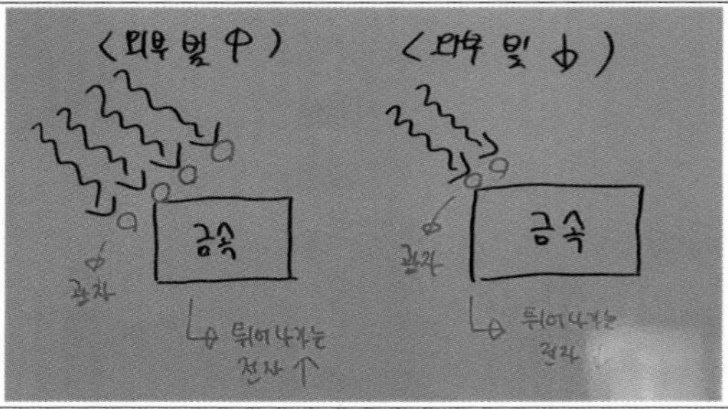

세 번째 회의에서는 또한 외부 빛의 양을 감지할 역할을 하게 될 '광전도 셀'의 기본 원리인 광전효과에 대하여 공부를 해보았다. 외부 빛의 양이 많을수록 튀어나가는 전자의 수가 달라진다는 것에 착안하여 회로를 구상해보기로 하였다.

4) 네 번째 구상 및 설계 회의 (회로에 대한 학습)

가) 빛을 이용한 동작 감지 시스템 - 사람의 존재 유무 감지하여 자동으로 전원조절

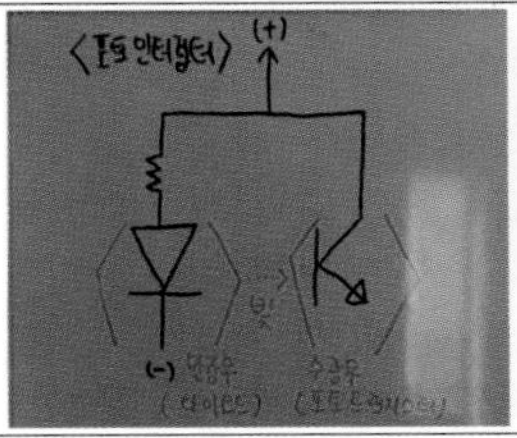	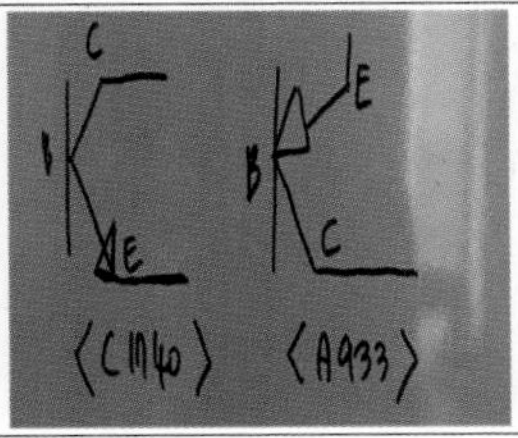	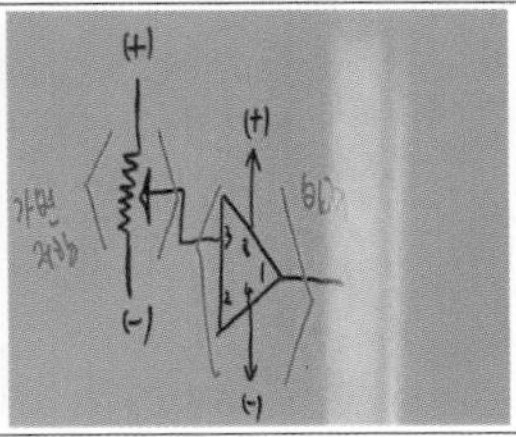	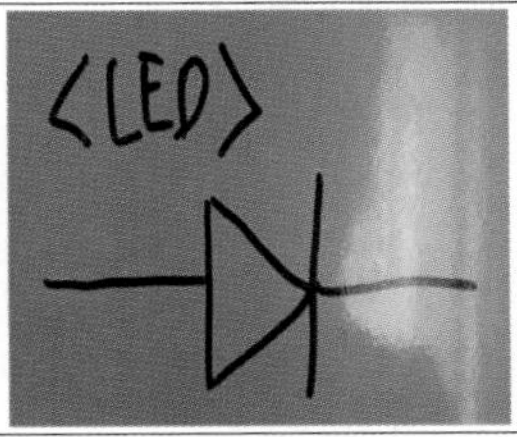
포토 인터럽터를 먼저 설치하여 발광부에서 수광부로 가는 빛의 차폐여부로 사람의 동작을 감지한다.	빛의 차폐여부는 하나의 '신호'이다. 그 신호를 알맞게 해석하고 증폭시켜 주는 역할을 하는 트랜지스터를 설치한다.	빛이 차폐되었을 때와 차폐되지 않았을 때 두 경우의 신호를 비교하여 조절하는 역할을 하는 비교기를 설치한다.	사람이 있을 경우 (빛이 차폐되었을 때)는 On, 사람이 없을 경우 (빛이 차폐되지 않을 경우)는 Off 되는 것을 시각적으로 표현하기 위하여 LED 설치

나) 외부 빛의 밝기를 인지하여 자동으로 전등의 밝기를 조절하는 시스템

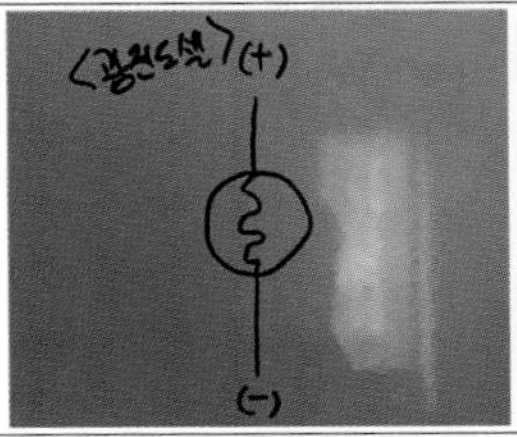	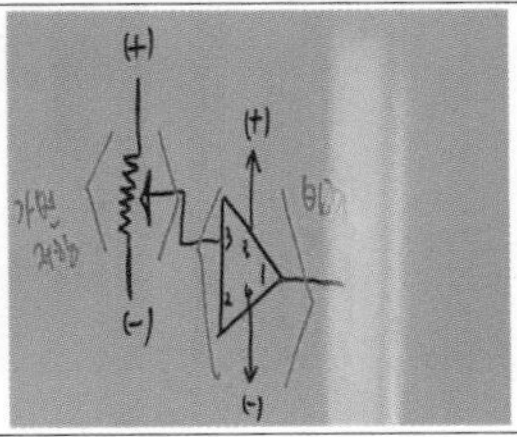	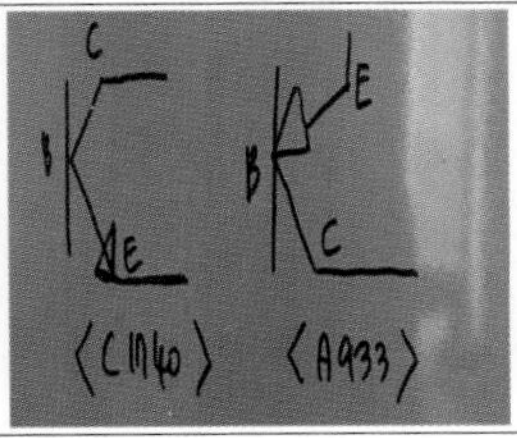	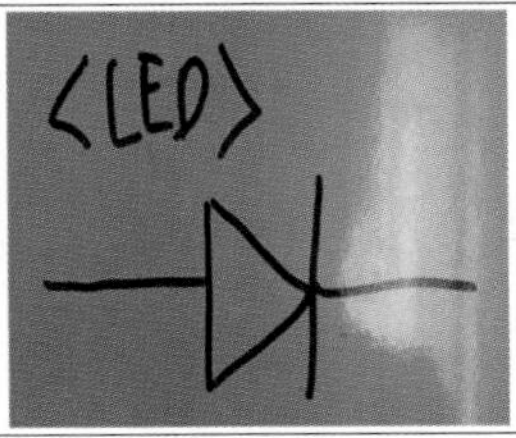
외부 빛의 양을 감지하는 역할을 하게 될 광전도 셀을 먼저 설치한다.	외부 빛의 양이 많을 경우와 외부 빛의 양이 적을 경우의 두 신호를 비교 하기위한 비교기를 설치한다.	비교기에서 오는 신호를 증폭하고 알맞게 해석하는 역할을 하는 트랜지스터를 설치한다.	외부 빛의 양이 많을 경우는 전등의 불빛을 줄이고 외부 빛의 양이 적을 경우는 전등의 불빛을 늘리는 것을 시각적으로 표현하기 위하여 LED 설치

4. 빛을 이용한 동작 감지 시스템의 조립을 통한 간단한 모델 제시 (사람의 존재 유무 감지하여 자동으로 전원 조절)

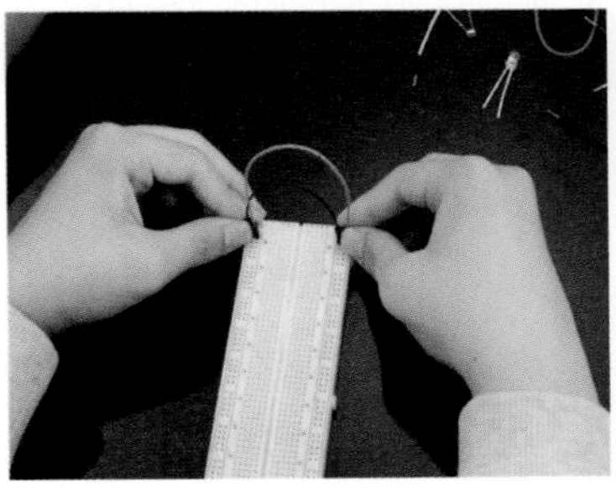

① 브래드 포드 판에 (+)극과 (-)극을 설정한다.

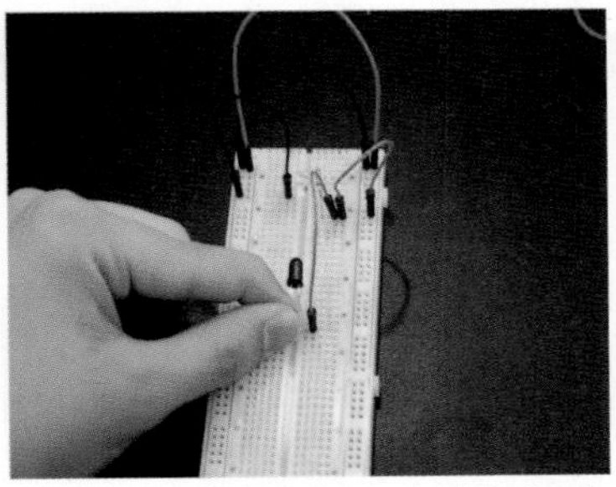

② 포토인터럽터의 구성성분인 다이오드와 포토트랜지스터 설치

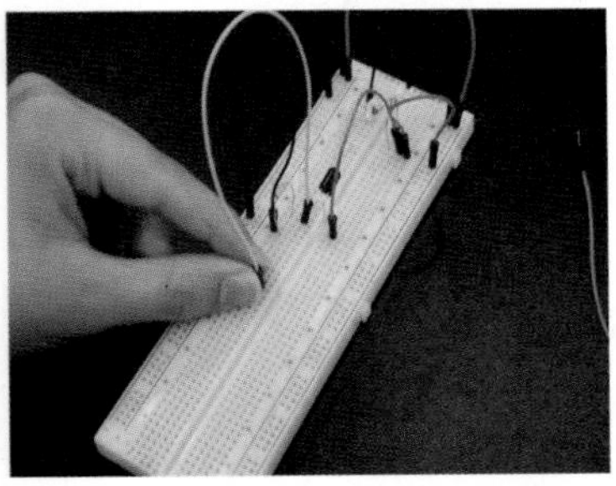

③ 전류의 과도한 흐름을 막기 위해 저항을 설치한다.

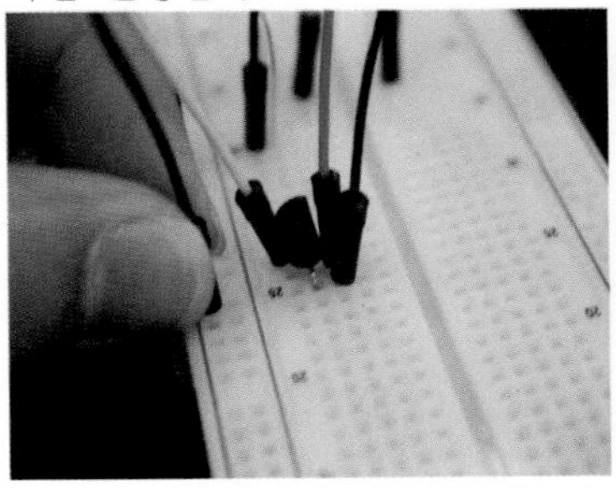

④ 포토인터럽터의 신호를 비교기로 보내는 트랜지스터 C1740설치

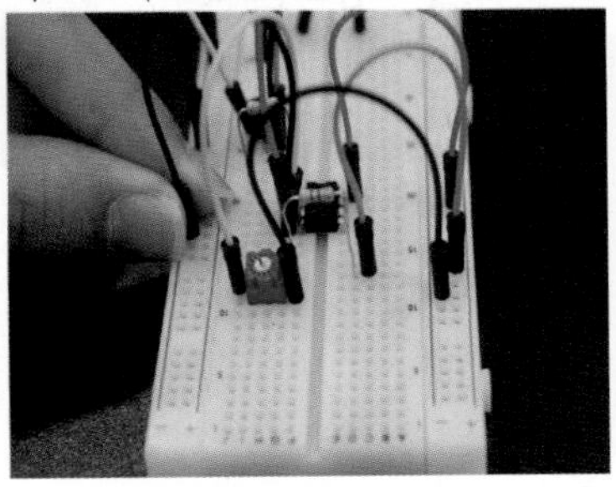

⑤ C1740에서 받은 신호를 조절하기위한 가변저항을 설치

⑥ 포토 인터럽터에서 온 신호들을 최종적으로 조율할 비교기 설치

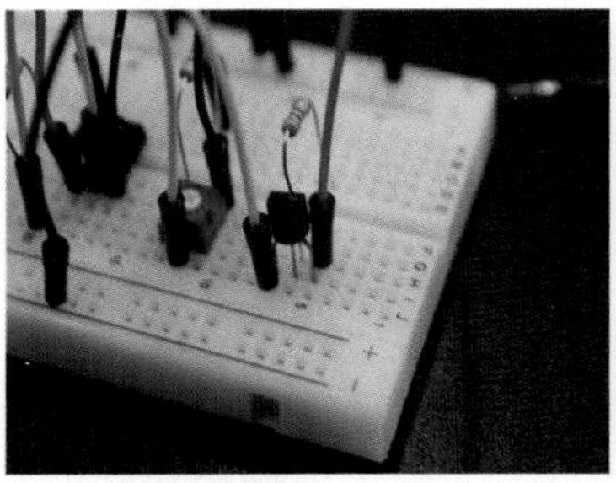

⑦ 비교기를 통하여 나간 신호를 증폭 변환시킬 A933트랜지스터 설치

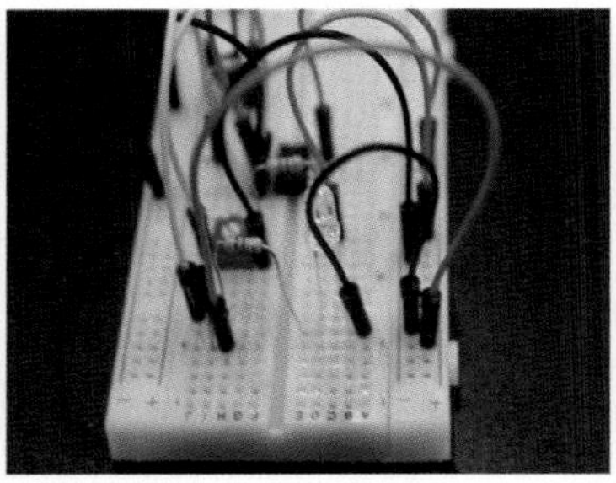

⑧ 포토인터럽터를 통하여 온 신호들을 시각적으로 표현할 LED 설치

⑨ 동작감지를 통하여 자동으로 전원을 조절하는 시스템 완성

5. 외부 빛의 양을 감지하여 자동으로 전등의 밝기를 조절하는 시스템의 조립을 통한 간단한 모델 제시

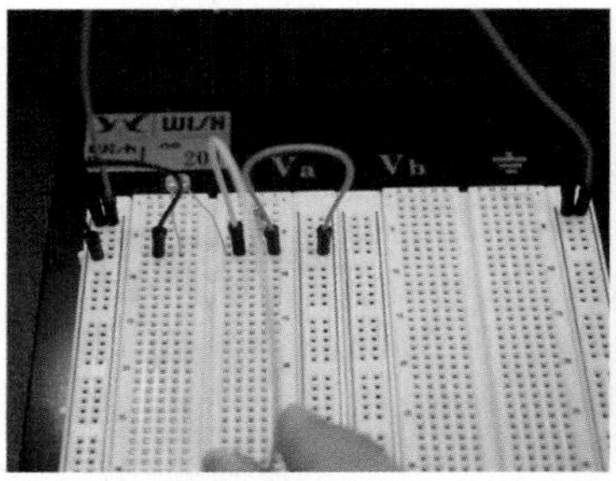

① 외부 빛의 양을 감지하는 역할을 하는 광전도 셀을 설치한다.

② 광전도 셀에서 오는 강한 외부빛에 대한 정보를 비교하는 역할을 하는 첫 번 째 비교기 설치

③ 첫 번째 비교기를 통하여 나간 신호를 증폭 변환시킬 A933트랜지스터 설치

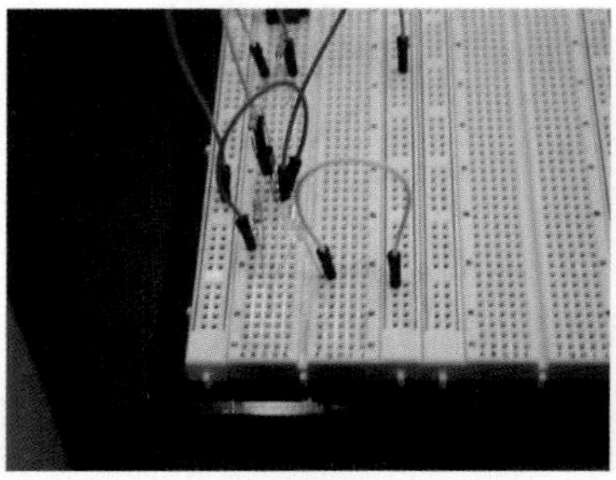

④ 광전도 셀을 통하여 온 신호들을 시각적으로 표현할 LED 설치

⑤ 광전도 셀에서 오는 약한 외부빛에 대한 정보를 비교하는 역할을 하는 두 번 째 비교기 설치

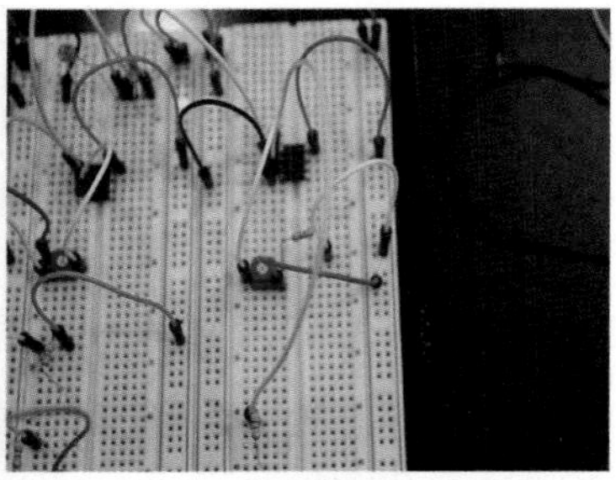

⑥ 두 번째 비교기를 통하여 나간 신호를 증폭 변환시킬 A933트랜지스터 설치

⑦ 광전도 셀을 통하여 온 신호들을 시각적으로 표현할 LED 설치

⑧ 외부 빛의 양을 감지하여 자동으로 전구의 밝기를 조절하는 시스템 완성

실험 결과

1. 주변의 인공 빛 관찰 및 광공해 실태 조사를 위한 견학

	광고 등	주거지역	상가	사무실	지하철 역	편의점
측정조도	552 lx	380 lx	448 lx	886 lx	457 lx	424 lx
허용기준	D	H	F	E	D	G
초과여부	초과	허용	초과	초과	초과	초과

2. 광공해에 영향을 받고 있는 식물 채집 및 관찰

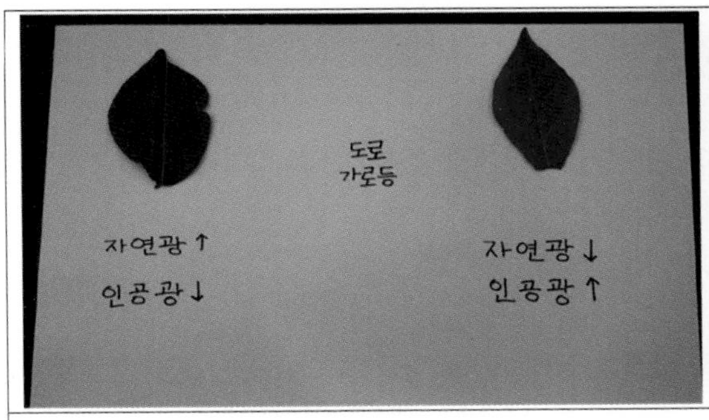

도로 주변에 가로수들을 조사해본 결과 상대적으로 자연광을 많이 받은 식물들의 잎이 더 건강하였다. 황화현상이 거의 없었으며 육안으로 관찰한 잎의 영양상태도 인공 빛에 과다 노출된 잎의 것보다 좋았다.

주택가 주변에 나무들의 잎을 조사해보았다. 도로 주변에 가로수들 보다는 잎의 영양상태가 육안으로 뚜렷이 차이를 인지할 만큼 큰 차이는 없었다. 하지만 황화현상은 인공 빛을 많이 받은 잎이 더 심하다는 것은 관찰할 수 있었다.

4. 빛을 이용한 동작 감지 시스템의 조립을 통한 간단한 모델 제시 (사람의 존재 유무 감지하여 자동으로 전원조절)

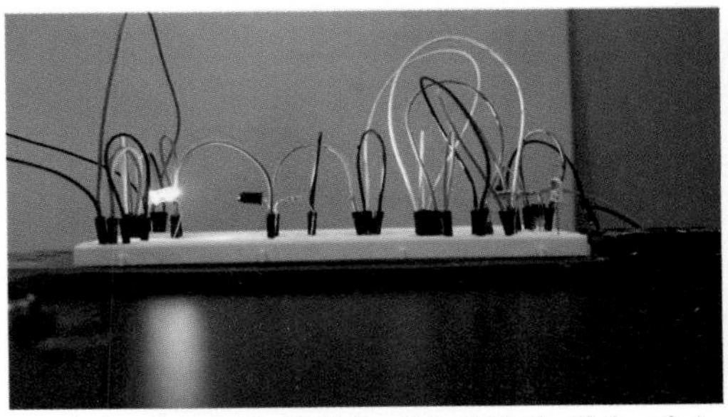

빛이 차폐되지 않았을 때(사람이 없을 때)
-> 붉은색 LED의 불이 켜지지 않는다.

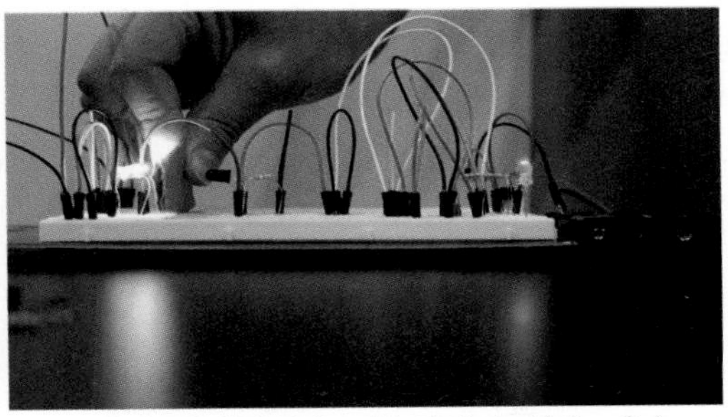

빛이 차폐되었을 때(사람이 있을 때)
-> 붉은색 LED의 불이 켜진다.

5. 외부 빛의 양을 감지하여 자동으로 전등의 밝기를 조절하는 시스템의 조립을 통한 간단한 모델 제시

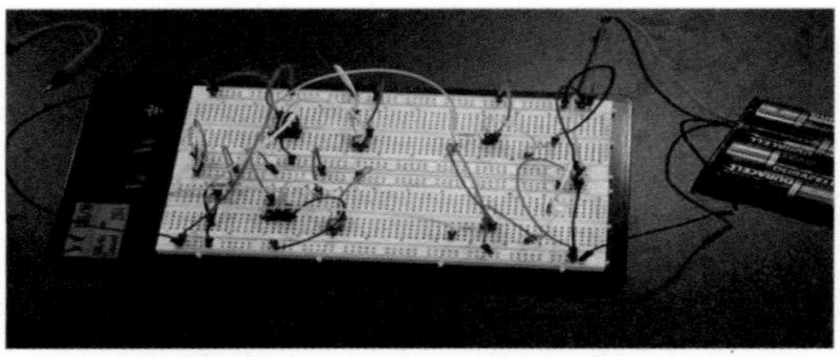
외부 빛의 양이 적을 때 (인공 빛이 필요할 때)
-> 붉은색 LED의 불이 켜진다.

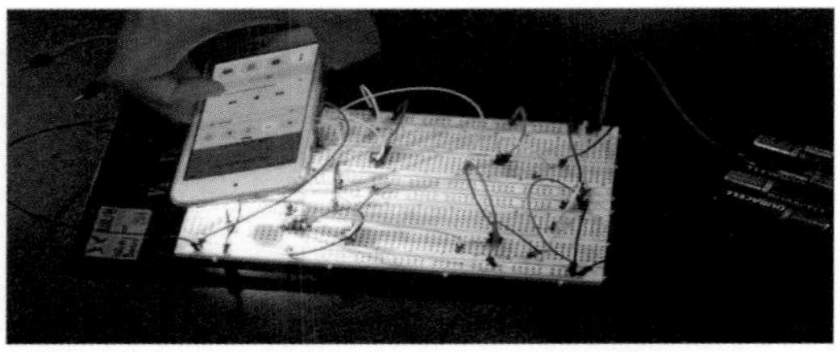
외부 빛의 양이 많을 때 (인공 빛이 필요 없을 때)
-> 붉은색 LED의 불이 꺼진다.

분석 및 결론

1. 주변의 인공 빛 관찰 및 광공해 실태 조사를 위한 견학

처음에 우리가 세웠던 가설처럼 대부분의 장소에서 조도 허용 기준을 상당히 초과한 것으로 결과가 나왔다. 이를 통하여 우리는 이미 과도한 양의 인공 빛에 노출되어 있다는 것을 알 수 있었다.

2. 광공해에 영향을 받고 있는 식물 채집 및 관찰

가설에서 예상했던 것처럼 인공 빛은 확실하게 식물의 생장 상태 및 발육 상태에 안 좋은 영향을 준다는 것을 간단한 채집활동을 통하여 알 수 있었다. 황화 현상이 가장 쉽게 관찰 될 수 있는 현상이었으며, 이는 과도한 양의 인공 빛이 식물들의 일주기 리듬에 상당히 안 좋은 영향을 주고 있다는 결과이다. 우리는 아직 학생 수준이라 장비가 미흡하여 해보지는 못하였지만, 책을 찾아보니 식물들의 잎 상태뿐만 아니라 내부의 엽록소 비율, 이온 조성 등에도 심각한 영향을 끼칠 수 있다고 한다.

4. 빛을 이용한 동작 감지 시스템의 조립을 통한 간단한 모델 제시 (사람의 존재 유무 감지하여 자동으로 전원 조절)

우리가 모델을 제대로 완성시킬 때까지 다음과 같은 여러 가지 시행착오가 있었다.
① 브래드 보드 판에서 일반 저항의 연결 방법을 잘못 알고 있었다.
② C1740 과 A933 트랜지스터는 다른 종류의 트랜지스터인데 연결 방법이 같은 줄로 잘못 알고 있었다.
③ 처음에 구입 했던 포토 트랜지스터가 불량인 줄 모르고 혼란을 겪었다. 회로를 완벽하게 조립했는데 다시 처음부터 다시 하는 불상사가 발생하였다.
우리는 이러한 시행착오를 겪고, 개별의 장치들이 작동이 제대로 되는지, 즉 불량품은 없는 지 먼저 간단하게 전원과 연결하면서 테스트해 보는 것이 이러한 복잡한 회로 조립을 할 때에는 좋은 방법이라는 것을 깨달았다.
여러 시행착오를 끝에 완성된 '빛을 이용한 동작감지를 통한 자동 전원 조절장치'는 위에 사진과 같이 완벽하게 작동하였다. 사진 왼쪽에 하얀 빛을 내는 LED와 그 맞은 편에 검은 색의 포토 트랜지스터 사이가 차폐 되냐 안 되냐에 따라 물체(사람)의 존재 여부를 인지하여 빨간색 LED(전등, 에어컨 등의 전열 장치를 상징)의 ON/OFF가 결정되는 것이다.

5. 외부 빛의 양을 감지하여 자동으로 전등의 밝기를 조절하는 시스템의 조립을 통한 간단한 모델 제시

이번에 우리가 조립한 '외부 빛의 양을 감지하여 자동으로 전등의 밝기를 조절하는 시스템' 은 앞에 탐구에서 조립한 시스템과 비교했을 때 시행착오는 거의 없었다. 우리가 앞에서 탐구하면서 습득한 노하우로 조립을 하니 속도와 정밀성 면에서 훨씬 업그레이드되었다. 위의 탐구 결과 왼쪽 사진에서 보는 바와 같이 핸드폰 빛을 비추지 않았을 때는 시스템 오른쪽에 붉은색 LED전구가 켜지고, 탐구결과 오른쪽 사진에서 보는 바와 같이 핸드폰 빛을 비출 때에는 외부 빛이 강하므로, 붉은색 LED 전구의 빛을 강하게 ON시킬 필요가 없으므로 전구의 밝기가 희미해지는 것을 관찰할 수 있다.

결과 및 기대 효과

'빛을 이용한 광공해 방지, 전력 절약 시스템' 작동 전

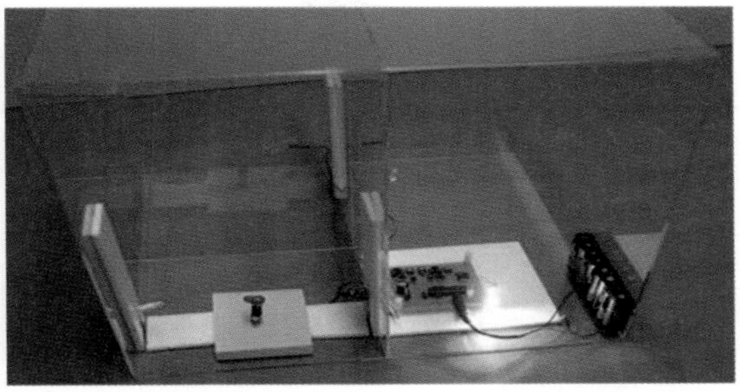

사람이 있을 때 -> 사람의 존재유무를 감지하여 전원을 ON 시키는 모습

외부 빛이 약할 때 -> 약한 외부 빛을 감지하여 전등의 세기를 자동으로 세게 조절함.

외부 빛이 강할 때 -> 강한 외부 빛을 감지하여 전등의 세기를 자동으로 약하게 조절함.

우리는 지금까지 '빛을 이용한 광공해 방지, 전력 절약 시스템 개발 '을 위한 탐구 활동을 해보았다. 견학을 통한 첫 번째 탐구와 채집을 통한 두 번째 탐구를 통하여 과도한 인공 빛에 의한 광공해의 현장에 대하여 조금이나마 직접 느낄 수 있었다. 그리고 여러 번의 회의와 아이디어 논의 및 관련 내용 학습을 통하여 고등학교 교육과정에 근거한 학생 관점의 탐구를 통하여 조금 더 실용적인 과학 탐구 학습을 해보았다.

정리하면

① 주변의 인공 빛 관찰 및 광공해 실태 조사를 위한 견학

② 광공해에 영향을 받고 있는 식물 채집 및 관찰

③ 빛을 이용한 광공해 방지 및 전력절약 시스템 개발을 위한 구상 및 설계

④ 빛을 이용한 동작 감지 시스템의 조립을 통한 간단한 모델 제시

⑤ 외부 빛의 양을 감지하여 자동으로 전등의 밝기를 조절하는 시스템의 조립을 통한 간단한 모델 제시

⑥ 빛을 이용한 광공해 방지, 전력 절약 시스템 개발 (④ + ⑤)

이러한 탐구과정을 통하여 최종적으로 '빛을 이용한 광공해 방지, 전력 절약 시스템'을 고안하였다. 아직 우리의 탐구와 논의가 고등학생 수준의 것이지만 우리의 이러한 열정과 관심이 '광공해 방지'와 '전력 낭비 방지'의 목표를 이루는 일에 크게 기여할 것이라고 확신한다.

주제3 형광 증백제

Q1

p.118

예시 A4 용지, 책, 노트, 흰색 옷, 흰색 운동화, 흰색 양말, 티슈(화장지), 샴푸, 종이컵 등

해설 형광 증백제가 주로 사용되는 품목은 주로 종이, 세탁 세제, 플라스틱과 합성 섬유 등이다.
페인트(백색가전 하우징, 스포츠 용품 등), 코팅제, 프린트용 잉크, 접착제, 사진 용액, 왁스, 광택제, 화장품, 헤어린스 등에도 사용되고 있다.
그 밖에도 형광 증백제는 다양한 산업에도 이용되고 있다. 예를 들면, 깃털, 밧줄, 젤라틴, 목재 절단 및 톱밥의 형광 그리고 가죽, 모피 및 밀짚 제품 등의 증백에 이용된다. 또한 형광을 증가시키기 위해 라커, 윤활유에도 첨가된다.
사진 산업에도 형광 증백제가 광범위하게 사용된다. 칼라 사진의 현색제에 이것을 첨가시키면 채색 물질의 색을 향상시키는 반면 칼라 사진 색의 소멸을 둔화시킨다.

Q2

p.118

예시
· 제품을 하얗게 보이게 하여 상품 가치를 높이기 위해서 사용한다.
· 하얗게 빛날수록 더 깨끗해 보이기 때문이다.

Q3

p.118

예시 형광 증백제가 피부에 장 기간 노출되는 경우 아토피 피부염과 같은 피부 부작용을 일으킬 가능성이 있고, 발암 가능성도 있으며, 면역력이 약한 사람에게는 두통을 유발할 수도 있다. 따라서 가급적 무형광 증백제 제품을 사용하고, 형광 증백제가 들어있을 것 같은 옷들은 그렇지 않은 옷들과 분리해서 세탁한다. 또한 지나치게 하얀색의 제품은 사지 않는다.

해설 형광 증백제는 피부에 지속적으로 접촉 시 아토피를 비롯한 피부염은 물론 장염, 소화기 증상, 암까지 유발할 수 있다. 형광 증백제가 묻은 손으로 음식을 섭취한다면 형광 증백제가 체내에 들어갈 수 있다. 2012년 성균관대 식품생명공학과 연구팀이 재활용 식품 포장재의 안전성을 분석한 연구에 따르면, 형광 증백제는 인체 유해 물질로서 몸에 들어갈 경우 간과 신장의 손상, 생식기능의 장애 등을 일으킬 수 있다.

주제 깊이 알기

p.122

Q1

정답 빨간색, 파란색, 초록색

해설 눈에서 상이 맺히는 곳을 망막이라고 한다. 망막에는 원뿔 모양의 색을 감지하는 세포인 원뿔 세포와 막대기 모양의 명암을 감지하는 막대 세포가 있다. 원뿔 세포는 세 종류가 있고, 이 세 종류의 원뿔 세포가 각각 파장이 600nm, 530nm, 430nm 부근의 빛에서 강하게 반응하며 각각 빨간 색, 초록 색, 파란 색의 빛으로 인식한다. 이 세 종류의 원뿔 세포가 모두 자극이 되면 뇌에서는 흰색으로 인식한다. 이처럼 각 원뿔 세포들의 반응 세기의 조합에 따라 다양한 색의 빛을 인식하게 된다.

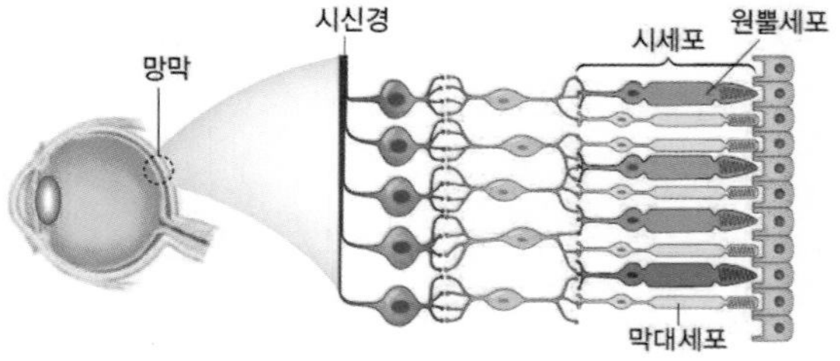

Q2

정답 (1) 노란색 (2) 초록색

해설 (1) 노란색 : 빨간색 빛과 초록색 빛이 합성되므로 노란색으로 보인다.
(2) 초록색 : 노란색 레몬은 빨간색 빛과 초록색 빛을 반사한다. 따라서 초록색 조명을 비추면 초록색 빛만을 반사하므로 초록색 레몬으로 보인다.

Q3

정답 빨간색 빛 + 청록색 빛, 파란색 빛 + 노란색 빛, 초록색 빛 + 자홍색 빛

해설 두 가지 색의 빛을 합성하여 백색광이 될 때 이 두 색의 관계를 보색이라고 한다.

Q4

정답 ①

해설 ② 파동 모양에서 가장 높은 곳은 마루, 가장 낮은 곳은 골이다.
③ 파동이 진행할 때 매질은 제자리에서 진동만 한다. 에너지만 전달된다.
④ 파동이 처음 발생한 지점을 파원이라고 한다.
⑤ 1초 동안 파동의 한 지점이 진동하는 횟수를 진동수라고 한다. 진동수의 역수가 주기이다.

Q5

정답 (1) 0.7 ~ 7cm, 야구공, 테니스공, 골프공, 탁구공 등
(2) 원자의 대부분은 빈공간이다. 또한 전자의 크기는 원자의 크기에 비하면 무시할 정도로 작고, 끊임없이 움직인다.

해설 원자는 원소(물질을 이루는 기본 성분)의 성질을 잃지 않으면서 물질을 이루는 최소 입자이다. 중심에 원자핵이 있고, 원자핵 주위에서 전자가 빠르게 움직이고 있다.
원자의 지름 = 700m, 원자핵의 지름 = (700m × 10^{-5}) ~ (700m × 10^{-4}) = 0.7 ~ 7 cm 이다.
일반적인 야구공의 지름은 약 7.23cm, 테니스공 지름은 약 6.7cm, 골프공 지름은 약 4.3cm, 탁구공의 지름은 약 4cm 이다.

Q6

예시
- 물티슈 : 탈지면에 끓는 물을 부어서 만들어 사용한다.
- 락스 : 하얀 옷을 삶을 때 천연 세제를 넣거나, 계란 껍질이나 설탕을 한 스푼 넣고 삶아준다.
- 섬유 유연제 : 식초를 한방울 떨어뜨려 사용한다.
- 주방 세제, 빨래 세제 : 베이킹소다와 따뜻한 물을 적절한 비율로 섞어서 사용한다. 구연산을 물에 희석한 뒤 찌든 때 제거에 사용한다. 밀가루를 물, 식초, 소금과 잘 섞어 주방 세제 대신 사용한다.
- 치약 : 정제수에 베이킹소다를 넣어 완전히 녹인 뒤 자일리톨이나 페퍼민트, 소금을 넣어 천연 치약을 만들어 사용한다.
- 모기향 : 통계피를 식초 물에 하루 담가둔 후 방안에 둔다.
- 방향제 : 잘 말린 원두 찌꺼기를 방향제 겸 제습제로 사용한다.
- 세안제 : 쌀뜨물을 이용하여 세수한다.

해설 노케미족의 다른 말로 '케미포비아(Chemical + Phobia, 화학물질 공포증)' 라고도 한다. 안전과 건강, 환경을 중요하게 생각하는 소비 트렌드가 확산되면서 천연 제품을 구입하거나 직접 만들어 쓰는 사람들이다.

p.124

탐구 주제 찾기

Q1 예시 · 깨끗하게 보이는 것이 다 몸에 좋은 건 아니구나.
· 우리 주변은 정말 화학 제품들로 둘러싸여 있구나.
· 형광 증백제를 넣지 않고 섬유를 더 하얗게 보이도록 할 수는 없을까?
· 형광 증백제를 대체할만한 천연 재료는 없을까?
· 섬유 속에 들어있는 형광 증백제를 없애기 위해서는 어떻게 해야 할까?
· 내가 가지고 있는 흰색 물건들에는 모두 형광 증백제가 들어가 있을까?
· 형광 현상을 활용할 수 있는 방법은 없을까?

Q2 예시 · 주택 밀집 지역 가스 배관에 특수 형광 물질을 칠하여 범죄를 예방하는 것처럼 눈으로 보았을 때는 보이지 않지만, 특정한 빛을 비추었을 때 나타나는 현상을 이용하여 범죄 수사에 활용한다.
· 암호문을 작성하는 염료로 사용한다.
· 화재가 발생하였을 때 화재 불빛에 발광할 수 있는 형광 물질을 개발하여 비상구 유도 표시를 한다.
· 어두운 도로에서 자동차 헤드라이트에 발광할 수 있는 형광 물질을 개발하여 교통 표지 안내판에 사용한다.
· 병원균에 반응하는 형광 물질을 개발하여 우리가 자주 접하는 생활 용품이나 그릇에 병원균이 있는지 확인하는데 사용한다.

Q3 예시 · 주택 밀집 지역 가스 배관에 칠하는 특수 형광 물질을 탐구하여 이와 비슷한 원리를 이용하면 지문이나 혈흔 반응을 확인할 수 있는 방법을 개발할 수 있을 것이다.
· 화재가 일어났을 때 발생하는 빛의 파장을 조사하고, 높은 열에도 지워지지 않는 형광 물질을 조사해 본다.
· 현재 교통 표지판에 사용하는 물질을 조사해 본다.

Q4 예시 · 형광의 원리를 탐구한다.
· 법의학에 사용되는 화학 반응을 조사한다.
· 형광을 이용한 혈흔 감식과 지문 감식 방법을 탐구한다.

Q5 예시 휴대용 형광 지문 감식기 개발

Q6 예시 형광 현상의 분석과 형광을 이용한 휴대용 형광 지문 감식기 개발

p.126

형광 증백제를 주제로 한 실제 제출된 또래 친구의 탐구 보고서

탐구주제

· 우리 주위에 형광 물질이 얼마나 있을까?
· 범죄 수사, 법의학에서 형광을 어떻게 이용하는가?
· 형광으로 지문을 탐지하는 휴대용 형광 지문 감식기를 직접 만들 수 있을까?

탐구동기

형광 증백제는 인간에게 유해하다는 보고가 꾸준히 나오고 있다. 형광 증백제 자체만으로도 위험할 수 있지만 이를 첨가하여 만든 물건에서는 2차적인 위험이 발생할 수 있다. 하지만 형광 물질이 위험하기만 한 것은 아니다. 범인을 잡거나 범인을 예방하는 범죄 수사에 유용하게 형광 물질을 이용하기 때문이다. 얼마 전, 뉴스에서 한 범죄 사건의 범인을 잡았다는 소식을 들었다. 그런데, 나중에 알아보니 범인의 범죄 사실을 지문 감식을 이용해 알 수 있었다는 사실을 알게 되었다. 뉴스가 아니라도, 우리는 추리소설, 영화 등에서 쉽게 지문 감식을 접하게 된다. 뿐만 아니라 수사에서의 과학적 요소가 대두되고 있는 현대에는 범죄를 입증하는 결정적인 역할을 하기 때문에 지문 감식의 중요성이 날이 갈수록 커지고 있다. 따라서 우리는 우리 주위에 존재하는 많은 물건들 중 얼마나 많은 곳에 형광 증백제가 포함되어 있으며 그 양을 측정해 보고, 법의학에서 특히 섬세함을 요구하는 지문 감식에 좀 더 효과적으로 사용할 수 있는 형광 이미지 방법을 찾아보고자 탐구를 시작하게 되었다.

탐구하고자 하는 내용

탐구 1. 형광의 원리를 이해하고 형광봉 만들기
탐구 2. 형광 증백제 등 형광 물질의 포함 여부 확인
탐구 3. 루미놀을 이용한 혈흔 감식, 닌히드린(+금속염), 형광 분말을 이용한 지문 감식을 통해 형광을 이용한 법의학의 이해
탐구 4. 형광을 탐지하는 system 만들기

준비물

〈탐구 1〉 형광의 원리를 이해하고 형광봉 만들기

A. 형광의 원리 이해하기
(준비물) 완제품 형광봉, 가위 또는 칼, 비커, 라텍스 글러브

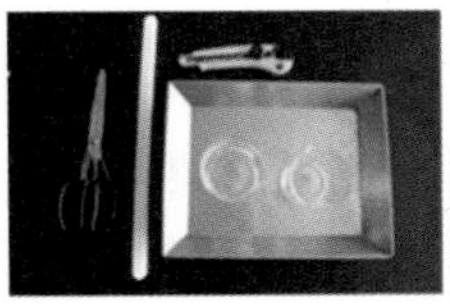

B. 형광봉 만들기
(준비물) 형광 용액(디페닐옥살레이트), 유기 과산화 수소(산화액), 얇은 유리판, 유리구슬, 플라스틱 관(연결관), 라텍스 장갑, 고무 튜브, 주사기 2개, 양초

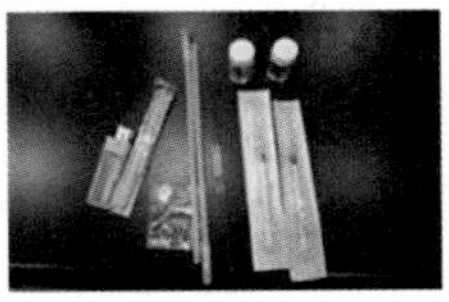

〈탐구 2〉 형광 증백제 등 형광 물질의 포함 여부 확인

A. 주변 물질에서 UV(자외선) LED flashlight을 통해 형광 증백제, 위조지폐 확인
(준비물) UV(자외선) LED flashlight, 지폐, 형광 증백제가 있을 만한 다양한 물건

B. 형광펜으로 비밀 편지 쓰기

(준비물) 형광펜, A4 용지, 비커 또는 petri dish, 면봉, UV(자외선) LED flashlight

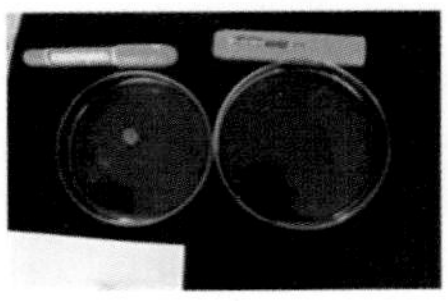

C. 형광 증백제 디지털 검출기를 통해 주변 물질에 포함된 형광 증백제의 위험 정도 측정

D. 다른 곳으로 형광 증백제의 이동 유무 확인 · 형광 증백제 디지털 검출기, 형광 증백제가 있을 만한 다양한 흰색 물건

〈탐구 3〉 루미놀을 이용한 혈흔 감식, 닌히드린(+금속염), 형광 분말을 이용한 지문 감식을 통해 형광을 이용한 법의학을 이해한다.

A. 루미놀을 이용한 혈흔 반응 실험

(준비물) 종이, 루미놀 용액 스프레이, 란셋(채혈침), 알콜솜, 면봉, 헤모글로빈, 5% 과산화 수소

B. 지문 감식

〈실험 1〉 고체법 1 · 알루미늄 분말 사용

(준비물) 알루미늄 분말, 브러쉬(붓), 핸드크림 등 지문이 묻어날 기름(땀도 가능), 지문 채취용 종이

〈실험 2〉 고체법 2 · 형광 분말 사용

(준비물) 형광 분말, 브러쉬(붓), 핸드크림 등 지문이 묻어날 기름(땀도 가능), 지문 채취용 종이

〈실험3〉 액체법 · 닌히드린 사용

(준비물) 닌히드린 용액, (거름) 종이

〈실험 4〉 닌히드린 용액을 사용하여 UV를 쪼여 지문 확인하기

(준비물) 닌히드린으로 지문 현출한 결과물, $ZnCl_2$(금속염), methanol 10ml, petroleum ethere 200ml, 분무기, 드라이기(또는 햇빛), UV

〈탐구 4〉 형광을 탐지하는 system 만들기

A. 휴대전화 플래시를 이용하여 DIY Blacklight 만들어 형광 증백제, 위조지폐 확인

(준비물) 스마트폰, 투명 테이프, 두 가지 색 펜(파란색, 보라색)

B. 형광을 통해 지문을 효과적으로 탐지하는 휴대용 형광 지문 감식기 만들기

(준비물) 라운드형 고휘도 LED (3mm) 전구(발광다이오드) 초록색과 파란색, 전선, 건전지, 알루미늄 테이프, 스위치, 빨간색 셀로판지, 가위, 칼, 종이컵, 글루건, 휴대용 루페(×10)

실험 과정

〈탐구 1〉 형광의 원리를 이해하고 형광봉 만들기

A. 형광의 원리 이해하기

① 형광봉 끝을 가위나 칼로 자른다.
② 형광봉 속 유리관 겉에 존재하는 액체를 비커에 따른다.
③ 형광봉 속 유리관을 깬 후, 유리관에 속에 존재하는 액체를 비커에 따른다.
④ 두 비커에 담긴 액체를 번갈아 가면서 따른다.
⑤ 빛의 변화를 확인하고, 완제품 형광봉에 존재하는 두 가지 물질에서 어떤 반응이 일어나는지 토론하고, 형광과 야광의 차이점을 알아본다.

①
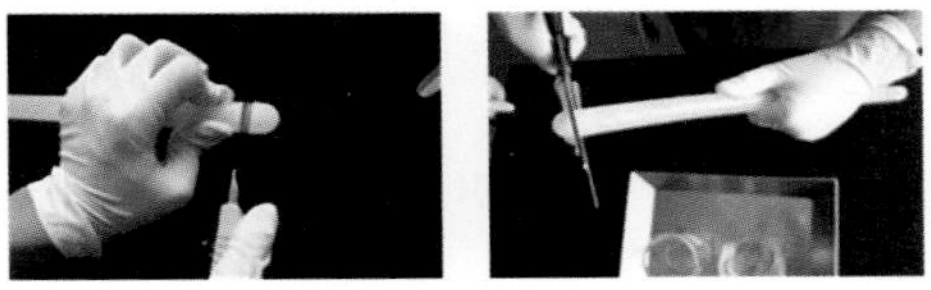

②
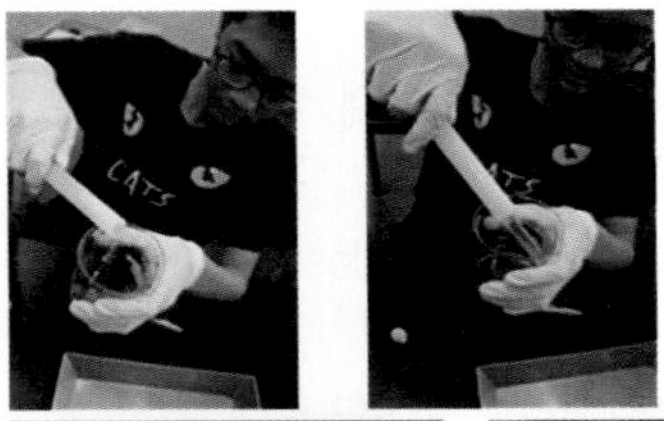

③
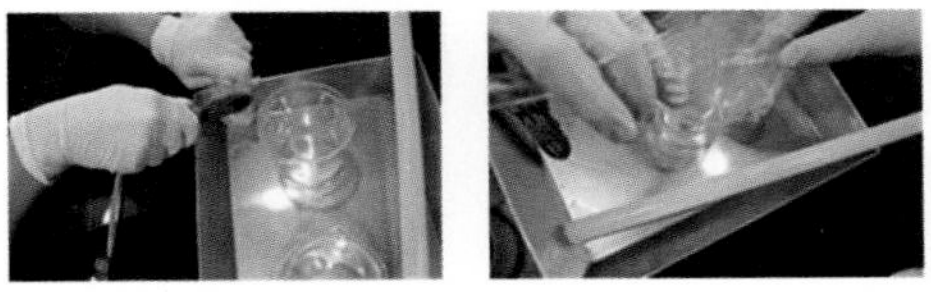

④
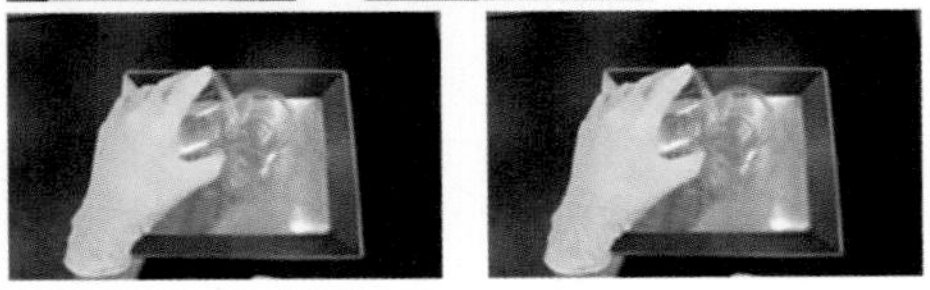

B. 형광봉 만들기

① 라텍스장갑을 양손에 끼고, 주사기에 형광용액을 담아 유리관에 조금씩 넣으면서 바닥에 톡톡 치면서 채운다. (유리관을 바닥에 강하게 내리치면 깨질 위험이 있으니 주의하고, 바늘에 찔리지 않게 주의한다.)
② 유리관 입구를 양초를 이용하여 촛농으로 잘 막는다.
③ 다른 하나의 주사기에 유기 과산화 수소를 담아 플라스틱 관에 1/3 정도 채운다.
④ 플라스틱관에 유리관을 조심스럽게 밀어 넣는다.
(유기 과산화 수소가 넘치지 않게 주의한다.)
⑤ 유리구슬로 플라스틱 관의 입구를 꽉 눌러 막는다.
⑥ 플라스틱 관을 구부려 어떤 현상이 일어나는지 확인한다.

①
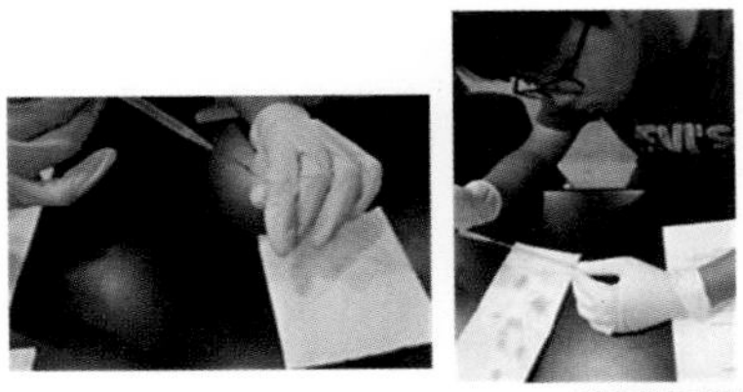

②
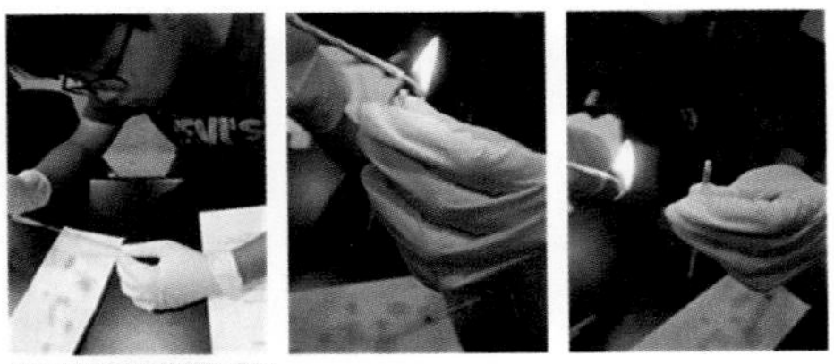

③ ~ ⑤

〈탐구 2〉 형광 증백제 등 형광 물질의 포함 여부 확인

A. 주변 물질에서 UV(자외선) LED flashlight을 통해 형광 증백제, 위조지폐 확인

① UV(자외선) LED flashlight를 지폐, 형광 증백제가 있을 만한 다양한 물건에 쪼인다.
② 형광 증백제가 유무를 판단하고 각각의 결과를 비교한다.

B. 형광펜으로 비밀 편지 쓰기

① 준비한 형광펜 속 형광물질은 물에 넣어 풀어준다.
② 형광 물을 면봉으로 찍어 A4용지에 글씨를 쓴다.
③ 글씨가 마를 때까지 기다린 후 불을 끄고 자외선을 쪼여주면 사라진 글씨가 나타나는지 확인한다.

① 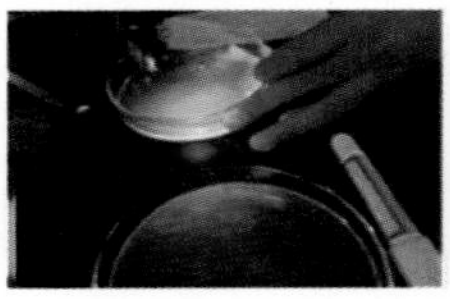 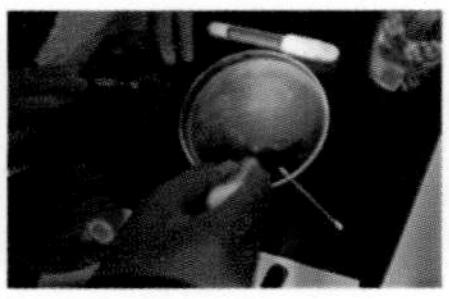 ② 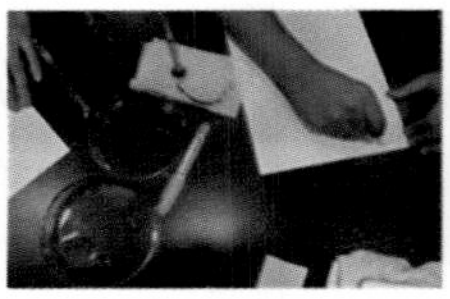 

C. 형광 증백제 디지털 검출기를 통해 주변 물질에 포함된 형광 증백제의 위험 정도 측정 및 다른 곳으로 형광 증백제의 이동 유무 확인
① 다양한 물건을 UV(자외선) L ED flashlight, 형광 증백제 디지털 검출기를 사용하여 형광 증백제 유무와 수치를 확인한다.
② 형광 증백제 디지털 검출기로 측정한 흰색 물건에서 측정치가 작은 것과 측정치가 높은 것을 하루 동안 물에 담가 세제 없이 비벼서 세탁한다.
③ 형광 증백제 디지털 검출기로 다시 측정하여 세탁 전후 측정값을 비교한다.

〈탐구 3〉 루미놀을 이용한 혈흔 감식, 닌히드린(+ 금속 염), 형광 분말을 이용한 지문 감식을 통해 형광을 이용한 법의학을 이해한다.

A. 루미놀을 이용한 혈흔반응 실험
① 루미놀 용액 스프레이의 뚜껑을 열어 5% 과산화수소를 2ml 씩 넣어 뚜껑을 닫고 흔들어 준다.
② 헤모글로빈이 들어 있는 병에 물을 20ml 채워 잘 흔들어 녹여 준다. (잘 녹지 않으면, 가라앉은 것은 사용하지 않고, 윗부분의 용액만 사용한다.)
③ 종이, 채혈침, 알콜 솜, 면봉을 각각 한 개씩 준비한다.
④ 채혈침을 이용하여 체했을 때 손을 따듯이 찔러 종이 한 쪽에 피를 묻힌다.
⑤ 물과 섞은 헤로글로빈 용액을 면봉에 찍어 종이에 글씨를 쓰거나 그림을 그린다.
⑥ 종이에 피와 헤모글로빈 용액이 잘 마르면 어두운 곳(빛을 완전히 차단시켜준 상태)에서 루미놀 용액 스프레이를 골고루 뿌리면서 피와 헤모글로빈 용액이 묻어있는 부분에서 일어나는 현상을 확인한다.

B. 지문 감식

① 핸드크림을 발랐거나 땀이 난 손가락을 종이에 찍는다.(지문 채취용 종이는 다른 이물질이 묻지 않도록 핀셋을 이용하여 꺼내며, 지문을 찍을 때에는 이마나 콧등을 문질러 유분을 묻히거나 입김을 불어 넣어 습기가 생기게 한 후 찍는다.)
② 브러쉬에 알루미늄 분말을 묻혀 지문이 찍힌 자리에 뿌린다.(톡톡 치듯이 넓게 펴준다.)
③ 종이 양 끝을 잡고 살살 흔들어 알루미늄 분말이 고루 퍼지게 한 후, 털어낸다.
④ 육안으로 지문을 확인한다.
*알루미늄 가루는 소량 사용하며, 흡입하지 않는다.

①  ② 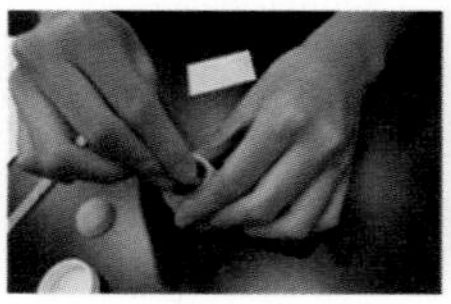 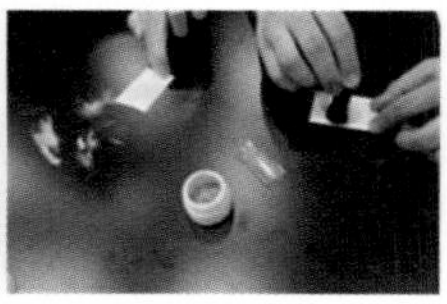 ③ 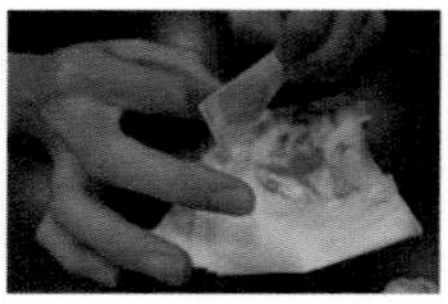

〈실험 2〉 고체법 2 · 형광분말 사용

① 핸드크림을 발랐거나 땀이 난 손가락을 종이에 찍는다. (지문 채취용 종이는 다른 이물질이 묻지 않도록 핀셋을 이용하여 꺼내며, 지문을 찍을 때에는 이마나 콧등을 문질러 유분을 묻히거나 입김을 불어 넣어 습기가 생기게 한 후 찍는다.)

② 브러쉬에 형광 분말을 묻혀 지문이 찍힌 자리에 뿌린다.(톡톡 치듯이 넓게 펴준다.)

③ 종이 양 끝을 잡고 살살 흔들어 형광 분말이 고루 퍼지게 한 후, 털어낸다.

④ UV를 쪼여 지문을 확인한다.

① 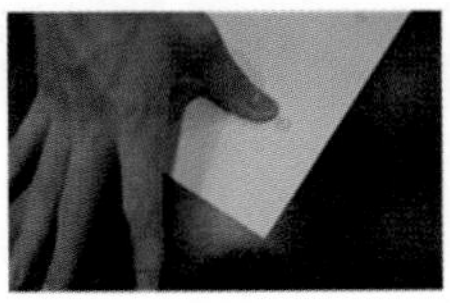 ② 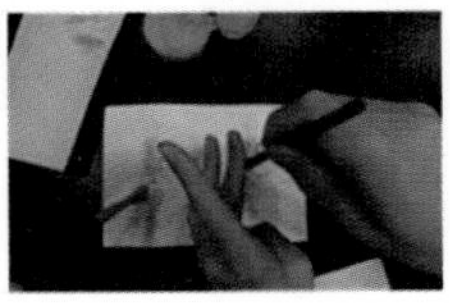 ③ 

〈실험 3〉 액체법 · 닌히드린 사용

① 땀이 난 손가락(콧등의 유분을 묻힌 후)을 종이에 찍는다.

② 닌히드린용액에 거름종이를 담가 충분히 적신다. 또는 지문이 찍힌 자리에 닌히드린용액을 뿌린다.

③ 핀셋으로 거름종이를 꺼내 건조시킨다.

④ 지문을 육안으로 확인한다.

① 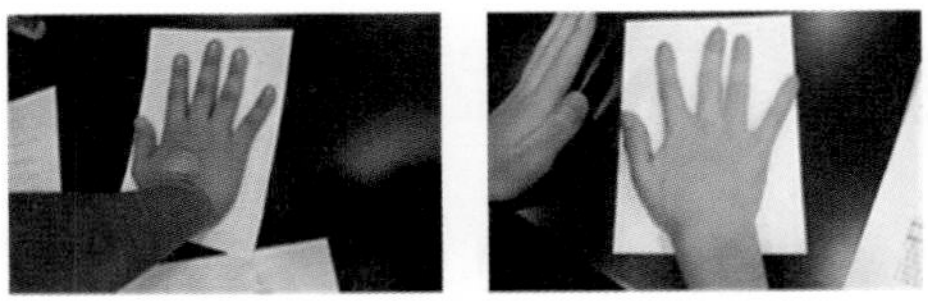 ② 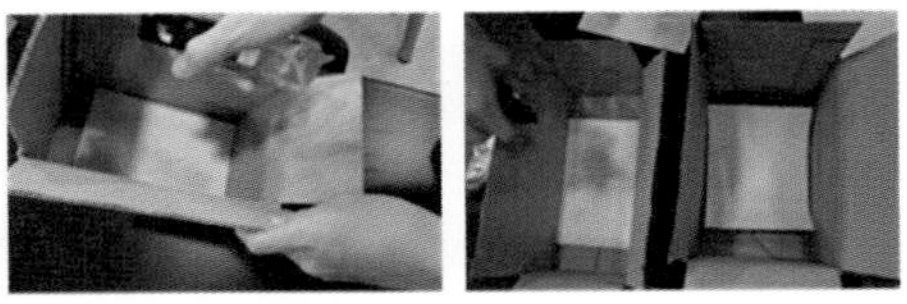

* 닌히드린이 피부에 닿을 경우 재빨리 물로 씻는다.(손에 묻으면 남색으로 얼룩이 지며, 잘 지워지지 않으므로)

〈실험 4〉 닌히드린 용액을 사용하여 UV를 쪼여 지문 확인하기

① $ZnCl_2$ 1g을 methanol 10ml에 각각 용해시키고, petroleum ether 200ml와 혼합하여 금속염 용액을 완성한다.

② 금속염 용액을 지문을 현출한 종이 위에 뿌린다.

③ 금속염 용액이 마르도록 건조시킨다.

④ 육안으로 관찰 후, UV를 쪼여 관찰하여 비교한다.

①  ② 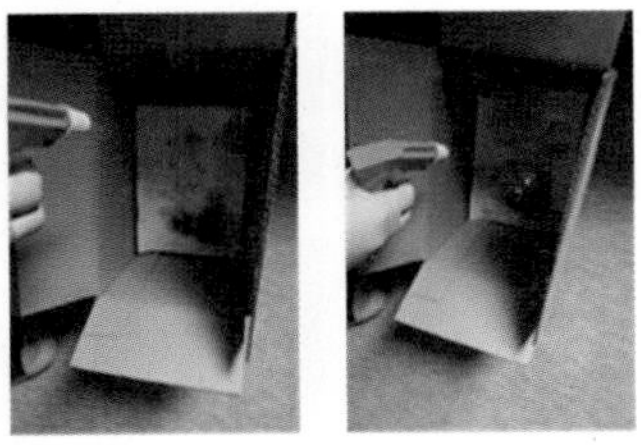

〈탐구 4〉 형광을 탐지하는 system 만들기

A. 휴대전화 플래시를 이용하여 DIY Blacklight 만들어 형광 증백제, 위조지폐 확인

① 스마트폰 플래시에 투명 테이프를 한 겹 붙이고 그 위에 파란색 펜을 칠한다.
② 그 위에 투명 테이프를 한 번 더 붙이고 파란색 펜을 덧칠한다.
③ 그 위에 투명 테이프를 붙이고 보라색 펜으로 덧칠한다.
④ 그 위에 투명 테이프를 붙인 후 어두운 곳에서 스마트폰 플래시를 켜 형광 물질을 관찰하고 사진을 찍는다.

①~② 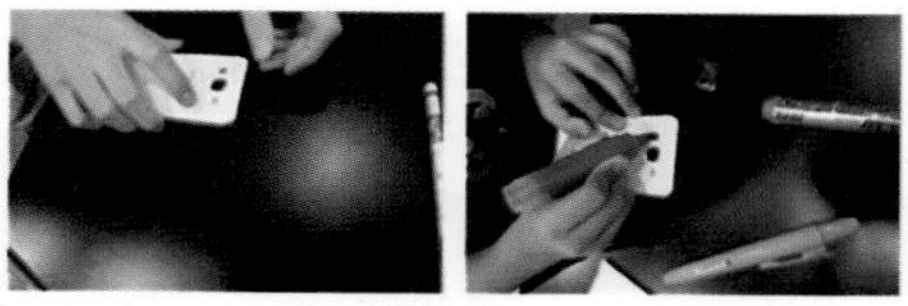

③ 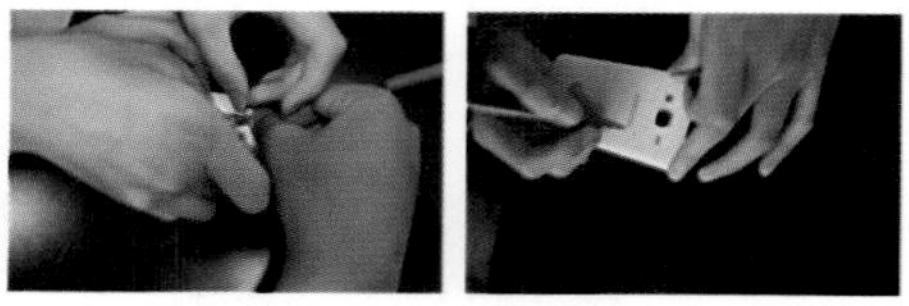

B. 형광을 통해 지문을 효과적으로 탐지하는 휴대용 형광 지문 감식기 만들기

① 라운드형 고휘도 LED 전구의 파란색을 각각 2개씩 총 4개를 병렬로 연결하여 불이 들어
② 라운드형 고휘도 LED 전구의 초록색을 각각 2개씩 총 4개를 병렬로 연결하여 불이 들어오는지 확인한다.
③ 연결된 파란색, 초록색 LED가 같은 건전지를 통해 불이 들어오도록 연결한다.
④ 연결한 회로를 루페 바깥쪽에 글루건을 이용하여 고정시킨다.
⑤ 종이컵을 회로를 고정시킨 루페에 맞게 잘라 고정시킨다.
⑥ long pass filter를 대처할 빨간색 셀로판지를 루페 렌즈 바로 위에 붙여 종이컵과 고정시킨다.
⑦ 완성된 장치를 이용하여 형광 분말로 채취한 지문을 관찰, 비교한다.

* Long pass filter : 특정한 파장보다 긴 파장을 통과 시키는 필터로서, 흡수한 빛보다 긴 파장의 빛을 방출하는 형광을 더 선명하게 관찰하는 데 용이하다.

① 

② 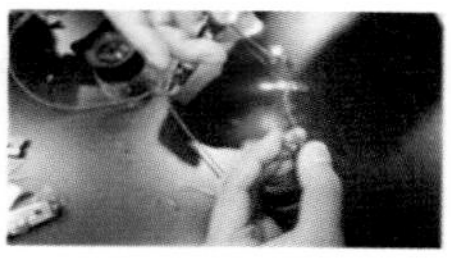

③ 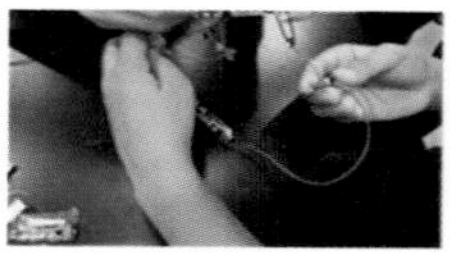

④ 

⑤ 

⑥ 

⑦ 

실험 결과

〈탐구 1〉 형광의 원리를 이해하고 형광봉 만들기

A. 형광의 원리 이해하기

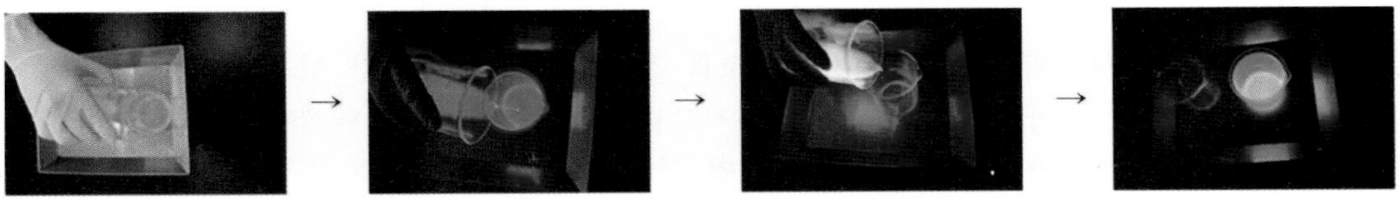

완제품 형광봉 속에는 유리관이 존재하며, 유리관 속에 존재하는 액체는 노란색이며, 유리관 바깥쪽에 존재하는 액체는 투명하고 미끌미끌하다. 노란색 액체는 형광 물질일 것이며, 상온에 그냥 두면 아무런 변화가 없지만 유리관 바깥에 존재하는 투명한 액체와 만나면 즉, 두 액체가 섞이면 점차 형광 빛이 강해져 마치 등을 켜둔 것처럼 밝아졌다. 따라서 완제품 형광봉을 구부리면 투명 액체가 촉매제(화학 반응에서 반응 물질 이외의 물질로서 반응 속도를 빠르게 하는 물질) 역할을 하게 되므로 형광의 화학 반응으로 인해 형광 빛을 스스로 내뿜는 것이다. 즉, 형광 물질의 성분은 디페닐옥살레이트이며, 형광 물질이 스스로 빛을 내뿜게 도와주는 촉매제는 유기 과산화수소이다.

B. 형광봉 만들기

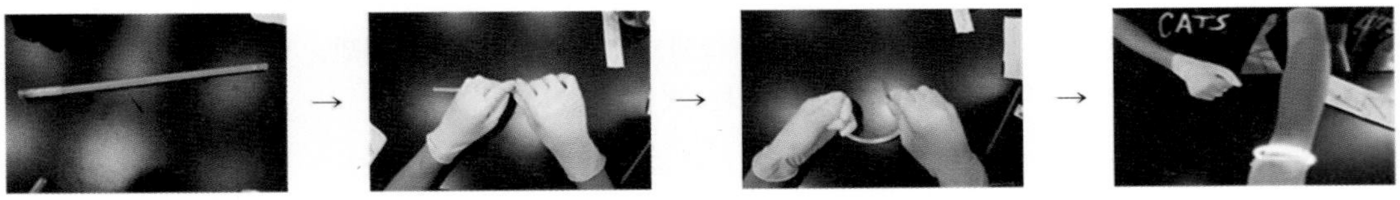

유리관 속에 형광 물질인 디페닐옥살레이트를 가득 채우고 유리관 바깥에 형광의 화학 반응을 일으키는 촉매제인 유기 과산화수소를 넣어 만든 후 형광봉을 구부리면, 형광봉 속 유리관을 깨면 형광 빛이 점점 강해진다. 형광봉을 구부려 유리관을 깨면 형광 물질인 디페닐옥살레이트가 촉매제인 유기 과산화수소와 반응하므로 형광 물질의 구조가 깨지면서 형광 빛을 나타내는 것이다. 즉, 형광 물질은 화학 반응에 의해 스스로 빛을 낸다.

〈탐구 2〉 형광 증백제 등 형광 물질의 포함 여부 확인

A. 주변 물질에서 UV(자외선) LED flashlight을 통해 형광 증백제, 위조지폐 확인

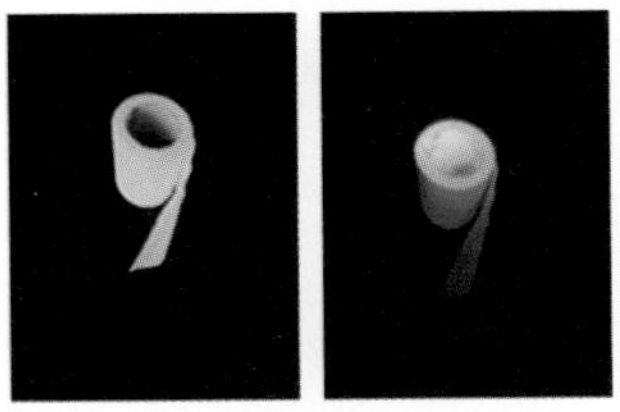

휴지보다 휴지심에서 형광 빛이 밝게 나타난다.

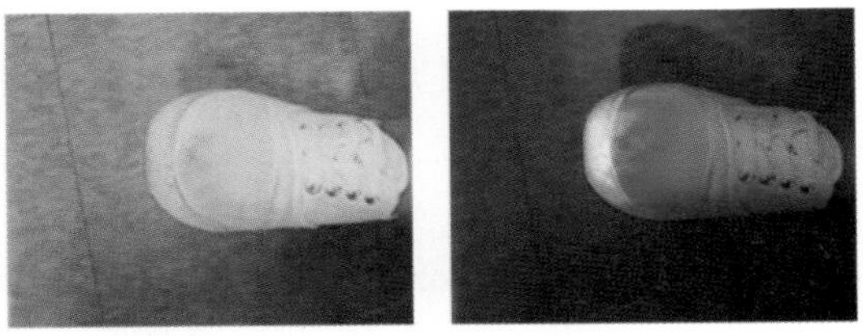

흰색 운동화의 천 부분보다 고무 재질의 밑바닥에서 형광 빛이 훨씬 밝게 나타난다.

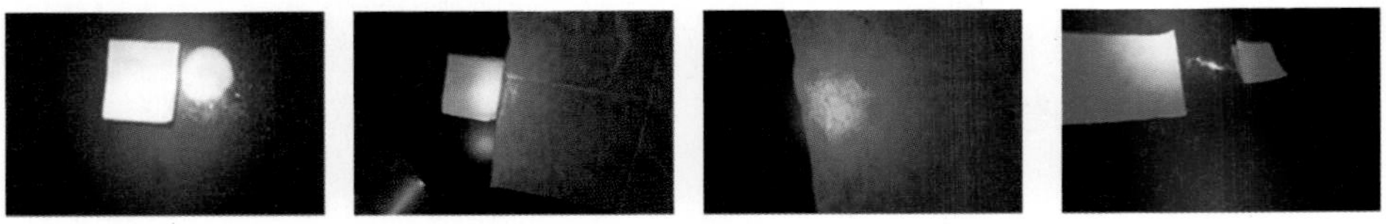

흰색을 띠는 물건에 UV(자외선) LED flashlight를 쪼이면 형광증백제가 있는 물건에서 형광 빛을 확인할 수 있다. 두루마리 휴지의 경우 휴지보다 휴지심에 형광증백제가 많이 포함되어 있음을 확인할 수 있으며, 흰색 운동화의 경우 천 부분보다 고무 재질의 신발 밑바닥에 형광 증백제가 훨씬 많이 포함되어 있음을 확인할 수 있다. 이처럼 가시광선으로는 확인할 수 없는 형광 증백제 등 형광 물질의 존재를 자외선을 통해 확인할 수 있으므로 비밀스러운 내용을 담을 때, 무언가를 탐지할 때 형광 물질을 응용할 수 있을 것이다.

B. 형광펜으로 비밀 편지 쓰기

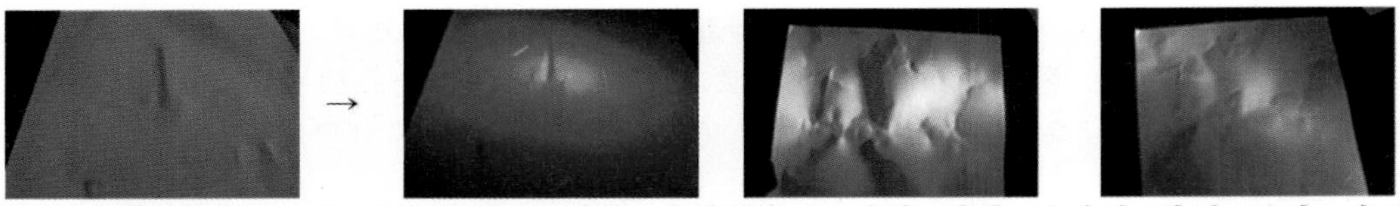

UV(자외선) LED flashlight를 쪼이면 자외선을 쪼이기 전에 보이지 않던 글자, 숫자, 그림이 형광 빛으로 보인다.

형광 물을 사용하여 종이에 글씨를 쓸 경우 글씨가 잘 보이지 않지만, UV(자외선) LED flashlight를 쪼이면 글씨가 형광 빛으로 나타나는 것을 확인할 수 있다.

C. 형광 증백제 디지털 검출기를 통해 주변 물질에 포함된 형광 증백제의 위험 정도 측정

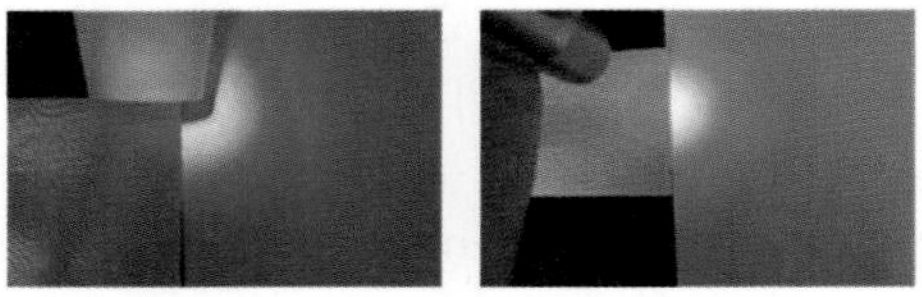

종이컵, 키친타올과 비교한 A4용지
(각 사진 오른쪽)

	1 키친 타올	2 멸균 거즈	3 A4 용지	4 휴지	5 물티슈	6 흰색 티셔츠	7 핸드폰 뒤판 (흰색)	8 흰색 지우개	9 종이컵	10 흰색 라텍스 장갑	11 흰색 신발 고무 바닥
UV LED flashlight	○	○	○	○	○	○	○	○	×	○	○
형광증백제 디지털 검출기 (10mg/L)	0.032 (L)	0.071 (L)	5.584 (H)	0.071 (L)	0.100 (L)	2.522 (M)	0.136 (L)	2.340 (M)	0.000 (N)	0.046 (L)	1.927 (M)

형광증백제 디지털 검출기에서 None으로 나온 종이컵과 비교했을 때 형광 증백제가 포함된 흰색 물건은 UV(자외선) LED flashlight를 쪼였을 때 형광을 나타내며, 형광증백제 디지털 검출기를 측정한 결과 Low(L), Medium(M), High(H) 레벨에 해당한다. 형광증백제 디지털

검출기를 통해 확인한 10가지 물건 중 A4용지에 가장 많은 형광증백제가 포함되어 있으며, 그 외 휴지와 물티슈 등 흰색 물건에서 측정한 형광증백제는 소량 존재한다는 것을 알 수 있다. 따라서, 상대적으로 비교해본 결과, UV(자외선) LED flashlight를 쪼였을 때 형광 빛이 나타난다고 인해에 무조건 유해한 것이 아닐 수 있다고 할 수 있다.

D. 다른 곳으로 형광 증백제의 이동 유무 확인

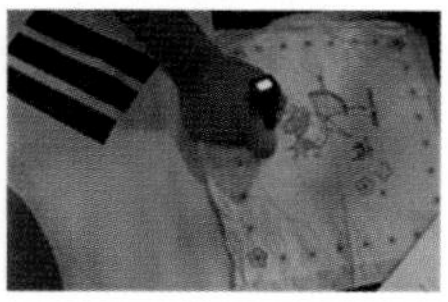

가제수건

태극기

형광증백제 디지털 검출기로 측정한 결과 각각 가제수건은 5.994(10mg/L), 태극기는 0.824(10mg/L)나왔으며, 가세수건과 태극기를 물에 담가 함께 세제 없이 비벼 빤 결과 가제수건은 5.544(10mg/L), 태극기는 0.894(10mg/L)가 나왔다. 이와 같은 결과를 통해 형광증백제는 한 곳에 머물러 있는 것이 아니라는 것을 알 수 있다. 형광증백제가 없는 수건이나 옷이라도 다른 흰색 옷에 의해 형광증백제가 옮겨올 수 있으므로 형광증백제가 거의 없는 신생아 옷은 어른 옷과 반드시 따로 세탁해야 형광증백제로부터 보호할 수 있을 것이다.

〈탐구 3〉 루미놀을 이용한 혈흔 감식, 닌히드린(+금속염), 형광 분말을 이용한 지문 감식을 통해 형광을 이용한 법의학을 이해한다.

A. 루미놀을 이용한 혈흔반응 실험

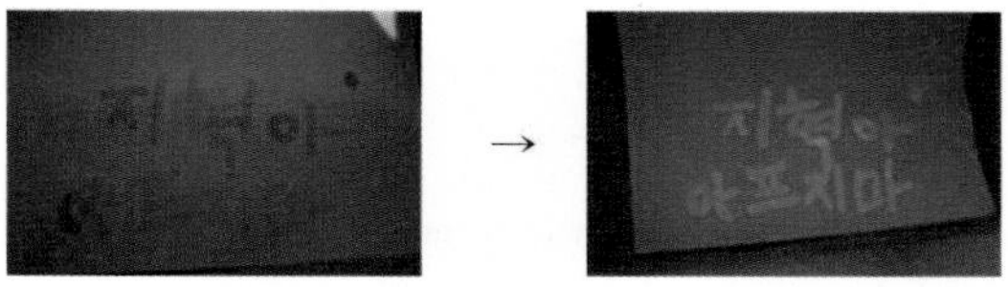

* 맨 윗부분은 피, 밑에는 물과 섞은 헤모글로빈

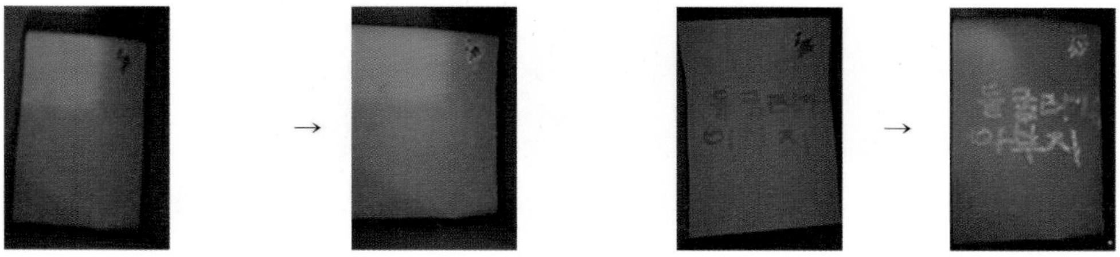

루미놀 용액은 루미놀(아미노프탈히드라지드)과 과산화수소수의 알칼리 혼합액이며, 루미놀 반응은 혈흔의 유무가 불분명할 때, 또는 혈흔과 혼동하기 쉬운 반흔이 다수 있을 때, 혈흔의 반흔을 신속하게 골라내기 위해 사용하며, 화학발관 검사법이라고도 한다. 종이에 피와 헤모글로빈 용액으로 쓴 글씨에 루미놀용액 스프레이를 골고루 뿌려주면, 피와 헤모글로빈용액이 묻어있는 부분이 푸른색 형광으로 빛이 난다. 헤모글로빈 용액으로 쓴 글씨에서도 피와 동일하게 형광 빛이 났으므로 피 성분 중 적혈구에 존재하는 헤모글로빈과 루미놀 용액에 만나 화학 반응을 함으로써 형광 물질이 생성되는 것이라 할 수 있다. 또한, 피를 닦더라도 혈흔이 완전히 닦이지 않을 수 있으므로 아주 조금 남은 혈흔이 루미놀과 반응하면 범죄 현장에서 용의자를 찾을 수 있다. 유전 물질이 들어있는 DNA는 세포 핵속 염색사안에 있는 물질이며, 피를 닦은 자리에서 백혈구, 적혈구나 조금의 상피세포가 있다면 DNA를 알아낼 수 있다.

B. 지문 감식

〈실험 1〉 고체법 1 · 알루미늄 분말사용

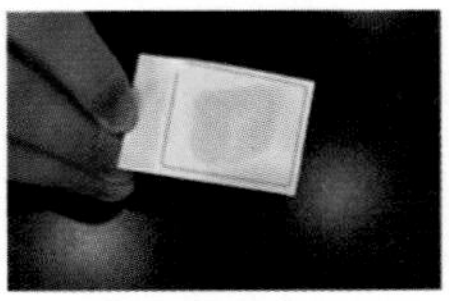

(투명스티커를 붙여 지문을 보존한다.)

알루미늄 분말이 생각보다 잘 묻어나지 않아 육안으로 지문 식별이 어렵다.
일반적인 분말법은 거친 종이 표면에 남겨진 지문이나 오래된 기름 성분이 말라버리면 사용할 수 없는 단점이 있다. 즉, 지문을 어느 곳에나 남길 수 있지만, 지문이 찍힌 후 시간이 지날수록 또는 햇빛에 노출될 경우 지문 채취에 어려움이 발생한다.

〈실험 2〉 고체법 2 · 형광분말 사용

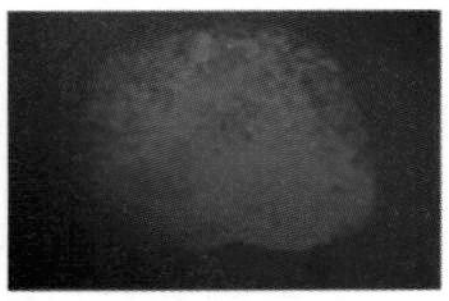

알루미늄 분말과 같은 일반적인 분말법을 통한 지문 채취의 어려움을 최소화하고자 형광을 이용한 지문 현출하였다. 형광은 빛을 흡수한 후, 들뜬 상태에서 흡수한 빛보다 긴 파장 빛을 방출하는 현상이므로 미량의 물질을 분석할 때 매우 좋은 방법이 될 수 있다. 따라서 미량의 지문성분으로부터 오랜 시간 노출된 지문의 가시화를 향상시키는 데 매우 효과적이다. 알루미늄 분말보다 잘 묻어나는지 육안으로 비교하기는 어렵지만 UV를 쪼이면 형광 빛에 의해 지문 식별이 훨씬 더 쉽다.

〈실험 3〉 액체법 · 닌히드린 사용

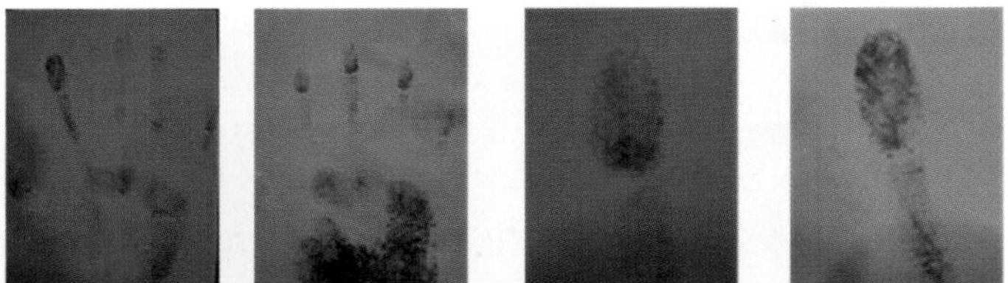

손바닥의 피지선에서 분비된 땀이나 기름 속의 아미노산과 반응한 닌히드린 용액에 의해 지문이 보라색으로 변한다.

〈실험 4〉 닌히드린 용액을 사용하여 UV를 쪼여 지문 확인하기
닌히드린을 뿌려 얻은 지문에 금속염을 처리하여 건조시킨 결과 실험 UV(자외선)에서 형광으로 지문을 확인할 수 없었다.

〈탐구 4〉 형광을 탐지하는 system 만들기

A. 휴대전화 플래시를 이용하여 DIY Blacklight 만들어 형광 증백제, 위조지폐 확인

DIY Blacklight로 관찰

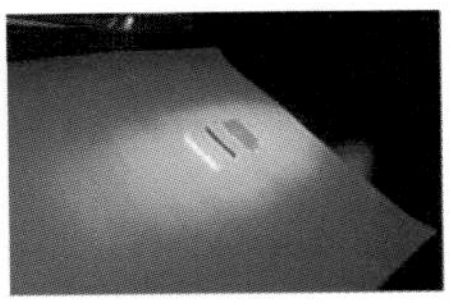

UV(자외선) LED flashlight로 관찰

UV(자외선) LED flashlight보다는 빛이 약하지만, 형광의 유무를 확인할 수 있다.

B. 형광을 통해 지문을 효과적으로 탐지하는 휴대용 형광 지문 감식기 만들기

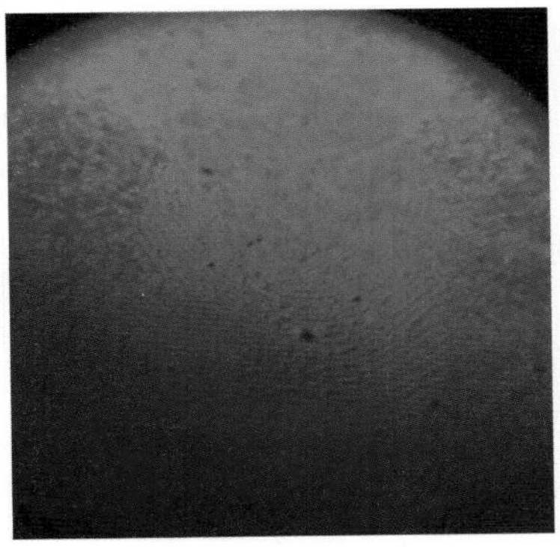

UV와 루페사용

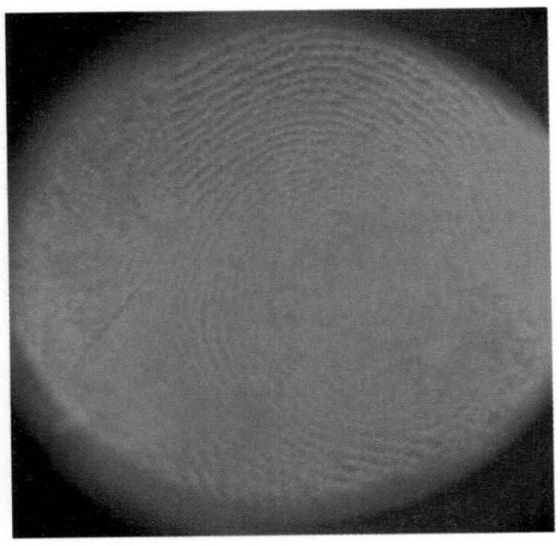

파란색 LED와 루페 사용

빨간색 셀로판지를 루페 렌즈에 붙이고, 파란색, 초록색 LED를 켜 지문을 관찰한 결과에서는 지문 확인이 어려웠다. long pass filter를 대체할 수 있을 것으로 생각한 빨간색 셀로판지는 효과가 없었다. 빨간색 셀로판지를 떼어낸 후 루페와 초록색 LED를 통해 관찰한 지문은 루페와 파란색 LED를 통해 관찰한 경우보다 지문을 확인하기 어려웠으며, 파란색 LED와 루페를 사용하여 만든 휴대용 형광 지문 감식기는 UV(자외선) LED flashlight와 루페를 사용하여 관찰한 지문(형광 분말 사용)과 비슷한 효과를 볼 수 있다.

작품의 내용 및 결론

루페와 파란색 LED를 이용한 휴대용 형광 지문 감식기는 형광 물질로 탐지한 지문을 효과적으로 볼 수 있다.

전망 및 활용성

지문 감식은 범죄현장에서 결정적 증거로 사용되므로 지문을 효과적으로 채취하는 방법의 개발이 매우 중요하다. 이번 탐구 과정을 통해 만든 휴대용 형광 지문 감식기는 저렴하고 간편(초소형)하므로 학교에서는 자신의 지문 찾기 실험에 사용할 수 있을 것이며, 과학수사 원리를 실생활에 도입해 가정에서도 도난 방지를 위해 사용할 수 있다. 더 나아가 범죄수사 등 법의학에서 중요한 역할을 하는 형광 탐지 과정에 활용할 수 있을 것이다.

주제3 식용 곤충

Q1

p.133

예시 가장 먼저 곤충이 주는 혐오감 때문에 사람들이 과연 '찾아 먹을 것인가'에 대한 의문이다. 사회적으로 징그럽다고 인식되는 곤충이 사랑받는 먹거리로 탈바꿈하기 위해서는 가공이 필수적이다. 우선 소비자에게 긍정적인 인식을 심어주기 위해, 곤충의 생김새가 드러나지 않는 분말이나 과자 형식으로 개발할 필요가 있다.

다음, 가장 중요한 안전성 문제다. 아직 발걸음을 겨우 뗀 단계인 국내 식용 곤충이 과연 안전한 먹거리인지에 관한 의문이다. 한국소비자원이 지난해 9월 식용 곤충 구매 및 섭취 경험자 500명을 대상으로 설문 조사 한 결과, 10명 중 1명꼴로 알레르기 증상을 보인 것으로 드러났다. 국가 차원의 식용 곤충에 대한 안전성 검사가 필요하다.

Q2

p.133

예시 메뚜기-메방이, 누에-누들이, 갈색거저리 유충-담백이, 흰점박이꽃무지 유충-부들이, 장수풍뎅이 유충-퐁당이, 귀뚜라미-귀요미

해설 이름 공모전에 의해 갈색거저리유충은 고소한 애벌레라는 뜻의 '고소애', 쌍별귀뚜라미는 '쌍별이', 흰점박이꽃무지유충은 '꽃뱅이', 장수풍뎅이 유충은 '장수애'라는 이름으로 탈바꿈했다.

주제 깊이 알기

p.137

Q1

정답 ④

해설 우리몸에서 에너지원으로 사용되는 영양소를 3대 영양소라고 하며, 탄수화물, 단백질, 지방이다.
바이타민은 부영양소로 에너지원으로 쓰이지 않지만 우리 몸에 꼭 필요한 영양소이다. 몸에서 생리 작용을 조절하고, 필요량은 매우 적지만 부족하면 각종 결핍증이 나타난다.
· 수용성 바이타민: 바이타민 B, 바이타민 C
· 지용성 바이타민: 바이타민 A, 바이타민 D, 바이타민 E, 바이타민 K

종류	기능	결핍증	함유 식품
바이타민 A(레티놀)	시력 유지, 신체 면역력 강화	야맹증	과일, 간, 채소
바이타민 B_1(티아민)	에너지 대사, 핵산 합성	각기병	효모, 곡식, 간
바이타민 B_2(리보플라빈)	생장 촉진 및 재생	생장 장애	우유, 콩, 달걀
바이타민 C(아스코르브산)	뼈, 연골, 인대 형성	괴혈병	과일, 채소
바이타민 D(칼시페롤)	칼슘과 인의 흡수 촉진	구루병	간, 우유, 달걀
바이타민 E(토코페롤)	노화 방지, 생식세포 형성	불임증	채소, 우유, 버터

Q2

정답 물

해설 물은 몸의 약 66% 를 차지하며, 혈액과 림프의 주성분으로 영양소와 노폐물 등을 운반하고, 체온 조절에 관여한다. 대부분의 음식물에 가장 많이 들어있는 영양소는 물이다. 이는 생물체를 구성하는 영양소 중 물이 가장 많기 때문이다.

Q3

정답 탄수화물 360g, 단백질 120g, 지방 120g

해설 섭취하는 탄수화물의 양 A, 단백질의 양 B, 지방의 양 C 로 하면,
4A + 4B + 9C = 3000 이고,
무한이가 식사를 통해 섭취하는 3대 영양소의 비율 탄수화물 : 단백질 : 지방 = 60 : 20 : 20 = 3 : 1 : 1 이므로,
B = C, A = 3B = 3C 이다.

$\therefore$ 12B + 4B + 9B = 3000, B = C = 120g, A = 360g

Q4

예시 주어진 자료를 보았을 때 지방은 섭취율이 적지만 몸의 구성 성분으로 사용되는 비율이 높고, 1g 당 9kcal 의 높은 에너지를 낼 수 있기 때문에 겨울잠을 자는 동물들은 지방의 형태로 에너지를 저장한다.

해설 지방은 다른 주 영양소인 단백질, 탄수화물에 비하여 높은 에너지를 낼 수 있고, 특히 피하에 저장되기 때문에 보온 효과도 지니고 있어 겨울철에 체온을 유지하고 고에너지를 저장하기에 가장 좋은 영양소이다.

Q5

예시 곤충을 이용한 식품 개발뿐만 아니라 민간 요법으로 곤충을 섭취했던 것처럼 약용으로 곤충을 활용하거나, 장수풍뎅이같이 애완용으로 사육하는 등 다양하게 활용할 수 있을 것이다.

해설 곤충 산업 시장은 지속적으로 증가하고 있다. 곤충자원은 식량·기능성 소재·농업자재 등 다양한 용도로 활용되고 있으며 R&D 성과에 힘입어 곤충이 건강기능식품, 환경기능성 및 식의약 소재로 활용 범위가 확장되고 있다.

산업화 영역	의의
화분매개 곤충	과수, 시설 재배지의 수분(꽃가루받이) 용도로 인위적으로 사용
산업 곤충	각종 유용 물질을 생산하여 인간 생활에 이용되는 곤충 · 누에를 통한 실크, 누에가루, 동충하초, 간식용 번데기 · 꿀벌을 통한 꿀, 로열젤리, 프로폴리스 · 곤충 외골격으로부터 키틴 추출 · 낚시 미끼, 축산배출물 처리, 생물 농약, 천적 · 귀뚜라미, 밀웜 등의 생물 먹이 곤충
식용 곤충	동물성 단백질 보충의 주요 공급원, 최근 곤충요리 전문점이 생길 정도로 식용 영역 확대
약용 곤충	민간약재 이용, 한방약제, 건강보조식품 등으로 수요 증가 전망 건식의 경우 자연 추출의 자연식품 쪽으로 관심 증가
정서 곤충	도시화, 산업화로 인간감성의 회복, 삶의 질 개선 추구 애완용 사육 증가 추세, 자연체험 이벤트 확대
환경지표곤충	곤충 서식 여부에 따른 환경 오염도 측정
연구용 곤충	각종 국공립기관, 연구소, 민간단체 등의 연구 목적

* 농업기술실용화재단(2011) 참고

Q6

해설 특정 제품명으로도 검색이 가능하며, 각 식품명(제품명)을 클릭하면 더 자세한 정보를 얻을 수 있다.
중학생을 기준으로 표준 체중을 가진 남학생은 약 2,400kcal, 여학생은 약 2,000kcal 를 하루에 섭취하는 것이 좋다.
예 : 서울우유에서 나온 '아침에주스 포도'를 아침으로 먹었을 경우

번호	가공식품군	1회제공량 (g)	열량 (kcal)	탄수화물 (g)	단백질 (g)	지방 (g)
	가공식품명	당류 (g)	나트륨 (mg)	콜레스테롤 (mg)	포화지방산 (g)	트랜스지방산 (g)
2	올리고당류	200	110	28	0	0
	포도쥬스,농축과즙, 아침에주스포도(서울우유)	0	6	0	0	0

탐구 주제 찾기

p.139

Q1

예시
· 번데기가 맛있는 것처럼 다른 식용 곤충도 먹다보면 익숙해 질 것 같다.
· 생각보다 많은 나라에서 곤충을 이미 식용으로 먹고 있었다.
· 식용 곤충이 생각한 것보다 영양가가 풍부하다.
· 모든 곤충을 다 식용으로 사용할 수 있을까?
· 곤충을 섭취하였을 때 알레르기 반응은 없을까?
· 독이 있는 곤충을 섭취하는 것도 가능할까?
· 식용 곤충을 집에서 기른 후 식용으로 사용해도 될까?
· 식용 곤충의 사육은 쉬울까?
· 7가지 식용 곤충의 맛은 실제로 어떨까?
· 식용 곤충은 얼마나 가열해야 독성이 사라질까?
· 식용 곤충을 얼마나 가열해야 맛있게 먹을 수 있을까?
· 식용 곤충을 가루로 만들어 밀가루와 같은 식재료랑 섞을 경우 잘 섞여서 요리를 할 수 있을까?
· 밀웜이 플라스틱컵 1개를 일주일 동안 모두 먹어버리기 위해서는 몇 마리가 필요할까?
· 밀웜은 모든 플라스틱 종류를 모두 먹을 수 있을까?
· 밀웜이 스타이로폼을 먹은 후 배설한 배설물은 어떤 성분일까?

Q2

예시
· 고소한 감자튀김 맛의 '고소애' : 가루로 만든 후 부침가루처럼 재료를 넣어서 빈대떡으로 만들어 먹는다.
· 고소한 감자튀김 맛의 '고소애' : 튀김가루를 묻혀서 튀겨서 먹는다, 스틱 형태의 과자로 만든다.
· 고소하고 담백한 맛의 메뚜기 : 튀김가루를 묻혀서 튀겨서 먹는다. 가루로 만든 후 밥 위에 뿌려 먹는다.
· 아몬드와 비슷한 맛의 귀뚜라미 : 가루로 만든 후 견과류와 버무려 강정처럼 만들어 먹는다.
· 고소하고 짭짤한 맛의 누에 번데기 : 기름을 넣고 볶아 먹는다. 스낵 형태의 과자로 만든다.
· 짭짤한 맛의 백강잠 : 가루로 만들어서 조미료와 같이 짭짤한 맛을 내기 위한 음식에 넣어 먹는다.

Q3

예시
· 곤충 대부분이 가늘고 얇은 다리가 많거나 물컹한 몸체로 식감이 좋지 않다. : 바짝 건조시킨 후 가루로 만들어 좋지 않은 식감을 느낄 수 없도록 한다.
· 곤충의 이름에 거부감이 있다. : 이름을 식욕을 자극할 수 있는 이름으로 개명한다.
· 곤충의 색이 식욕을 자극하는 색은 아니다. : 식용 색소를 이용하여 곤충 특유의 색을 가려준다.
· 곤충 특유의 향이 좋지 않다. : 향신료를 첨가하여 음식을 만든다.

Q4 예시 · 식용 곤충을 이용한 음식을 시식해 본 후 문제점과 장점 등을 찾아본다.

· 식용 곤충을 건조시킨 후 가루로 만들어 먹을 수 있는 형태로 만들 수 있는 방법을 찾아본다.

· 식용 곤충을 이용한 식품을 만든 후 주변 사람들에게 설문 조사를 한다.

· 식용 곤충의 식용으로서의 장점 뿐만아니라 다른 활용 방안을 탐구한다.

Q5 예시 · 식용 곤충을 이용한 스낵

· 식용 곤충을 이용한 조미료

· 식용 곤충을 이용한 스낵바

Q6 예시 미래의 먹거리 곤충, 식품으로서의 다양한 활용 방법 탐구

p.141

식용 곤충을 주제로 한 실제 제출된 또래 친구의 탐구 보고서

탐구주제

1. 곤충 원료 식품 관련 국내·외 활용 현황, 장점 조사
2. 곤충 원료 식품으로 가장 적합한 곤충을 찾고 활용 방법 제시
3. 곤충의 냄새 제거 실험 및 실험에 대한 고찰

탐구동기

이미 곤충은 식품 또는 약품으로 많이 이용되고 있지만 아직 보편화되었다고는 할 수 없다. 이번 과학탐구토론대회를 계기로 우리는 곤충들이 가지고 있는 장점들을 이용하여 현재 곤충 식품의 문제들과 인식들을 개선하는 방안을 탐구해 보았다.

탐구계획

기간	탐구 내용
20OO. X. XX. ~ 20OO. X. XX.	곤충 조사, 곤충 박물관 방문
20OO. X. XX. ~ 20OO. X. XX.	주변의 곤충 원료 식품 조사
20OO. X. XX.	곤충 원료 식품 개발을 위한 회의
20OO. X. XX.	탐구와 관련된 여러 가지 실험 실행
20OO. X. XX. ~ 20OO. X. XX.	완성품 제작
20OO. X. XX. ~ 20OO. X. XX.	보고서 작성 및 수정

탐구하고자 하는 내용

1. 곤충 박물관 탐사 및 곤충 원료 식품 체험
2. 개미 관찰과 액성 탐구
3. 개미산을 제거하는 탐구
4. 개미 소스 탐구
5. 개미 디저트 탐구
6. 개미의 보존제 효과 탐구
7. 귀뚜라미 특성 탐구
8. 귀뚜라미 냄새 제거
9. 귀뚜라미 건강보조식품 탐구
10. 귀뚜라미 영양 식품 탐구

준비물

1. 개미 관찰과 액성 탐구 실험

개미, 비커, 돋보기, 약사발, 저울, 지시약 (메틸오렌지, 메틸레드, 페놀프탈레인, 알리자린 옐로우)

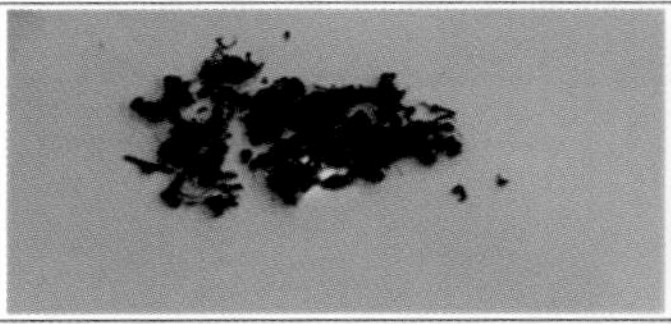		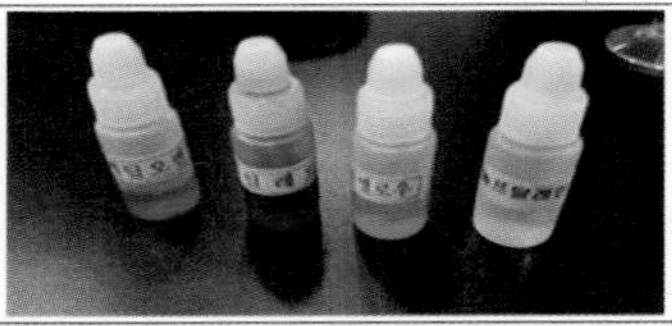
개미	돋보기	지시약

2. 개미산을 제거하는 탐구

④ 준비물 : 개미, 비커, 삼각플라스크, 저울, 염기성 식품(다시마, 버섯), 지시약

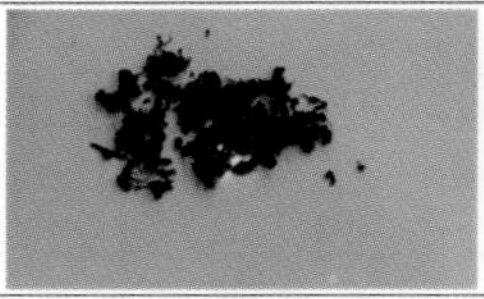	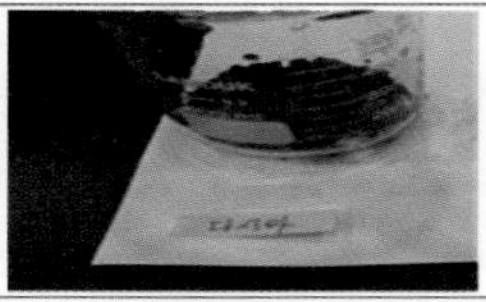		
개미	다시마	버섯	지시약

3. 개미 소스 탐구

개미, 설탕, 소금, 식초, 마요네즈, 간장, 로즈마리, 참기름, 은박접시, 약스푼, 약사발, 버너, 참깨드레싱, 오리엔탈소스, 다시마

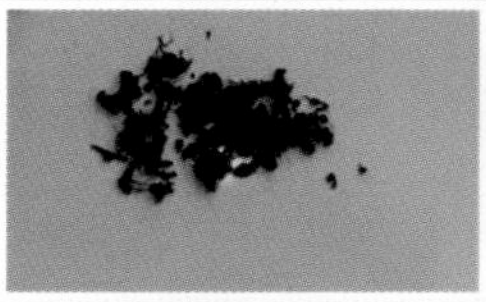		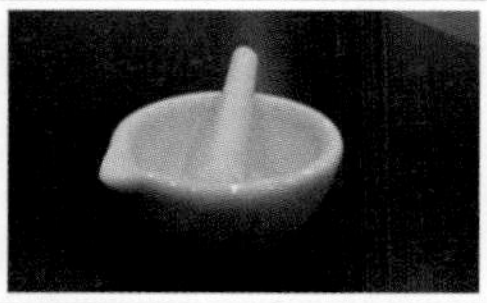	
개미	로즈마리	약사발	버너

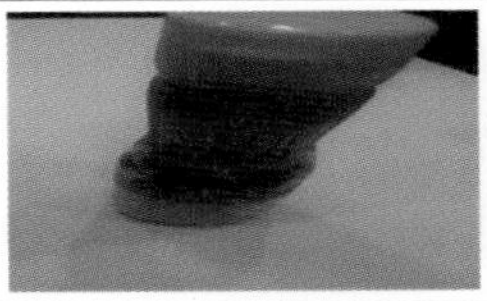	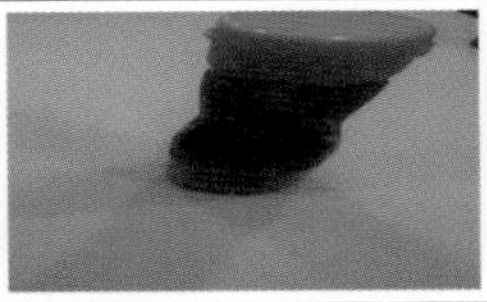		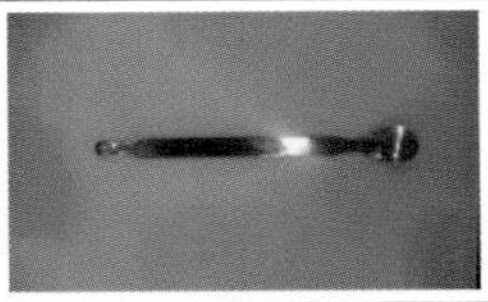
참깨 드레싱	오리엔탈 소스	다시마	약스푼

4. 개미 디저트 탐구 : 개미, 설탕, 물엿, 과일

5. 개미의 보존제 효과 탐구

개미, 약사발, 저울, 샬레, 약스푼, 탄수화물, 단백질, 지방

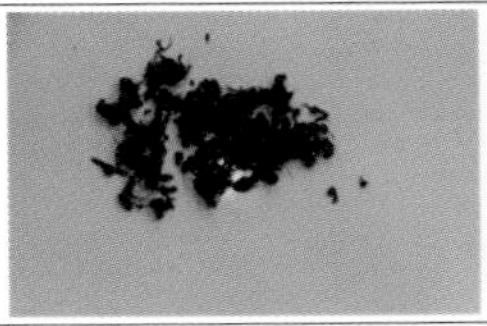			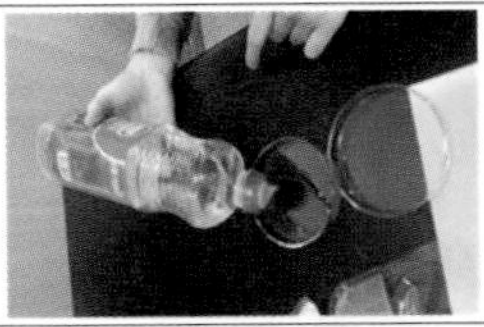
개미	탄수화물(빵)	단백질(돼지고기)	지방(식용유)

6. 귀뚜라미 특성 탐구

귀뚜라미	돋보기	버너

귀뚜라미, 돋보기, 버너

7. 귀뚜라미 냄새 제거 탐구

귀뚜라미, 샬레, 핀셋, 버너, 은박 접시, 쌀뜨물, 참기름, 로즈마리

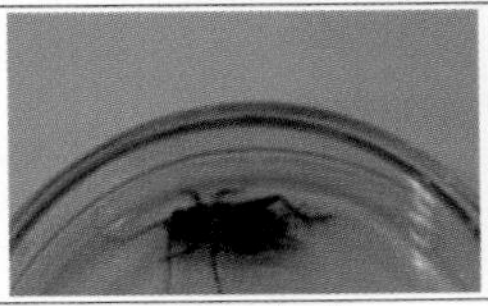			
귀뚜라미	쌀뜨물	참기름	로즈마리

8. 귀뚜라미 건강보조식품 탐구

귀뚜라미. 샬레. 핀셋, 버너, 은박접시, 믹서기, 밀가루, 로즈마리

	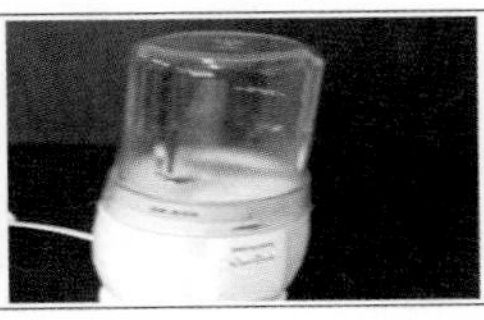		
귀뚜라미	믹서기	밀가루	로즈마리

9. 귀뚜라미 영양 식품 탐구

귀뚜라미. 샬레. 핀셋, 버너, 은박접시, 믹서기, 밀가루, 로즈마리, 식용유

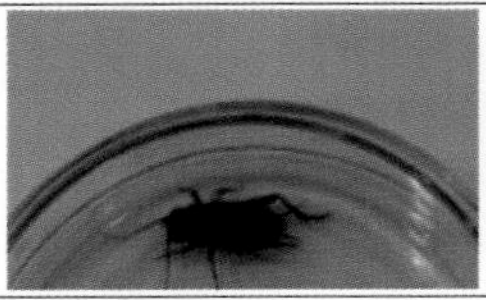		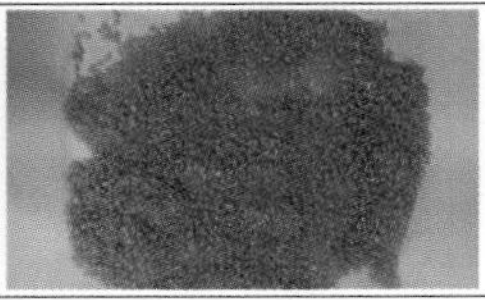	
귀뚜라미	믹서기	쌀	로즈마리

실험 과정

1. 개미 관찰과 액성 탐구 실험

1. 개미의 맛, 향, 생김새를 관찰한다.

2. 개미 수용액을 비커에 50 mL 씩 4개를 만든다.

3. 개미 수용액에 지시약을 넣는다.

2. 개미산을 제거하는 탐구

a) 부위 별 산성 확인 실험

1. 개미를 머리, 가슴, 배로 3등분 한다.

2. 개미 각 부위를 물에 넣어준다.

3. 개미 수용액에 지시약을 넣는다.

b) 염기성 식품을 이용한 중화 실험

1. 다시마와 버섯을 뜨거운 물에 넣는다.

2. 다시마와 버섯을 우린 물에 개미를 넣어준다.

3. 지시약을 넣고 색깔 변화를 확인한다.

3. 개미 소스 탐구

a) 개미 마요네즈 소스 만들기

물에 담가 놓았던 개미와 다시마물에 담가 놓았던 개미를 준비하여 다음과 같이 개미 마요네즈 소스를 만든다.

1. 개미를 불에 볶는다.

2. 볶은 개미를 갈아준다

3. 마요네즈와 참기름, 설탕물, 소금을 섞는다.

4. 개미를 넣어준 뒤, 로즈마리를 넣어 향을 잡아준다.

b) 개미 오리엔탈 소스

물에 담가 놓았던 개미와 다시마물에 담가 놓았던 개미를 준비하여 다음과 같이 개미 오리엔탈 소스를 만든다.

1. 개미를 불에 볶는다.

2. 볶은 개미를 갈아준다

3. 간장과 소금, 설탕을 섞는다.

4. 개미를 넣어준 뒤, 로즈마리를 넣어 향을 잡아준다.

· 설문을 통한 만족도 비교

1) 3가지 소스(1. 시중의 소스, 2. 중화하지 않은 개미 소스, 3. 중화한 개미 소스)를 준비한다.

2) 설문자에게 직접 맛을 보게 한다.

3) 외관, 향기, 색, 식감, 종합 의 5가지 항목에 대해서 최저 1점 ~ 최고 5점을 주는 방식으로 점수화하여 만족도를 조사한다.

4. 개미 디저트 탐구

1. 개미를 다시마물에 넣어준다.

2. 설탕과 물엿을 넣고 끓여준다.

3. 볶은 개미를 갈아서 올려준다.

5. 개미의 보존제 효과 탐구

1. 빵, 돼지고기, 식용유를 같은 무게로 2개씩 준비한다,

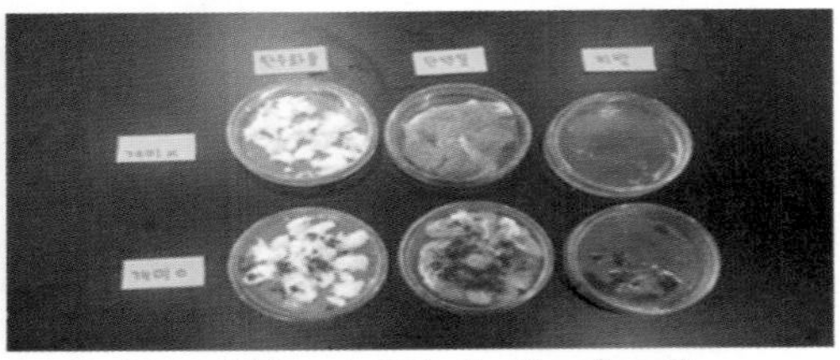

2. 개미를 가루로 만들어 각 시료에 뿌려준 뒤 관찰한다.

6. 귀뚜라미 특성 탐구

a) 귀뚜라미를 관찰한다.
b) 냄새를 확인한다.
c) 볶은 뒤 냄새를 확인한다.

7. 귀뚜라미 냄새 제거 탐구

1. 귀뚜라미를 불에 구워준다.

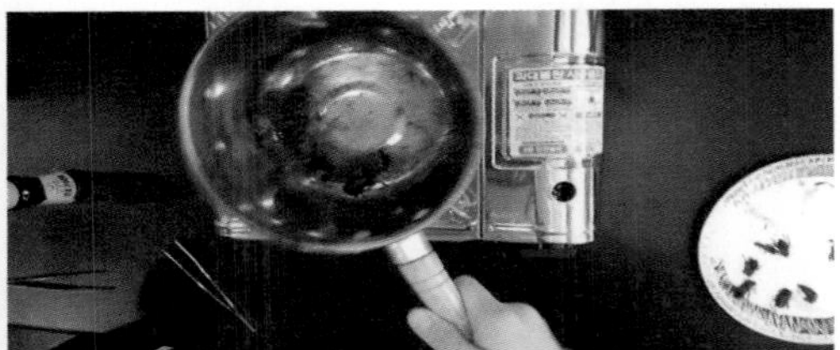

2. 귀뚜라미에 냄새 제거 예상 물질을 넣은 뒤 냄새를 맡는다.

8. 귀뚜라미 건강보조식품 탐구

1. 귀뚜라미와 로즈마리를 볶는다.

2. 볶은 귀뚜라미를 갈아준다

3. 밀가루 풀을 만든다.

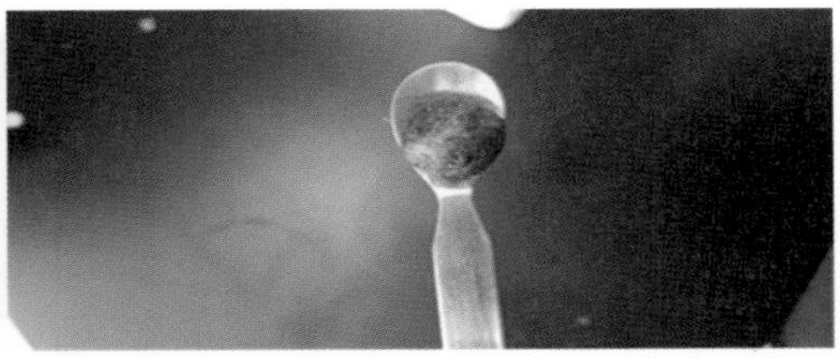

4. 환 형태로 만들어 하루정도 말려준다.

5. 귀뚜라미 가루를 캡슐 안에 담는다.

9. 귀뚜라미 영양 식품 탐구

1. 귀뚜라미와 로즈마리를 볶아준 뒤 곱게 갈아준다.

2. 쌀을 물에 8시간 불려둔 뒤 말려서 곱게 갈아준다.

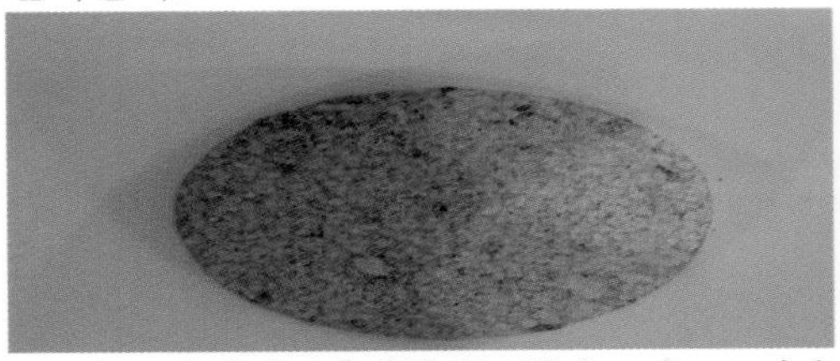

3. 귀뚜라미와 쌀가루를 섞은 뒤 뜨거운 물을 넣어 반죽한다.

4. 반죽한 떡을 냄비에 넣고 쪄준다.

실험 결과

1. 개미 관찰과 액성 탐구 실험

개미는 머리, 가슴, 배가 뚜렷하게 구분되었으며 색은 검정색이다. 생으로 먹었을 때 간장과 한약이 섞인 듯한 맛과 함께 강한 신 맛이 났다.

각 지시약을 넣은 개미 수용액은 메틸오렌지에서 주황색, 메틸레드에서 빨간색, 페놀프탈레인에서 무색, 알리자린 옐로우에서 노란색을 나타냈다. 지시약의 변색 범위를 통해 개미 수용액의 pH(액성)은 3.5 ~ 4.5 로 산의 성질을 가지고 있음을 확인하였다.

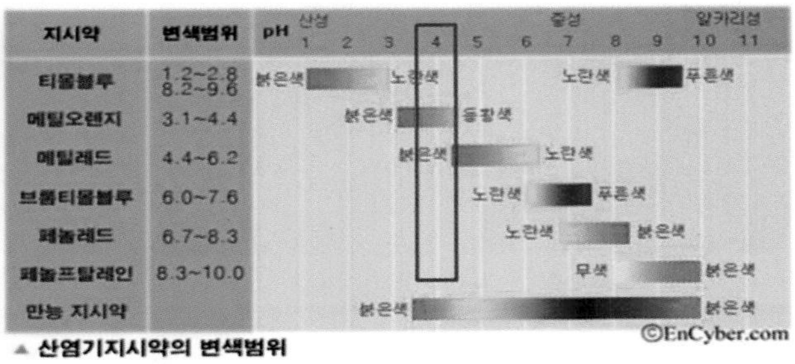

▲ 산염기지시약의 변색범위

2. 개미산을 제거하는 탐구

a) 부위 별 산성 확인 실험

머리를 넣은 용액은 메틸레드 첨가 시 색 변화가 없었고 가슴을 넣은 용액은 주황색으로 변하였고 배를 넣은 용액은 빨간색을 보였다. 메틸오렌지에서는 세 용액 모두 색변화가 거의 없었다. 개미산이 주로 배에 존재함을 확인할 수 있었다.

개미 부위별 산성 확인 실험

b) 염기성 식품을 이용한 중화 실험

개미를 넣은 다시마 용액에서는 메틸레드 색이 주황색으로 변하였고 버섯 용액에서는 노란색에 가까웠다. 염기성일 때 색 변화가 나타나는 페놀프탈레인을 넣었을 때는 색 변화가 일어나지 않았다.

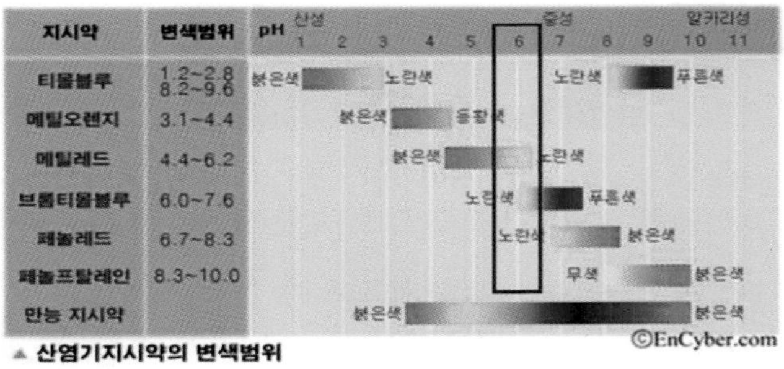

▲ 산염기지시약의 변색범위

3. 개미 소스 탐구

a) 개미 마요네즈 소스

개미를 이용해 개미 마요네즈 소스를 완성하였다. 이 소스는 고소하면서도 부드러운 맛이 낫다. 마요네즈 색이 흰색이고 개미가 검은색이지만 잘 갈아진 개미는 깨처럼 보여서 외형상으로는 거부감이 들지 않았다.

<개미 마요네즈 소스>

b) 개미 오리엔탈 소스

개미를 이용해 개미 오리엔탈 소스를 완성하였다. 이 소스는 상큼하면서도 달았다. 간장색이 검정색이기 때문에 개미의 모습이 잘 보이지 않아서 큰 거부감이 없었다.

<개미 오리엔탈 소스>

개미 100 g은 탄수화물 2.9 g, 단백질 14 g, 지방 3.5 g, 철 5.7 mg이 함유하고 있다. 우리는 개미 10 g을 첨가해 소스 100g을 제작하였으므로 첨가하지 않은 소스에 비해 탄수화물 0.29 g 단백질 1.4 g을 더 함유한 소스의 제작이 가능하였다.

· 설문을 통한 만족도 비교

a) 마요네즈 소스(평균)

	외관	향	색	식감	종합
소스1	3.42	2.86	3.14	3	3
소스2	3.25	3.42	3.86	3.28	3.57
소스3	3.43	3.43	3.71	3.71	4.14

b) 오리엔탈 소스(평균)

	외관	향	색	식감	종합
소스1	2.75	3.08	2.66	3	2.66
소스2	2.91	3.75	3.25	3.91	3.67
소스3	3.25	3.91	3.33	4.16	3.91

마요네즈 소스와 오리엔탈 소스 모두 개미산을 중화한 소스에 대한 평가가 좋았다.
개미산이 중화되면서 개미산의 독특한 맛과 향도 줄어든 것으로 보인다.

4. 개미 디저트 탐구

④ 실험결과

개미를 이용해서 사탕을 제작하였다.

5. 개미의 보존제 효과 탐구

 1일차: 6가지 모두에서 냄새가 나지 않고 돼지고기는 선홍색이 뿌렷하게 보였다.	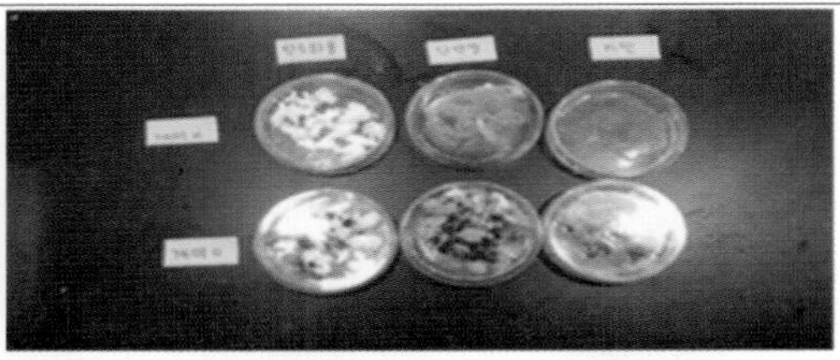 2일차: 개미가루를 뿌리지 않은 돼지고기 색깔이 약간 갈색으로 변한 곳이 존재하였다.
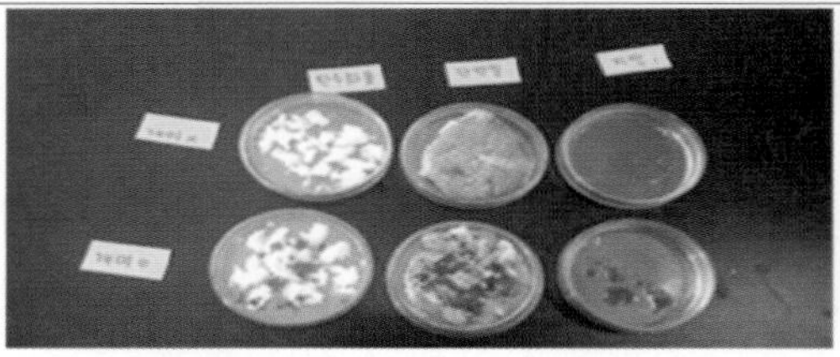 3일차: 개미가루를 뿌리지 않은 돼지고기 색깔은 갈색으로 변하였고 역한 냄새가 나기 시작하였다. 개미를 뿌린 돼지고기도 갈색으로 변한 곳이 존재하였다.	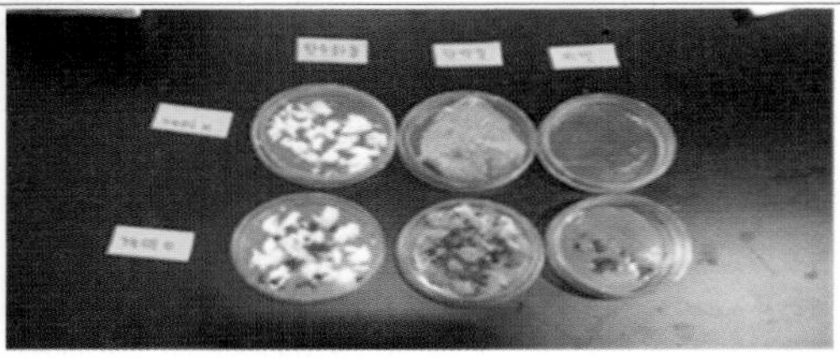 4일차: 개미가루를 뿌린 고기는 아직 선홍색을 띄는 부분이 존재하였다. 그리고 돼지고기 모두 역한 냄새가 났다.

6. 귀뚜라미 특성 탐구

크기는 1.5 cm 정도이며 더듬이가 몸길이와 비슷하며 암컷은 꼬리에 긴 산란관이 존재하고 수컷은 꼬리에 산란관이 존재하지 않는 것을 확인할 수 있다. 귀뚜라미가 살아있는 상태에서 냄새를 맡아본 결과 역겨운 냄새가 나는 것을 확인할 수 있다. 그리고 귀뚜라미를 볶아서 냄새를 맡아보았을 때 약간 역한 냄새가 나는 것을 확인할 수 있다.

7. 귀뚜라미 냄새 제거 탐구

귀뚜라미를 약한 불에 구웠을 때 역한 냄새가 났다. 여기에 쌀뜨물, 참기름, 로즈마리를 첨가한 뒤 냄새를 맡아 보았는데 쌀뜨물의 경우에는 좀 제거가 되었지만 여전히 냄새가 났다. 참기름의 경우에는 기름 냄새가 너무 강했다. 로즈마리의 경우에는 자체의 냄새가 귀뚜라미 냄새를 덮어 역한 냄새가 거의 나지 않았다.

8. 귀뚜라미 건강보조식품 탐구

귀뚜라미를 이용하여 환과 캡슐을 제작하였다. 물과 함께 쉽게 먹을 수 있었다.

9. 귀뚜라미 영양 식품 탐구

④ 실험결과

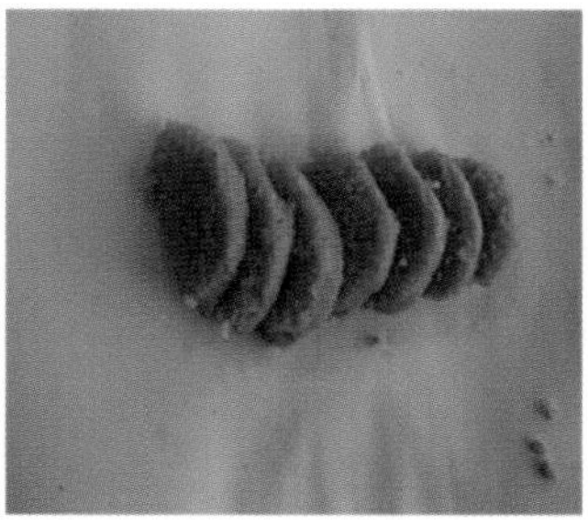

귀뚜라미를 이용해 귀뚜라미 떡을 제작하였다. 일반 떡과 특별히 다른 점 없이 먹을 수 있었고 허브향이 났다.

귀뚜라미 100g에는 약 64g의 단백질이 함유되어 있다. 우리는 귀뚜라미 40g과 쌀가루를 섞어 떡 200g을 만들었는데 이 떡에는 귀뚜라미를 넣지 않은 떡에 비해 약 25g의 단백질이 더 들어 있고 이는 청소년 및 성인 일일 단백질 권장량(45-50g) 의 50% 에 해당한다.

분석 및 결론

2. 개미산을 제거하는 탐구

a) 개미산이 주로 배에 존재함을 확인할 수 있었다. 배를 제거하면 개미산의 양을 줄일 수 있지만 실제로 일일이 개미의 배를 제거하고 음식을 만들 수 는 없어서 물리적으로 제거하는 방법은 비효율적이다.

b) 개미에 염기성 식품을 첨가하면 중화 반응이 일어나면서 개미산의 일정량이 제거되어 약산성으로 변화한다. 화학적으로 개미산을 효과적으로 제거할 수 있었다.

4. 개미 디저트 탐구

개미를 이용하여 사탕, 푸딩등 다양한 디저트를 제작함으로써 단백질, 철 등 개미의 영양분을 섭취할 수 있고 중화되지 않은 일부 개미산으로 인해 독특한 신맛을 느낄 수 있었다. 디저트이기 때문에 어린 아이들도 거부감 없이 먹을 수 있을 것으로 생각된다.

5. 개미의 보존제 효과 탐구

개미가루를 뿌린 시료가 더 느리게 상하는 것으로 보아 개미 성분은 천연보존제의 역할을 하는 것으로 보인다.

7. 귀뚜라미 냄새 제거 탐구

귀뚜라미의 냄새를 제거하는데 로즈마리가 가장 효과적임을 확인할 수 있었다.

9. 귀뚜라미 영양 식품 탐구

떡에는 단백질이 부족하기 쉬운데 귀뚜라미를 첨가하여 제작함으로써 고단백질 식품을 만들 수 있었다. 귀뚜라미 가루가 곡식가루와 잘 섞이기 때문에 곡식가루와 귀뚜라미 가루를 섞어서 빵, 국수면과 같은 여러 가지 다양한 식품을 만들 수 있을 것이다.

결과 및 기대 효과

개미와 귀뚜라미의 식품으로서의 활용 방안에 대한 탐구 활동을 정리하면 다음과 같다.

(1) 개미의 배에는 개미산 샘이 존재하며 개미의 배를 제거하거나 개미산을 중화하여 식품에 사용하면 개미산의 섭취를 줄일 수 있다.

(2) 개미를 이용한 샐러드 소스는 먹기에 거부감이 없고 개미의 영양분을 섭취할 수 있는 식품 유형이다.

(3) 개미를 이용한 디저트 또한 먹기에 거부감이 없고 개미의 영양분을 섭취할 수 있는 식품 유형이다.

(4) 개미에 존재하는 포름산나트륨으로 인해 개미는 천연보존제로서도 사용 가능하다.

(5) 귀뚜라미 섭취에 장애가 되는 냄새를 제거하는 데에는 허브가 효과적이다.

(6) 귀뚜라미 가루로 제작한 환은 간 보호와 해독작용에 좋은 건강보조식품이 될 수 있다.

(7) 귀뚜라미 가루를 섞어 제작한 영양 식품은 풍부한 단백질을 함유한 주식 대용 식품이 될 수 있다.

탐구를 마치며

탐구를 진행하면서 이전에는 징그럽게 느껴졌던 곤충이었는데 개미와 귀뚜라미를 이용한 여러 가지 식품을 만들고 나니 이제는 그냥 식자재인 듯한 느낌이 들었다. 다른 사람들도 이렇게 자꾸 곤충을 접하다 보면 먹는데도 거부감이 많이 줄어들 것 같았다. 개미를 넣은 샐러드 소스와 디저트는 보통의 식품과 다를 바 없이 좋은 맛이 났다. 개미의 좋은 성분이 더 추가된 식품이니 건강에도 더 좋을 거라는 생각이 들었다. 또 개미에 존재하는 성분이 식품의 부패를 느리게 하는 천연보존제 역할도 하기 때문에 개미가 첨가된 식품은 여러 가지 장점이 있다고 하겠다. 귀뚜라미는 소고기와 비슷한 정도의 단백질을 함유하고 있지만 지방은 훨씬 적다. 귀뚜라미로 만든 떡이나 빵은 탄수화물과 지방은 줄이고 단백질은 충분히 섭취할 수 있는 좋은 식품으로 다이어트에도 도움이 될 수 있을 것 같다.

하지만 곤충의 껍질에 있는 키틴질과 같은 물질은 알러지를 유발할 수 도 있다고 알려져 있어 곤충이 식용으로 널리 이용되기 위해서는 이에 대한 연구들도 뒷받침되어야 할 것으로 생각된다.

이번에 조사와 탐구를 하면서 곤충 식품 산업이 상당히 많이 진행되고 있고 또 앞으로는 더욱 발전할 것이고 또 그래야 한다는 생각이 들었다. 우리의 탐구를 비롯한 여러 탐구가 미래 식량 부족 문제를 개선하는데 도움이 될 것이라고 믿는다.

주제4 마이크로비즈

Q1

p.144

예시

· 미백 기능성 치약에서 까끌까끌한 알갱이를 느낀 적 있다. 이 표면에 있는 치석과 치태를 제거해 주고 이를 하얗게 만들어준다고 해서 사용했었는데, 양치 후 계속 입을 헹궈도 입 안에 알갱이가 남아있는 것 같아 기분이 좋지 않았다. 치태도 그렇게 많이 제거되지는 않은 것 같아 이후로 잘 쓰지 않았다.

· 치약은 사용해본 적 없지만 얼굴의 각질을 제거하고 부드러운 피부를 만들어준다는 알갱이가 들어있는 각질 제거제를 써보았다. 얼굴에 바르고 문질러줄 때에 알갱이가 손가락에 만져져서 일부러 그걸 꾹 누르면서 문질렀는데, 씻어내고 난 후 얼굴이 반질반질해져서 기분이 좋았다.

Q2

p.145

정답 ①

해설 ① 유리병은 규소로 이루어져 있고 플라스틱이 아니므로 마이크로비즈가 아니다.
②, ③, ④, ⑤ 음료수 페트병 조각과 폴리에스테르 옷, 스티로폼은 모두 플라스틱 성분으로 이들이 작게 부서진 조각을 마이크로비즈라 부른다.

Q3

p.145

정답 ④ / ②, ③, ⑤

해설 ④ 각질을 제거하기 쉽게 하기 위해 처음부터 플라스틱을 작은 조각으로 제조한 것이다. 이를 1차 마이크로비즈라고 부른다.
②, ③, ⑤ 음료수 페트병과 폴리에스테르 옷, 스티로폼은 모두 용도에 맞게 커다란 플라스틱으로 만든 것으로, 이 물건들을 사용할 때 자연에서 닳고 깎이면서 작게 부서져 만들어진 플라스틱 조각은 2차 마이크로비즈라 부른다.

Q4

p.147

정답 ②

해설 하수처리시설에서 물을 정화하는 방법에는 크게 고형 오염물(모래, 플라스틱 쓰레기 등의 덩어리)을 가라앉혀 제거하는 방법과 화학 오염물(분뇨, 영양염류 등의 유기물)을 미생물을 이용하여 분해하고 제거하는 방법이 있다. 이중 ②의 가축 분뇨는 유기물인 화학 오염물로 포기조에서 미생물을 이용하여 제거하고, 나머지는 고형 오염물로 침사지에서 가라앉혀 제거한다.

Q5

p.147

예시 큰 플라스틱 쓰레기는 고형 오염물로 물 아래에 가라앉힘으로써 제거할 수 있는 것과 달리 마이크로비즈는 바닥에 가라앉을 만큼 무게가 무겁지 않아 계속 물 표면을 둥둥 떠다니기 때문에 고형 오염물과 함께 제거되지 않고, 또 유기물 등의 화학 오염물도 아니기 때문에 미생물이 먹어 분해할 수도 없다. 따라서 하수처리시설에서 마이크로비즈를 걸러낼 수 없어 그대로 자연으로 쉽게 유입되어 해양 등을 오염시킨다.

Q6

p.147

예시

· 아주 작은 알갱이도 걸러낼 수 있는 필터를 만들어 펌프를 이용하여 물이 그 필터를 지나가게 한다. 플라스틱을 분해하는 효소를 개발하여 넣는다. 물을 끓여 증류시키고 수증기를 다시 모아 물로 만드는 과정을 거치면 증발되지 않는 마이크로비즈만 남을 것이다. 플라스틱에 달라붙어 비중을 늘려 침전시키는 약품을 개발한다. 침전을 아주 오랫동안 시킨다. 등

· 하수 처리 과정에서 고형물을 제거할 때는 이물질과 오염 물질을 가라앉혀 걸러내는 방법을 주로 사용하는데, 마이크로비즈는 수면에서 10cm 깊이 사이를 주로 떠다니므로 오션 클린업 프로젝트를 응용하여 침전지의 표면에서 10cm까지를 촘촘한 필터로 훑어주면 좋은 제거 방법이 될 수 있을 것이다.

Q7

p.147

예시

· 1차 마이크로비즈가 들어있는 스크럽, 치약 등의 제품 생산을 금지하고, 천연 재료를 사용하도록 한다.

· 2차 마이크로비즈를 줄이기 위해서는 큰 플라스틱 쓰레기들이 자연으로 유입되는 것을 막고, 환경을 오염시키고 있는 플라스틱 쓰레기들을 수거하고, 플라스틱을 분해할 수 있는 방법을 연구 개발하도록 한다.

p.150

주제 깊이 알기

Q1

정답 플라스틱

해설 열이나 압력에 의해 모양이 변할 수 있는 고분자 화합물을 플라스틱이라 한다. 다양한 모양과 재질을 자유롭게 만들 수 있어 여러 가지 용도로 쓰인다.

Q2

정답 (1) X ((2) X ((3) O

해설

(1) 플라스틱은 동물의 몸 안에서 분해되지 않고 유해한 화학물질을 흡수하고 내보내는 성질이 있어 플라스틱을 먹으면 고농축 독성물질이 동물의 몸 안에 쌓이게 되어 위험하다.

(2) 플라스틱은 아주 오랫동안 썩지 않기 때문에 닳아 눈에 잘 안 보일만큼 작게 부스러져도 분해되어 다른 물질이 되는 게 아니라 미세 플라스틱으로 떠돌게 된다.

(3) 플라스틱은 열이나 압력을 가하면 쉽게 다양한 모양을 만들 수 있는 비금속 물질로, 여러 가지 첨가물을 이용하여 다양한 성질을 가지도록 할 수 있어 여러 분야에서 광범위하게 쓰이고 있다.

Q3

정답 ②

해설 플라스틱은 가공 과정에 따라 다양한 성질과 모양을 만들 수 있어 여러가지 산업에서 유용하게 쓰이지만, 환경 문제가 되는 가장 큰 원인은 대부분의 플라스틱 제품들이 잘 썩지 않는다는 것이다. 자연에서 플라스틱 패드병이 분해되려면 무려 500년의 시간이 필요하기 때문에, 그 이전에는 썩지 않고 닳거나 부서지기만 해서 미세 플라스틱의 모습으로 자연을 떠돌게 된다. 시간이 지날수록 더욱 풍화되어 입자가 작아지지만, 플라스틱 성분 자체가 변하지는 않기 때문에 더 큰 피해를 입히게 된다.

Q4

정답 ④

해설 ①~③ 마이크로비즈가 마찰을 통해 이물질을 제거하고 표면을 깎아내는 용도로 쓰인다.
④ 마이크로비즈가 물의 흐름에 따라 이동하면서 눈에 바로 보이지 않는 물의 흐름을 눈으로 잘 볼 수 있게 해주는 역할을 한다.

Q5

예시 큰 덩어리인 플라스틱 쓰레기는 쉽게 삼키기 어렵고 눈에 잘 보여 골라내기도 쉽지만 크기가 작은 마이크로비즈는 잘 보이지 않아 골라내기도 힘들고 다른 음식을 먹으면서 삼키기도 쉬우므로 더 위험하다.

Q6

정답

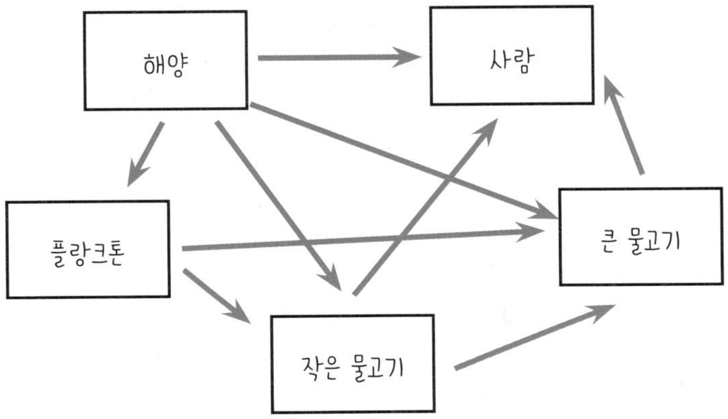

해설 해양 → 사람 : 바닷물을 말려서 만든 소금에 마이크로비즈가 들어있어 사람이 섭취한다.
해양 → 플랑크톤, 작은 물고기, 큰 물고기 : 플랑크톤과 작은 물고기, 큰 물고기가 바닷물 속의 산소를 흡수하기 위해 바닷물을 몸 안으로 받아들였다 걸러내는 과정과 바닷물과 함께 먹이를 먹는 과정에서 바닷물 속의 마이크로비즈를 섭취한다.
플랑크톤 → 작은 물고기, 작은 물고기 → 큰 물고기 : 바닷속 생태계의 먹이 사슬에 따라 상위 단계로 갈수록 하위 단계의 몸속에 있던 마이크로비즈가 상위 단계의 생물 몸속에 쌓인다.
작은 물고기 → 사람, 큰 물고기 → 사람 : 사람들이 바닷속 물고기를 잡아 요리해 먹으면 물고기 몸속에 있던 마이크로비즈가 사람의 몸속에 쌓인다.

Q7

정답 먹이그물에서 생물은 많이 잡아먹히는 하위 단계일수록 종족을 유지시키기 위해 한 번에 많은 수의 번식을 한다. 또 상위 단계는 여러 마리의 하위 단계 생물을 먹어야 하고, 때문에 여러 마리의 하위 단계 생물의 몸속에 있던 마이크로비즈를 비롯한 독성 물질이 한 마리의 상위 단계 생물 안에 쌓이게 되는 생물농축이 일어난다.

탐구 주제 찾기

p.152

Q1 예시 · 마이크로비즈는 정말 생물에 악영향을 끼칠까?
· 마이크로비즈를 대체할 수 있는 천연 물질에는 무엇이 있을까?
· 화장품 속 알갱이가 마이크로비즈가 맞는지 알기 위해서는 어떤 방법을 써야 할까?
· 마이크로비즈가 들어있는 생활용품을 피할 수 있는 방법은 무엇일까?
· 마이크로비즈를 자연에서 수거하려면 어떻게 해야 할까?
· 마이크로비즈를 자연에 유입되지 않게 하려면 어떻게 해야 할까?
· 하수 처리 시설에서 마이크로비즈를 걸러내려면 어떻게 해야 할까?
· 마이크로비즈를 재활용할 수 있을까?

Q2 예시 · 마이크로비즈는 정말 생물에 악영향을 끼칠까?
· 마이크로비즈를 대체할 수 있는 천연 물질에는 무엇이 있을까?
· 하수처리시설에서 마이크로비즈를 걸러내려면 어떻게 해야 할까?

Q3 예시 · 생물에게 악영향을 끼치는지는 직접 생물에 먹여보는 실험으로 알 수 있다.
· 마이크로비즈가 제품에서 어떤 기능을 하는지를 알고 그 기능을 대신할 수 있는 천연 재료를 찾아 효과가 있는지 실험해볼 수 있다.
· 물 위에 떠다니는 마이크로비즈를 걸러낼 수 있는 장치 모형을 만들어 제대로 작동하는지 실험해 볼 수 있다.

Q4 예시 · 마이크로비즈를 대체할 수 있는 천연 재료를 찾아 그것을 이용하여 제품을 만들면 환경을 파괴하지 않으면서 필요한 기능을 그대로 살린 친환경 제품을 산출물로 낼 수 있다.
· 하수처리과정 중 마이크로비즈를 효율적으로 걸러낼 수 있는 장치를 고안하여 실제로 효과가 있는지 실험으로 증명하고 산출물로 낼 수 있다.

Q5 예시 마이크로비즈를 천연 재료로 대체한 친환경 치약 고안

마이크로비즈를 주제로 한 실제 제출된 또래 친구의 탐구 보고서

p.154

탐구주제

치약 속 알갱이 탐구와 알갱이가 들어간 천연 치약 만들기

탐구동기

2016년 '바닷속 미세 플라스틱, 해양 생태계 교란' 이라는 뉴스를 접하면서 미세플라스틱의 심각성에 관심을 갖게 되었다. 또한 우리가 사용하는 제품(치약, 스크럽, 화장품) 속에도 미세플라스틱이 존재한다는 보고가 있어 그 심각성을 더 느끼게 되

었다. 그렇다면 사람이 사용하는 치약 속 작은 알갱이가 정말 미세플라스틱인지 궁금해졌고, 이 알갱이가 환경과 인체에 미치는 영향을 알아보고, 대체할 수 있는 방법을 찾아보고 싶어서 탐구를 하게 되었다.

탐구를 통하여 알아보고 싶은 점

가. 우리가 사용하는 제품에도 미세플라스틱이 들어있을까?
나. 치약 속 성분에는 무엇이 있는지 추출하여 관찰할 수 있을까?
다. 일반 치약과 천연 치약을 넣은 수조 속 물고기는 정상적으로 성장할 수 있을까?
라. 친환경 천연 치약을 만들 수 있을까?
마. 치약 속 알갱이를 대체할 수 있는 천연 알갱이를 넣은 치약을 만들 수 있을까?

탐구계획

기간	탐구 내용
20OO. X. XX. ~ 20OO. X. XX.	제품(치약, 스크럽제) 속 성분에 대해 알아본다. - pH 측정, 현미경 관찰 및 제품 속 알갱이 유무 관찰
20OO. X. XX. ~ 20OO. X. XX.	치약 속 알갱이 추출 및 성분 분석 - 가열 전 후 현미경 관찰, 밀도 측정
20OO. X. XX. ~ 20OO. X. XX.	일반 치약, 천연 치약을 넣은 수조에서 물고기의 성장 관찰
20OO. X. XX. ~ 20OO. X. XX.	치약 속 알갱이를 대체할 천연 알갱이 조사 및 천연 알갱이가 들어간 치약 만들기
20OO. X. XX. ~ 20OO. X. XX.	치약 속 알갱이를 대체할 천연 알갱이가 들어간 치약 사용에 대한 설문 조사 및 결과 고찰

준비물

〈탐구 1〉 제품(치약, 스크럽)의 성분 분석 및 알갱이 유무 확인

평소 사용하는 여러 종류의 치약(알갱이가 들어간 치약 포함) 및 알갱이 첨가된 스크럽제, 검은색 or 하얀색 천(거즈), 비커, 물, 약수저, pH시험지, 생물(광학)현미경, 슬라이드글라스, 커버글라스, 스포이드, 소독용 에탄올, 거름종이, 막자, 막자사발

〈탐구 2〉 일반 치약(알갱이 포함), 천연 치약이 들어간 수조에서 물고기 성장 관찰

물고기, 수조, 뜰채, 일반 치약(알갱이 포함), 천연 치약, 자, 카메라, 먹이

〈탐구 3〉 치약 속 알갱이가 플라스틱인지 확인

비커, 물, 약수저, 알갱이가 포함 된 치약, 검은색 종이, pH측정시험지, 막자, 막자사발, 알갱이가 포함 된 치약, 알코올램프, 염산, 철판, 저울, 매스실린더, 생물(광학)현미경, 실체현미경, 슬라이드글라스, 커버글라스, 스포이드, 소독용 에탄올

〈탐구 4〉 치약 속 알갱이를 대체 할 천연 알갱이를 선별하여 천연알갱이가 들어간 치약 만들어 세척력 알아보고 설문조사

글리세린, 애플워시, 에탄올, 종이컵, 공병튜브, 탄산수소나트륨(식소다), 밀가루, 글리세린, 물(정제수), 생강, 레몬, 옥수수속대, 감초, 후박나무껍질, 메밀(티백/가루), 믹서기, 체, 나무막대, 오렌지, 네임펜, 실체현미경, 광학(생물)현미경, 슬라이드글라스, 커버글라스, 스포이드, 소독용 에탄올, 비커, 약수저, pH측정 시험지, 저울, 향료(박하향, 천연레몬향)

실험 과정

〈탐구 1〉 제품(치약, 스크럽)의 성분 분석 및 알갱이 유무 확인

(1) 비커에 치약과 물을 넣고 약수저를 이용하여 골고루 섞어준다.
(2) pH시험지를 이용해 치약의 pH를 알아본다.
(3) (1)을 스포이드를 사용해 슬라이드글라스에 한 방울 떨어뜨린 후 커버글라스를 덮어 현미경으로 관찰한다.
(4) 빈 비커 위에 검은색 or 하얀색 천(거즈)을 올려놓고 남아있는 (1)을 붓는다.
5) 거즈 위에 알갱이가 있는지 관찰한다.
6) 알갱이를 더 작은 입자로 분해될 수 있는지 비벼보고 갈아본다.
7) 나머지 제품도 같은 방법으로 수행한다.

1) 재료 준비

바디스크럽 A	바디스크럽 B	치약 A	치약 B	치약 C	치약 D
so natural 바디스크럽	플루 바디 밸런스 스크럽	메디안 덴탈 IQ 치석케어	페리오 Total7 오리지널 스피아민트	페리오 토탈케어	2080 덴탈케어 마음의소리

성분) 성분표시 확인 불가	성분) 호두껍질가루, 추출물(호박씨, 검정콩, 해바라기씨, 호두, 연꽃씨, 달맞이꽃씨, 팥, 녹두, 검은깨, 녹차, 포도씨, 치아씨 등)	성분) 피로인산나트륨, 일불소인산나트륨, 함수이산화규소, 세틸피리디늄염화물수화물	성분) 플루오르화나트륨, 피로인산나트륨, 후박이산화탄소초임계건조엑스, 덴탈타입실리카	성분) 플루오르화나트륨, 피로인산나트륨, 후박이산화탄소초임계건조엑스, 덴탈타입실리카	성분) 수산화알루미늄, 일불소인산나트륨

2) 실험재료를 물에 녹인 후 pH 측정

→

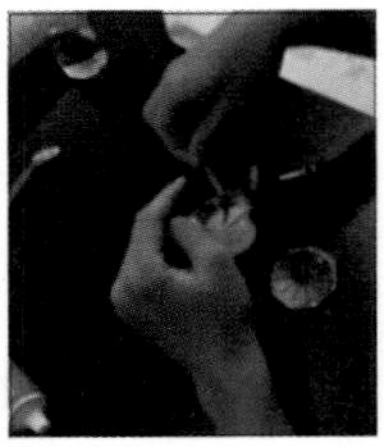

3) 프레파라트 만들기 / 현미경 조작 및 관찰

① 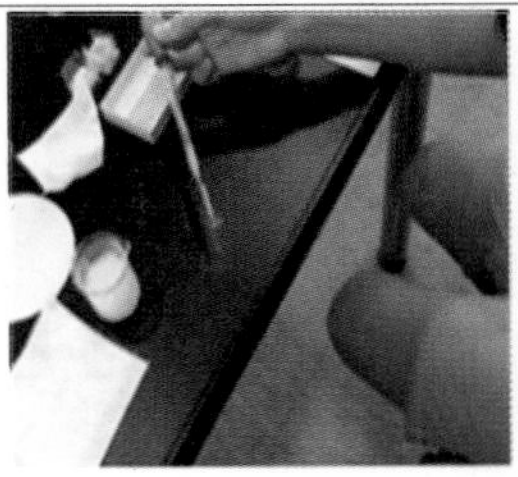	① 스포이드를 이용해 슬라이드글라스에 물에 녹인 실험재료를 한 방울 떨어뜨린다. ② 커버글라스로 덮고 거름종이를 이용해 커버글라스 주변 물기를 흡수한다.	② 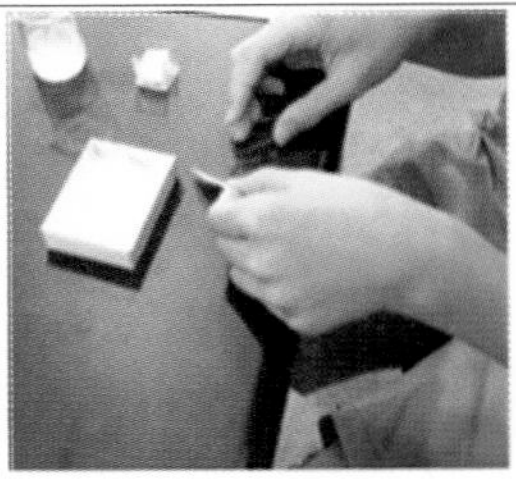
③ 평평한 곳에 현미경을 놓고 프레파라트를 재물대 위에 놓는다. ④ 낮은 배율의 대물렌즈에서 조동나사를 이용해 상을 찾는다. ⑤ 미동나사를 이용해 초점을 맞춘다. 배율을 높인 후 미동나사로 초점을 맞춘다. ⑥ 재물대를 움직이며 상을 관찰한다. ⑦ 한쪽 눈으로 현미경을 보며, 한쪽 눈으로는 관찰된 상을 종이에 그린다. (연필을 사용해 점을 찍어 상의 모양을 표현한다.)		

4) 거즈를 이용해 알갱이를 거른 후 막자를 이용해 갈아본다.

 →  → 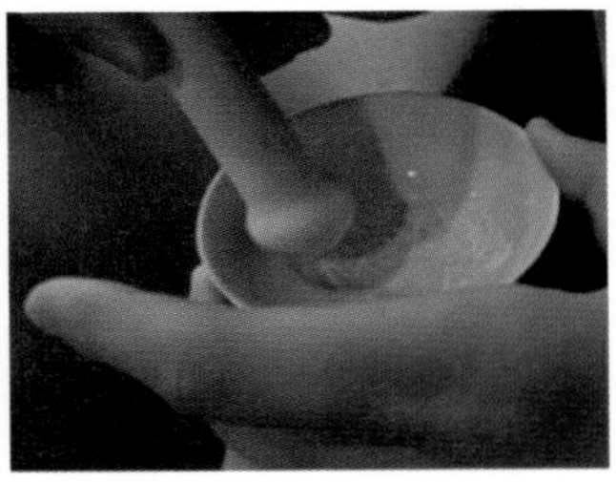

〈탐구 2〉 일반 치약(알갱이 포함), 천연 치약이 들어간 수조에서 물고기 성장 관찰

1) 제브라 다니오를 8마리씩 수조에 넣는다.

2) 매일 실험군 수조에 각각 일반치약(알갱이 포함), 천연치약(시판되는 천연치약kit로 만들어 사용)을 소량의 물에 1.5g씩 녹여 넣어주고 관찰한다. (단, 물고기 먹이는 대조군뿐만 아니라 실험군 물고기에게도 준다.)

대조군 / 실험군 설치	 대조군 / 일반치약 / 천연치약	 대조군 / 일반치약 / 천연치약

〈탐구 3〉 치약 속 알갱이가 플라스틱인지 확인

(1) 알갱이가 들어있는 치약을 물에 녹인 후(알코올 램프 이용) pH를 측정한다.
(2) 물에 녹지 않고 가라앉은 치약 속 알갱이를 추출하여 종이 위에 올려놓고 건조시킨다.
(3) 추출한 알갱이를 생물(광학)현미경과 실체현미경을 이용하여 자세히 관찰 비교한다.
(4) 막자를 이용해 알갱이를 더 작게 분해한 후 위와 같이 현미경으로 관찰 비교한다.
5) 추출한 알갱이의 밀도를 측정한다.
6) 추출한 알갱이를 철판에 올려놓고 가열한 후 현미경으로 관찰한다.

	메디안 덴탈IQ 치석케어	송염	2080 뉴샤이닝 화이트

① 알코올 램프로 가열하며 녹이기			
② pH 측정 		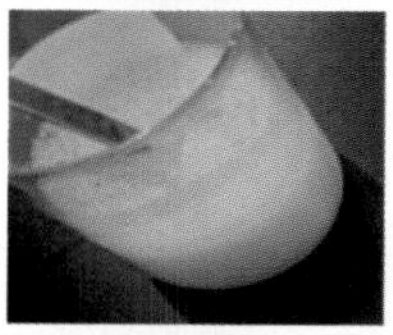	
③ 알갱이 추출 – 알갱이추출	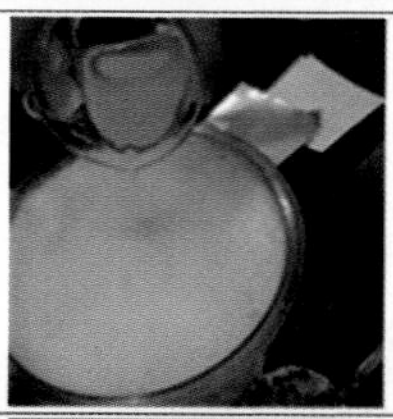	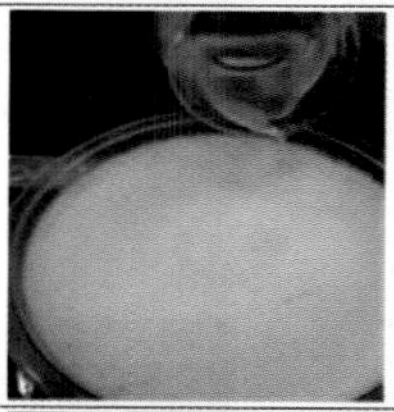	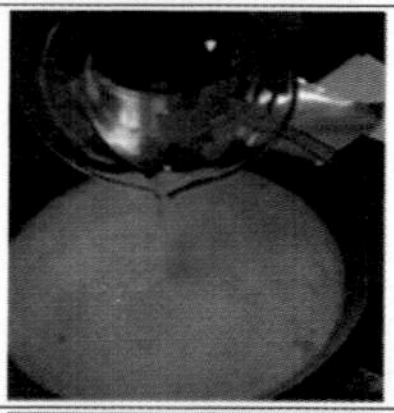
③ 알갱이 추출 – 알갱이 건조	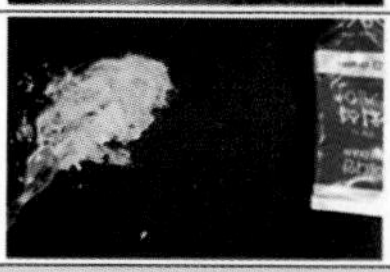	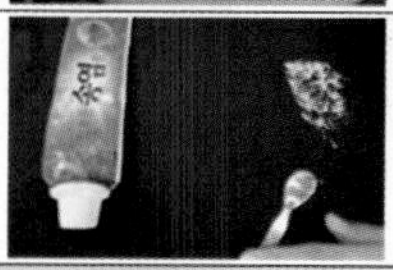	
④ 추출한 알갱이 현미경 관찰			
⑤ 밀도(g/㎤) 측정	 →	 →	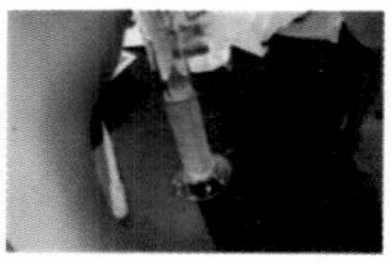
⑥ 알갱이 철판에 가열 후 현미경 관찰	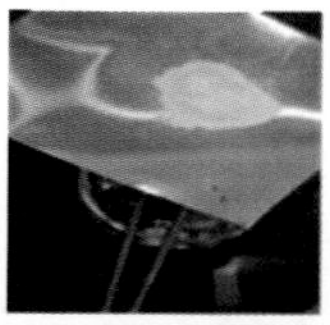 →	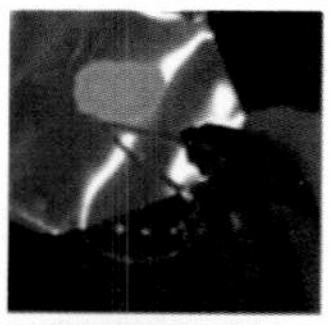	→ 현미경 관찰
⑦ 알갱이를 더 작게 분해 후 현미경 관찰	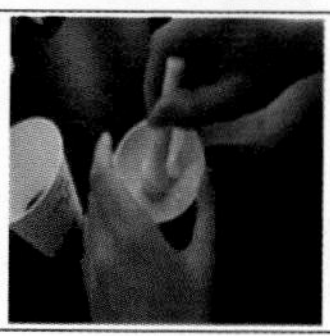 →		→ 현미경 관찰

〈탐구 4〉 치약 속 알갱이를 대체 할 천연 알갱이를 선별하여 천연알갱이가 들어간 치약 만들어 세척력 알아보고 설문조사

<생강으로 구강청결제 만들기>

1) 생강을 물에 불린 후 껍질을 벗긴다.
2) 껍질 벗긴 생강을 믹서기에 넣고 생강의 2~3배 만큼의 물을 부은 후 간다.
3) 체에 걸러낸 액을 냄비에 담아 끓이는데 가장자리가 끓어오르기 시작하면(생강의 아린 맛을

없앰) 바로 끄고, 레몬 즙을 짜서 섞는다(갈변 예방).
4 천연치약을 만들 때 물 대신 넣는다(입냄새 제거 효과).

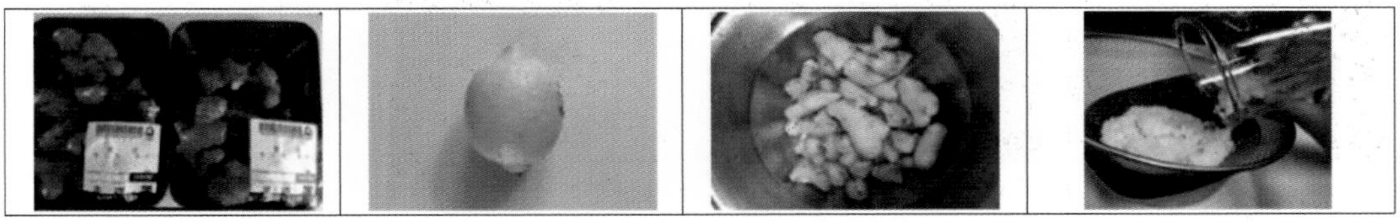

[생강으로 구강청결제 만들기]

〈 천연 치약 만들기 및 관찰 〉

(1) 탄산수소나트륨(식소다) 40g, 밀가루 20g, 글리세린 20g을 넣고 생강물 10 ~ 20g 넣어 점도를 맞춘다. (정제수 대신 생강물을 넣어 입냄새 제거에 효과적인 치약을 만들었다.)
(2) 저자극 천연계면활성제인 애플워시와 천연레몬향(향료)을 각각 5방울씩 첨가한다.
(3) 천연 치약에 넣을 재료(메밀, 감초, 후박나무껍질, 옥수수속대)를 가루로 만든 후(믹서기로 갈고 체에 거른다) 점도를 맞추며 천연 치약에 첨가하여 알갱이가 있는 치약을 완성한다.
(4) 만든 치약을 짤주머니에 담아 각각 소독해 둔 공병 튜브에 담는다.
5) 완성 된 천연 치약(4종류)을 물에 풀어 pH를 확인하고, 현미경으로 관찰한다.
6) 치아 모형을 이용해 천연 치약으로 양치했을 때 어떠한지 관찰한다.
7) 과일 껍질 표면에 네임펜을 묻힌 후 천연 치약을 이용해 문질러 얼룩이 지워지는 시간을 측정하여 세척력을 알아본다. (일반 치약의 세척력을 함께 측정하여 비교한다.)

〈 천연 치약 설문조사 >

설문지 문항을 작성한 후, 여러 사람들에게 알갱이가 들어간 천연 치약을 사용해보도록 한 후 설문지 작성을 부탁한다

1) 천연치약 만들기

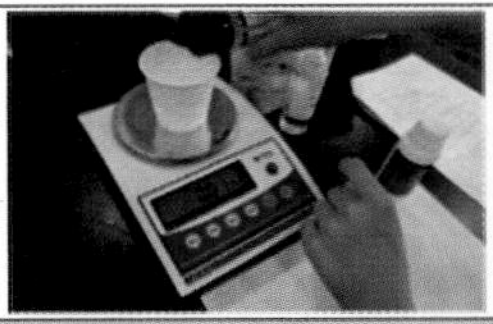			
① 종이컵에 식소다 40g 넣는다.	② 종이컵에 밀가루 20g 넣는다.	③ 종이컵에 글리세린 20g 넣는다.	④ 글리세린을 넣은 컵에 식소다와 밀가루를 섞는다.
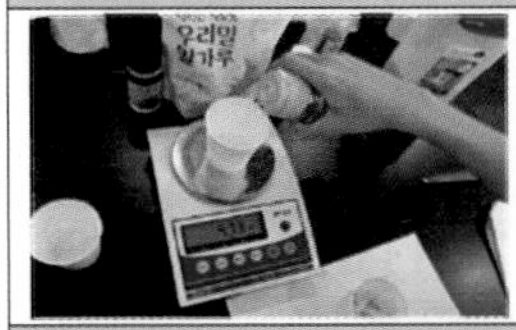	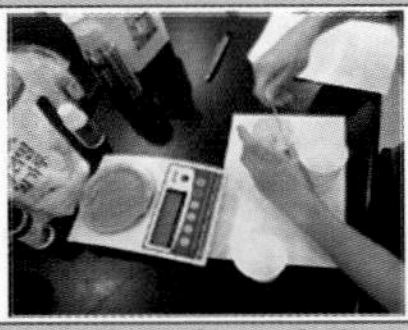	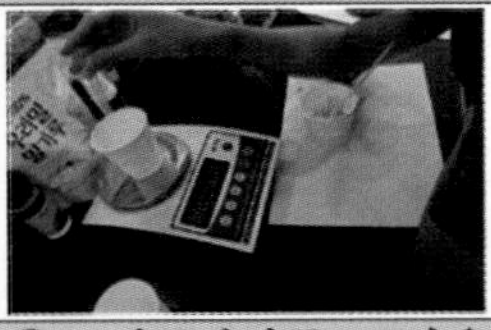	
⑤ 생강물을 10~20g 넣어준다.	⑥ 섞어준다. (생강물로 점도를 맞춘다.)	⑦ 애플워시를 5방울 넣는다.	⑧ 레몬향료를 5방울 넣는다.

[천연치약 만들기 과정]

2) 천연재료 알갱이를 갈아 천연치약에 첨가하기 및 pH측정

		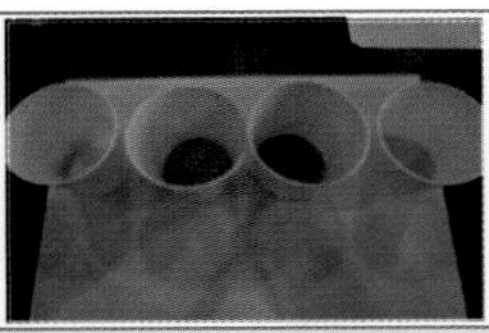	
① 천연재료를 믹서기로 곱게 간다.	② 곱게 간 재료를 체에 걸러낸다.	③ 4종류의 천연알갱이를 준비한다.	④ 천연치약에 알갱이를 첨가한다.

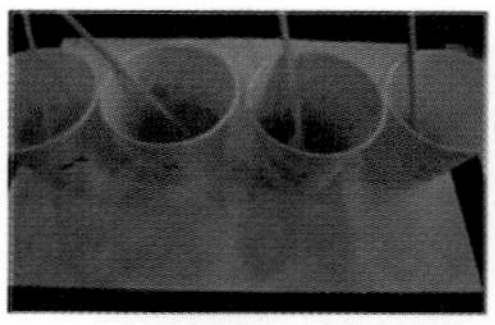		 
⑤ 천연치약에 알갱이를 넣어준다.	⑥ 공병튜브에 담는다.	⑦ 완성 된 천연치약의 pH를 측정한다.

[실험 과정]

3) 세척정도

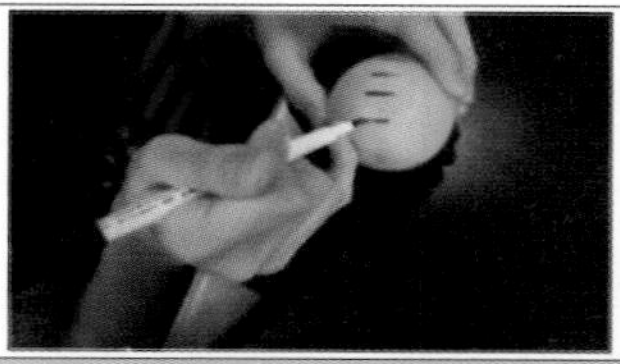	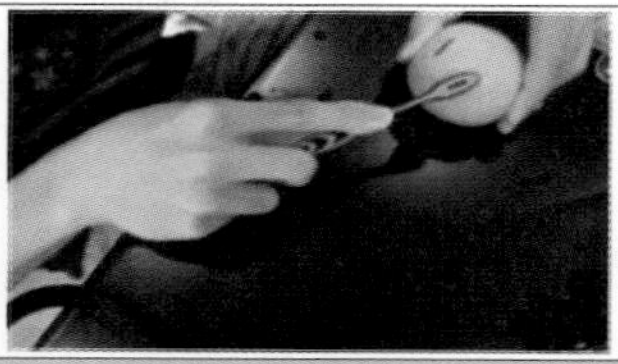	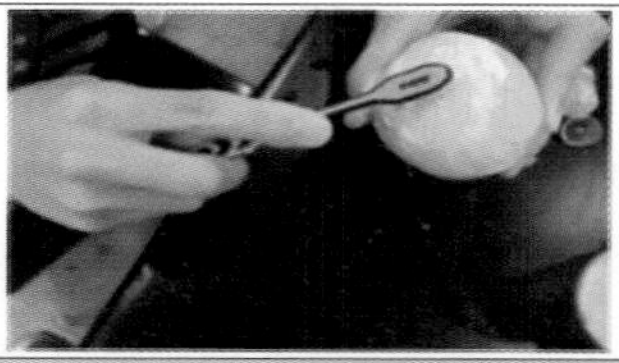
① 오렌지껍질에 네임펜으로 선을 여러개 긋는다.	② 천연치약으로 닦는다. (4종류)	③ 일반치약으로 닦는다. (3종류)
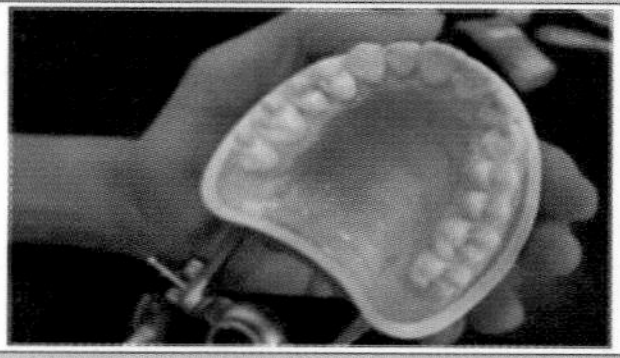	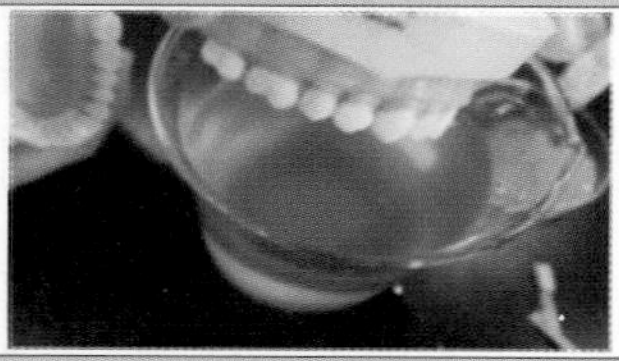	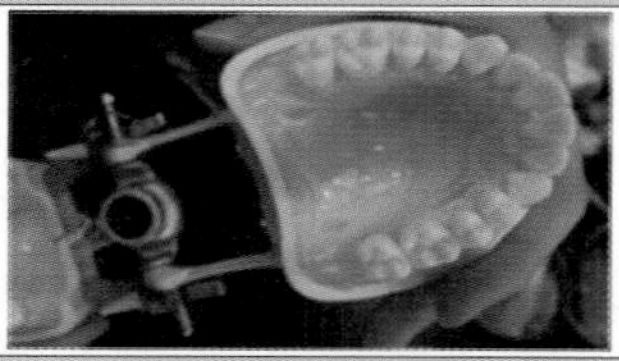
① 천연치약으로 치아모형을 닦아본다.	② 치아모형을 물에 씻는다.	③ 천연치약 속 알갱이가 치아모형에 남아있는지 확인한다.

[실험 과정]

4) 설문지 문항

설문문항에는 성별, 나이, 현재 사용 중인 치약, 천연 치약을 사용해 본 경험이 있는가, 테스트해 본 치약의 향은 어떠한가, 테스트해 본 치약의 맛을 어떠한가, 테스트용 치약으로 양치할 때 편리성(사용 편의성), 앞으로 천연 치약을 사용할 의향이 있는가, 천연 치약을 사용하고 싶은 이유, 천연 치약을 사용하고 싶지 않은 이유, 기타 천연 치약 사용 후 의견으로 구성하였다.

실험 결과

〈탐구 1〉 제품(치약, 스크럽)의 성분 분석 및 알갱이 유무 확인

(1) 치약의 pH / 현미경으로 관찰 한 치약 속 성분

	pH	생물현미경 (× 400)	현미경 관찰결과 직접 그리기
바디스크럽 A		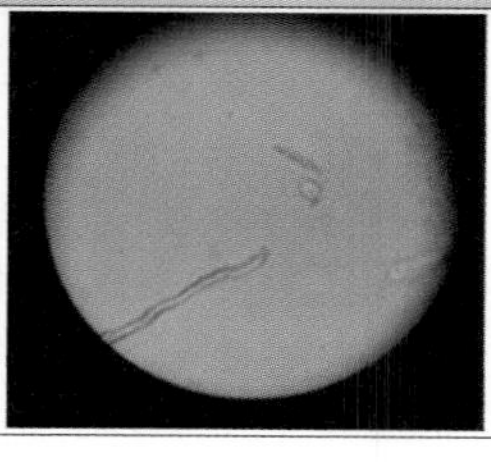	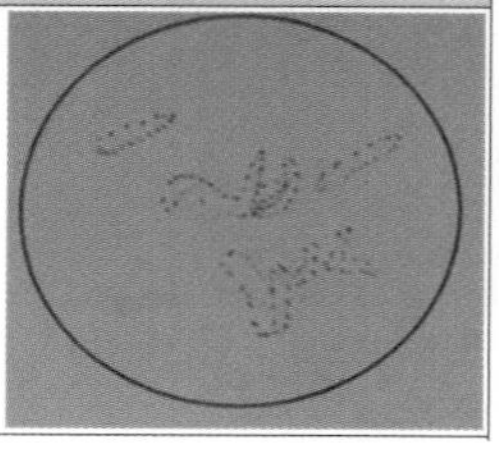

바디스크럽 B	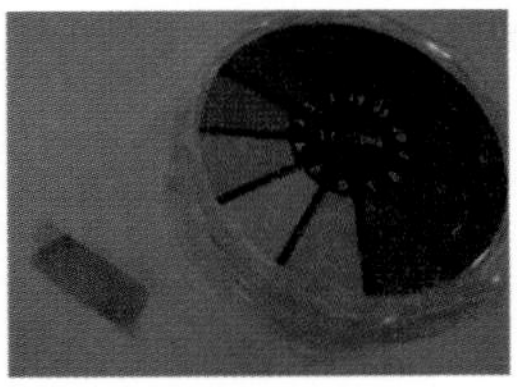	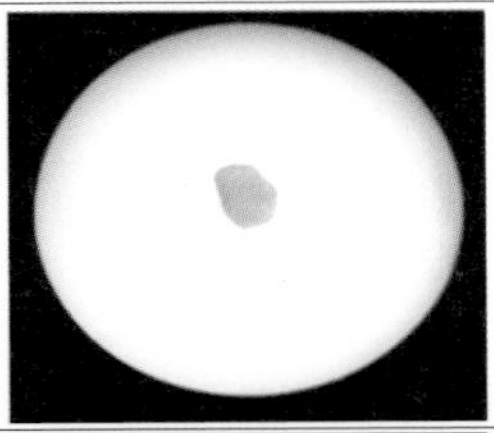	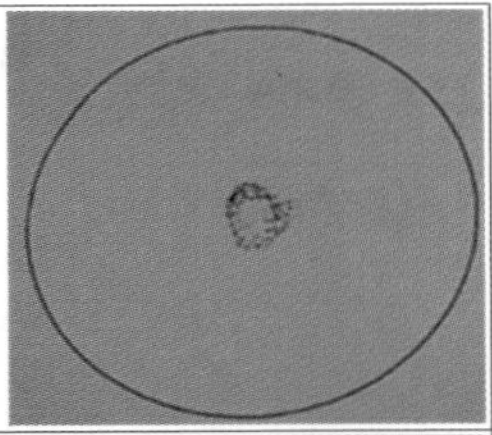
치약 A		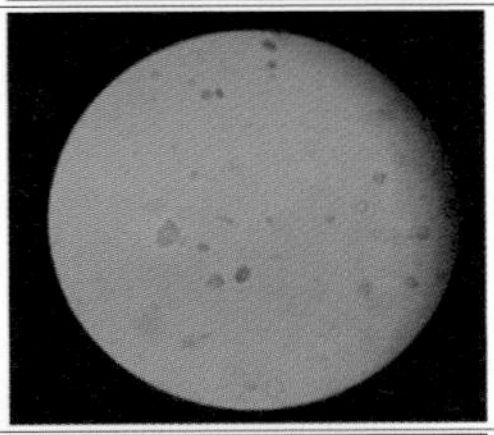	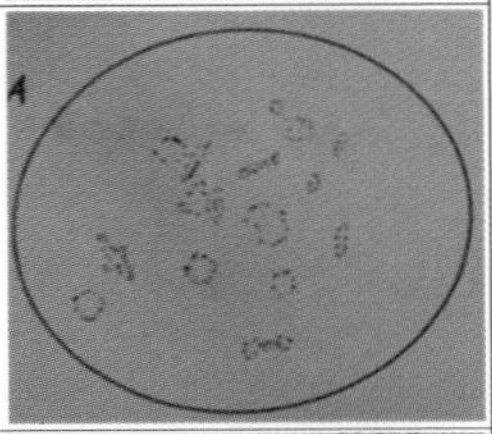
치약 B		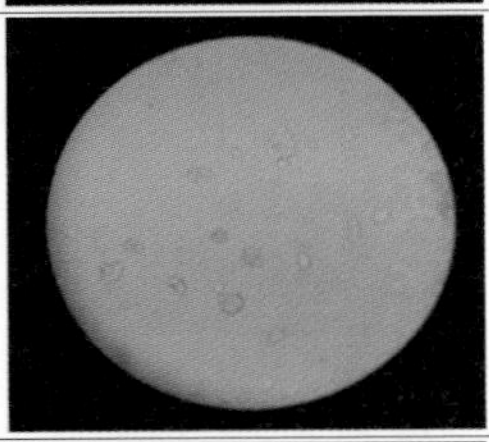	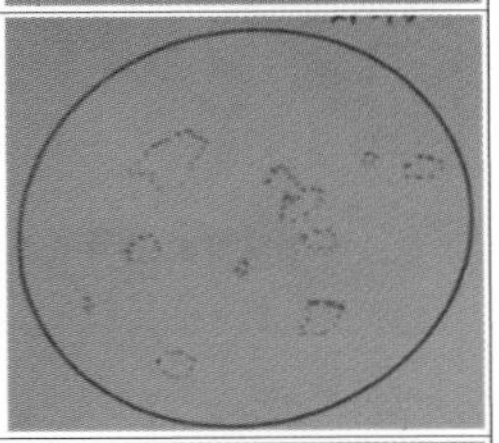
치약 C		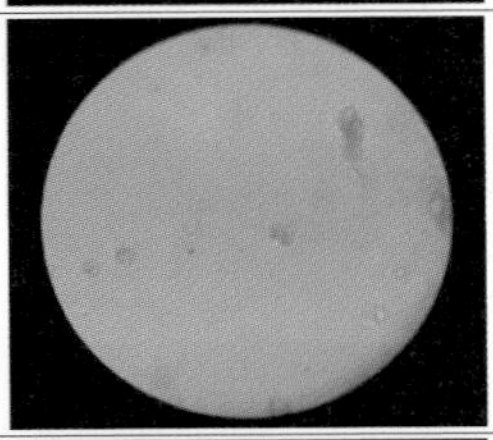	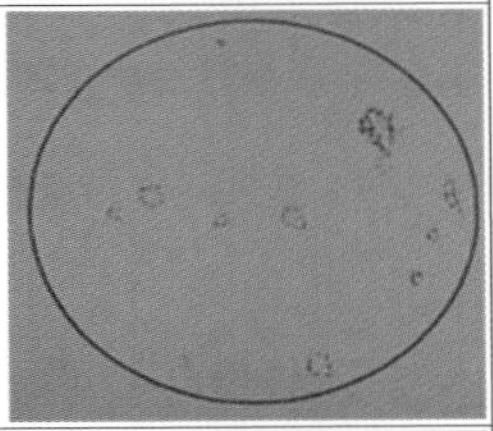
치약 D		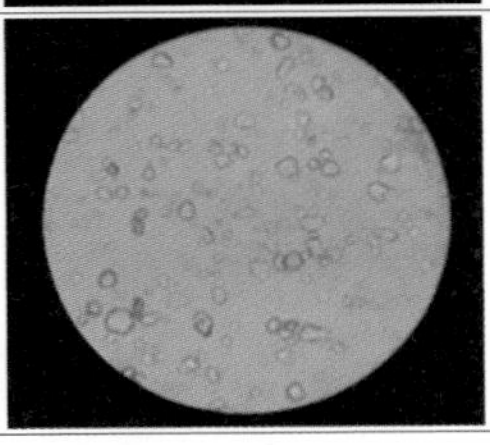	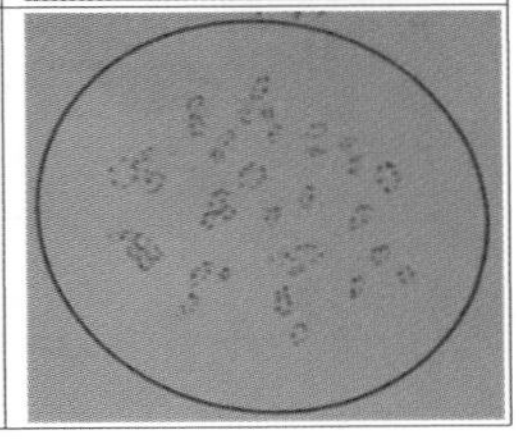

2) 알갱이가 존재하는 제품 (가라앉은 알갱이 관찰)

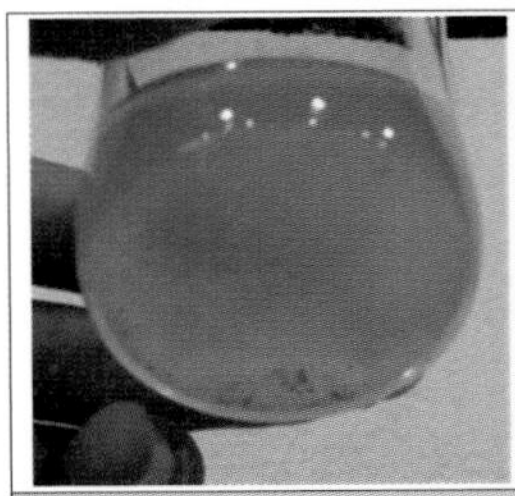	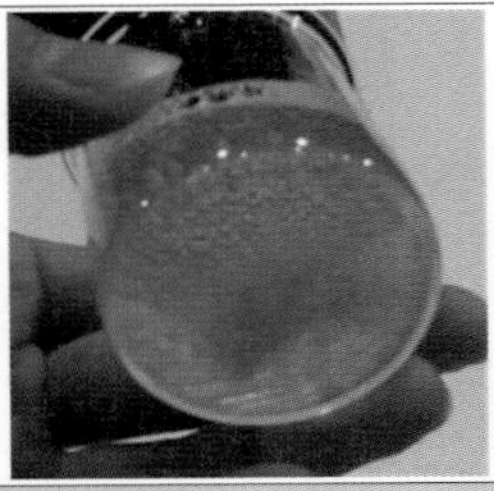		
바디스크럽 A	바디스크럽 B	치약 A	치약 B

3) 물에 녹지 않은 알갱이 거르기

	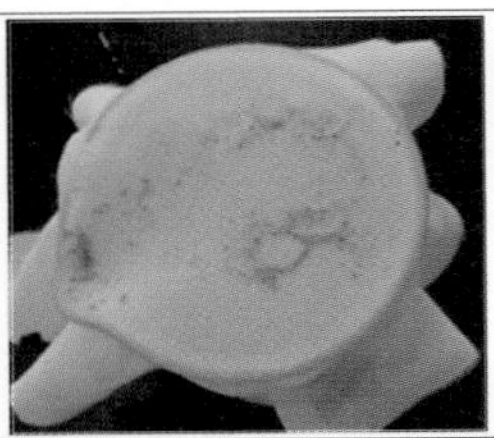		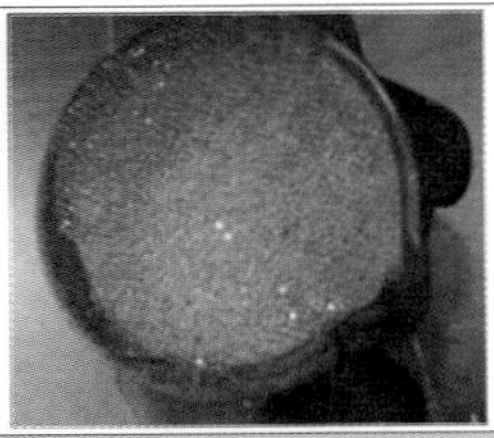
바디스크럽 A	바디스크럽 B	치약 A	치약 B

〈탐구 2〉 일반 치약(알갱이 포함), 천연 치약이 들어간 수조에서 물고기 성장 관찰.

	대조군	일반치약	천연치약
2016. 8. 03. 수	물고기 탐구 시작		
2016. 8. 06. 토	-	1 마리 죽음	-
2016. 8. 11. 목	-	1 마리 죽음	-
2016. 8. 14. 일	-	2 마리 죽음	-
2016. 8. 15. 월	-	1 마리 죽음	-
2016. 8. 16. 화	-	3 마리 죽음	-

대조군 물고기와 천연치약을 넣어준 수조 속 물고기는 죽지 않고 살았다. 그러나 일반치약을 넣어준 수조 속 물고기는 약 2주 만에 모두 죽었다.

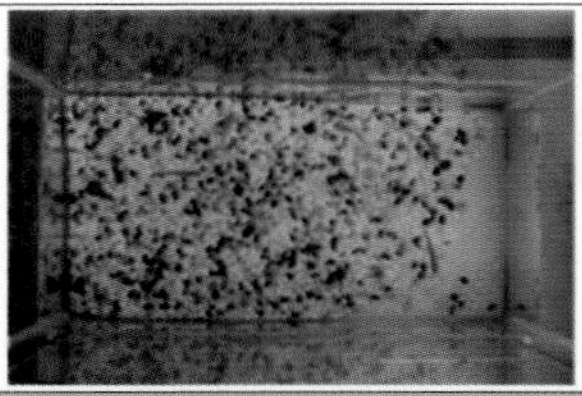		
대조군	일반치약 (알갱이 포함)	천연치약

[수조 속 물고기 모습]

〈탐구 3〉 치약 속 알갱이가 플라스틱인지 확인

		메디안 덴탈IQ 치석케어	송염	2080 뉴샤이닝 화이트
pH				
		pH 9	pH8	pH 7
알갱이 추출	알갱이 건조			
추출한 알갱이	실체현미경 관찰	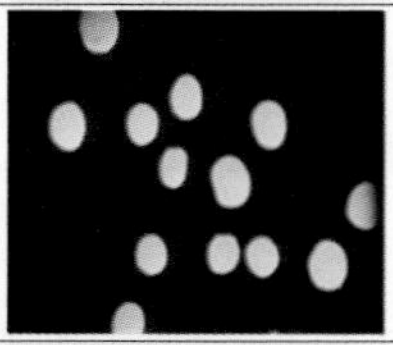	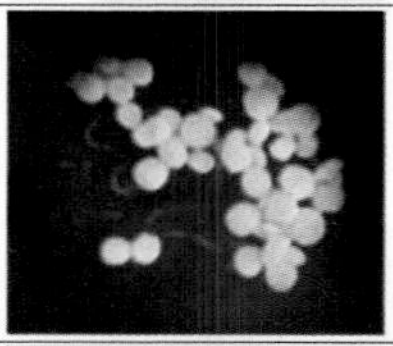	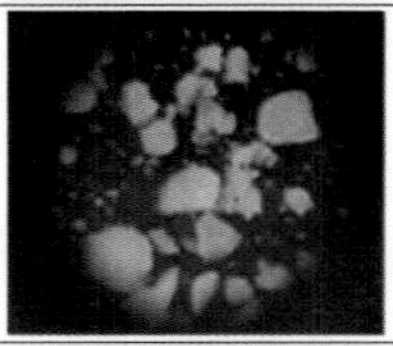
	생물현미경 관찰		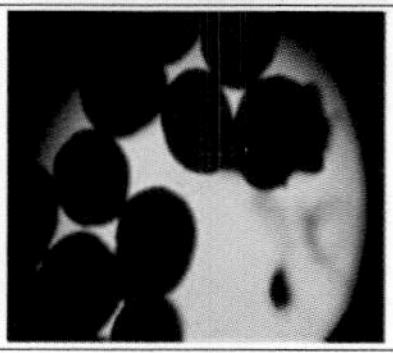	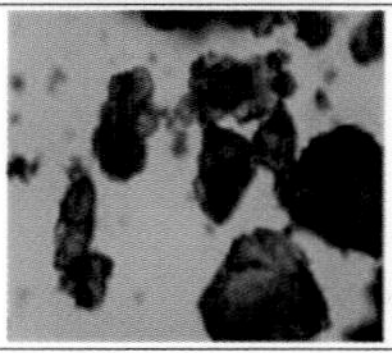
		(× 600)	(× 600)	(× 600)
	밀도(g/㎤)	1.18	0.2	0.14

<table>
<tr><td rowspan="4">철판에 가열
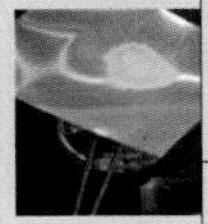
↓
</td><td rowspan="2">실체현미경 관찰</td><td>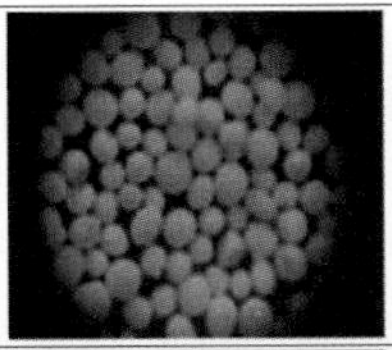</td><td>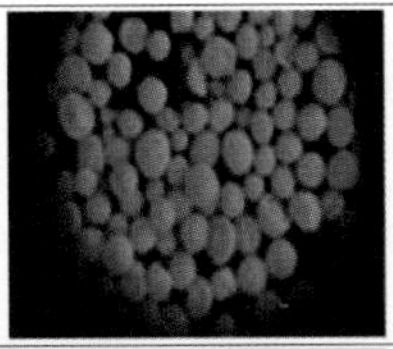</td><td></td></tr>
<tr></tr>
<tr><td rowspan="2">생물현미경 관찰</td><td>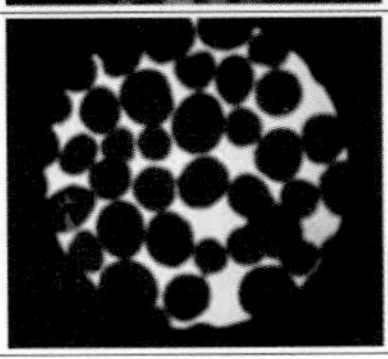</td><td>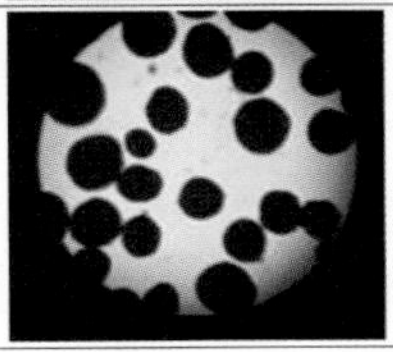</td><td>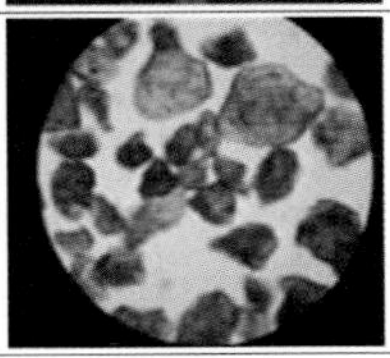</td></tr>
<tr><td>(× 300)</td><td>(× 300)</td><td>(× 300)</td></tr>
<tr><td rowspan="3">더 작게 분해한 알갱이</td><td>실체현미경 관찰</td><td>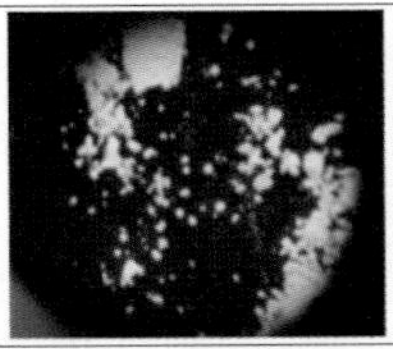</td><td>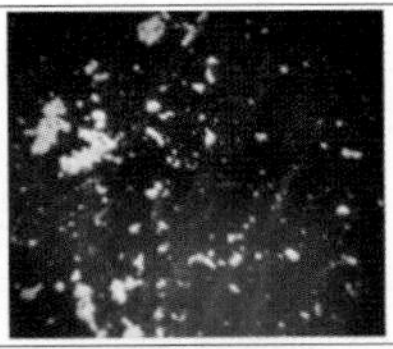</td><td>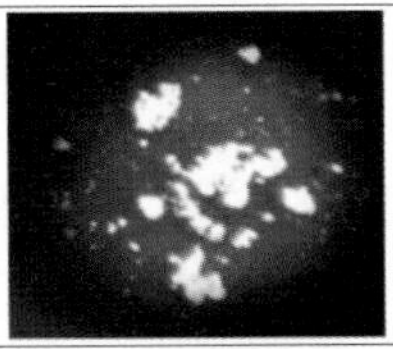</td></tr>
<tr><td rowspan="2">생물현미경 관찰</td><td>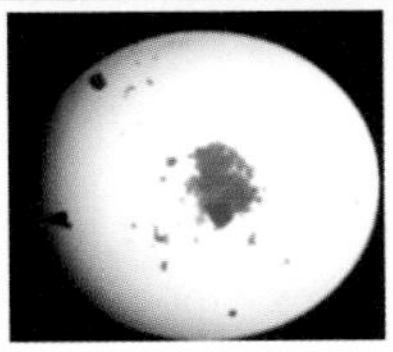</td><td>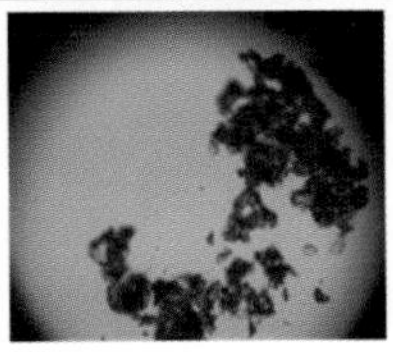</td><td>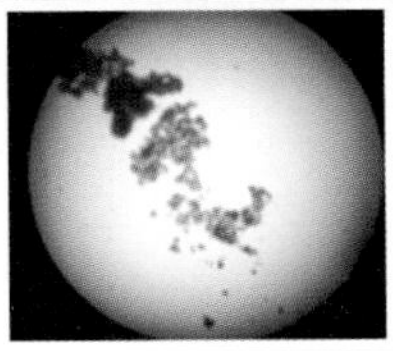</td></tr>
<tr><td>(× 100)</td><td>(× 100)</td><td>(× 100)</td></tr>
</table>

〈탐구 4〉 치약 속 알갱이를 대체 할 천연 알갱이를 선별하여 천연알갱이가 들어간 치약 만들어 세척력 알아보고 설문조사 하기

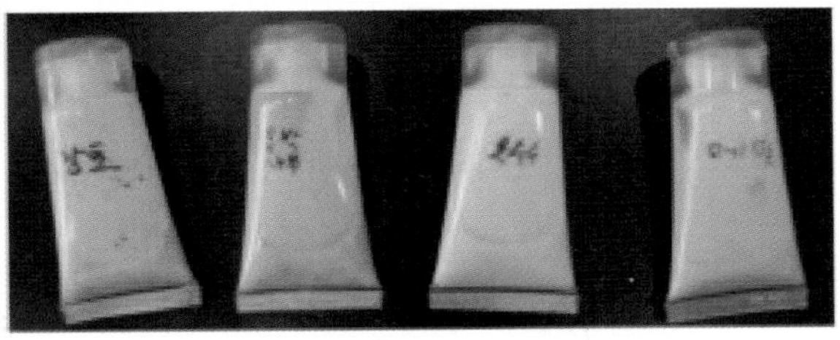

그림 39. 천연 알갱이가 들어간 치약

<table>
<tr><td rowspan="2"></td><td colspan="3">일반치약</td><td colspan="4">천연치약</td></tr>
<tr><td>A</td><td>B</td><td>C</td><td>메밀</td><td>감초</td><td>후박나무 껍질</td><td>옥수수 속대</td></tr>
<tr><td>pH</td><td>9</td><td>8</td><td>7</td><td>8 ~ 9</td><td>8 ~ 9</td><td>8 ~ 9</td><td>8 ~ 9</td></tr>
<tr><td rowspan="2">현미경 관찰</td><td>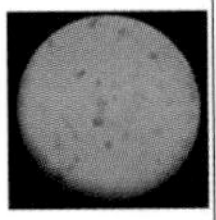</td><td></td><td></td><td>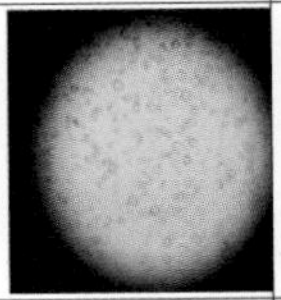</td><td>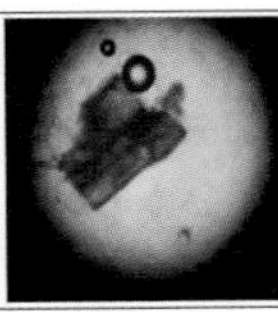</td><td>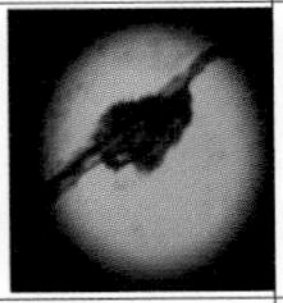</td><td>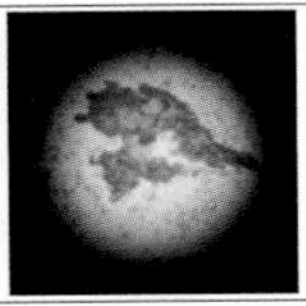</td></tr>
<tr><td>(× 400)</td><td>(× 400)</td><td>(× 400)</td><td>(× 100)</td><td>(× 100)</td><td>(× 100)</td><td>(× 100)</td></tr>
<tr><td>세정력</td><td>7초</td><td>13초</td><td>12초</td><td>22초</td><td>16초</td><td>12초</td><td>25초</td></tr>
</table>

천연치약으로 치아모형에 양치를 했을 때 천연알갱이들이 잇몸과 치아 사이에 끼는 것을 확인할 수 있었지만, 물로 헹구면 모두 씻겨나가는 것을 확인할 수 있었다.

결론 및 고찰

〈탐구 1〉 제품(치약, 스크럽)의 성분 분석 및 알갱이 유무 확인 실험

(1) 관찰한 제품의 pH는 7~8로 중성~약알칼리성이다. 치석이나 치태에 있는 뮤탄스 균(Streptococcus mutans)이 음식물 찌꺼기를 먹고 소화해서 젖산(lactic acid)을 분비하므로 치약은 중성보다는 염기성일 때 효과적이라 할 수 있다.

(2) 치약의 경우 물에 녹은 치약 성분에 의해 물이 뿌옇게 변하고, 거품이 생겼다. 물에 녹은 치약 성분을 현미경으로 관찰한 결과 작고 불규칙한 형태의 알갱이 성분이 존재한다는 것을 알 수 있었다.

(3) 물에 녹지 않고 물보다 무거운 치약 속 알갱이는 연마제 역할을 하는 것이라 할 수 있다. 치약 속 알갱이는 물에 용해되지 않았고 시간이 지남에 따라 비커 바닥에 가라앉았다. 눈에 보이는 치약 속 알갱이는 거즈를 통해 거를 수 있었다(분리할 수 있다). 그리고 막자로 갈았을 때 더 작은 입자로 분해되었다.

〈탐구 2〉 일반 치약(알갱이 포함), 천연 치약이 들어간 수조에서 물고기 성장 관찰

(1) 실험 관찰 기간 동안 일반 치약을 넣어준 수조 속 물고기는 약 2주 만에 모두 죽었지만, 천연 치약을 넣어준 수조 속 물고기는 죽지 않고 살았다. 일반 치약에는 강력한 계면활성제가 있으며 알갱이를 포함한 화학성분이 들어 있기 때문에 물고기가 살아가기에는 부적합하다는 것을 알 수 있었다.

(2) 천연 치약을 넣어 준 수조 물은 탁하고 뿌옇게 변했지만(천연 치약 부유물로 인해) 물고기의 활동성은 대조군과 크게 다르지 않았다. 그러나 일반 치약을 넣어 준 수조 물은 탁하고 뿌옇게 변했으며 물고기의 활동성도 눈에 띄게 줄어든 것을 확인할 수 있었다.

(3) 대조군과 천연 치약을 넣어준 수조 속 물고기와 비교했을 때 일반 치약을 넣어 준 수조 속 물고기는 수면 가까이에서 움직이는 것을 볼 수 있었는데, 이는 물의 오염도가 높아져 산소가 부족하기 때문에 일어난 현상이라고 생각된다.

(4) 결과적으로 일반 치약 속 성분(알갱이 포함)이 물고기의 성장에 악영향을 끼쳤다고 할 수 있으며, 이 성분(알갱이 포함)이 미세플라스틱이라면 분명히 물고기뿐만 아니라 장기적으로 보았을 때에는 인간에게도 영향을 미치게 될 것이라 할 수 있다.

〈탐구 3〉 치약 속 알갱이가 플라스틱인지 확인

(1) 플라스틱류에는 밀도가 1인 물보다 크거나 작은 경우가 모두 존재한다. 만약 1보다 작은 밀도의 플라스틱이 존재한다면 알갱이를 추출하는 과정에서 흘려나갔을 것이다. 즉, 눈에 보이는 치약 속 알갱이가 플라스틱일 가능성을 갖고 탐구하였기 때문이다. 탐구과정에서 확인한 치약 속 알갱이의 경우 물 밑으로 가라앉았다. 그러므로 치약 속 알갱이가 플라스틱이라면 밀도가 1보다 큰 플라스틱일 것이다.

< 밀도비교 >

밀도가 큰 플라스틱 > 물 > 밀도가 작은 플라스틱

(플라스틱 혼합물을 물에 넣으면 물보다 밀도가 작은 플라스틱이 위로 뜬다.)

(2) 추출한 치약 속 알갱이를 철판에 놓고 가열을 한 후 실체현미경과 생물현미경으로 관찰해 본 결과 가열 전후 알갱이의 차이가 거의 나타나지 않았다(약간의 그을음이 있는 정도). 이를 통해 알갱이가 플라스틱일 경우 열가소성이 아니라 열경화성 또는 강화 플라스틱일 가능성이 있다고 할 수 있다.

(3) 또한 치약 A와 B의 경우 알갱이가 흰색의 공 모양이며, C의 경우는 석영의 모습과 흡사했다. 그러므로 치약 C의 경우는 플라스틱보다는 이산화 규소와 같은 석영에 가까울 것으로 예상된다.

(4) 치약 A의 경우는 밀도가 1.18로 폴리메타크릴산메틸 (PMMA)의 밀도와 동일하게 나왔다. 그러나 치약 B 알갱이의 경우 물속에 가라앉았음에도 불구하고 밀도 측정 시 1보다 낮게 나왔다. 이와 같은 결과는 치약 속 알갱이의 양이 매우 소량이라서 밀도 측정에 오차가 생겼을 가능성이 높다. 그리고 치약 A의 알갱이와 모양, 색 등 유사점이 있는 것으로 보아 치약 A와 비슷할 것이라 예상할 수 있다. 탐구 전 직접 회사에 전화하여 알아보았을 때 치약 A와 B에는 제올라이트로 만든 알갱이가 들어있다고 하였는데, 제올라이트의 비중은 약 2.20이지만 탐구결과에서 밀도 측정에 오차가 있었기에 치약 A와 B가 플라스틱인지는 확신할 수 없지만, 제올라이트일 것이라고 결론지을 수도 없다.

〈탐구 4〉 치약 속 알갱이를 대체 할 천연 알갱이를 선별하여 천연알갱이가 들어간 치약 만들어 세척력 알아보고 설문조사 하기

(1) 천연 치약의 pH는 일반 치약의 pH와 크기 차이가 나지 않게 나왔다.

(2) 오렌지 껍질에 네임펜으로 일정한 굵기와 길이의 선을 그어 일반 치약과 천연 치약으로 닦아 네임펜이 완전히 지워지는 시간을 측정한 결과 치약 A 〈 치약 C, 후박나무껍질 〈 치약 B 〈 감초 〈 메밀 〈 옥수수속대 순으로 치약 A로 닦았을 때 가장 빨리 지워졌고, 옥수수속대로 닦았을 때 가장 늦게 지워졌다. 이 결과를 통해 천연 치약 중 후박나무껍질을 넣을 경우 세척력이 일반 치약만큼 월등하다는 것을 알 수 있었고, 옥수수속대가 가장 저자극 치약일 것으로 예상할 수 있다.

(3) 설문 결과 4 종류의 천연 치약 중 어느 하나를 선호하는 결과는 나오지 않았다. 개인마다 좋았다는 천연알갱이가 달랐다. 설문 결과 중 개선할 점이 있다면 천연알갱이가 많이 들어있어 거부감이 있다는 의견이 있어 천연알갱이를 조금 덜 넣었다. 그리고 일반 치약을 사용했을 때 느끼는 상쾌함을 높이기 위해 박하향 향료를 첨가하여 천연 치약을 만들어 천연알갱이가 들어간 치약을 완성하였다.

결과 정리 및 기대 효과

(1) 요즘 논란이 되고 있는 미세플라스틱이 우리가 사용하는 제품 속에 존재하는지 알아보고자 우리가 사용하는 제품(바디 스크럽과 치약)을 확인한 결과 제품 속에 알갱이가 들어있으며 물에 녹지 않으므로 분리해 낼 수 있고 더 작은 알갱이로도 분해가 가능하다는 것을 알 수 있었다. 만약 제품 속 알갱이가 미세플라스틱이라면 환경에 악영향을 끼치게 될 것이라 판단하여 물에 녹지 않는 치약 속 알갱이가 물속 생물에게 어떤 영향을 끼치는지 알아보고자 하였다.

(2) 물고기 수조에 알갱이가 포함된 치약을 매일 넣어주고 물고기의 성장을 확인해 본 결과 일반 치약을 넣어준 수조 속 물고기는 활동성이 매우 떨어졌고 약 2주 만에 모두 죽었다. 반면 천연 치약을 넣어준 수조 속 물고기는 일반 치약을 넣어준 수조만큼 물이 뿌옇게 변했지만 물고기들의 활동성은 대조군과 차이가 없었고 죽지 않았으므로 알갱이가 포함된 일반 치약 속 성분(알갱이 포함)이 물고기의 성장에 악영향을 끼쳤다고 할 수 있으며, 이 성분이 미세플라스틱이라면 물속 생물뿐만 아니라 먹이사슬에 큰 위협을 준다고 할 수 있으므로 일반 치약 속 성분이 플라스틱인지 아닌지 알아보고자 하였다.

(3) 치약 속 알갱이를 추출하여 현미경으로 관찰했을 때 이산화 규소 형태와 유사한 치약이 있었다. 또한 밀도를 측정해 본 결과 폴리메타크릴산메틸의 밀도와 같은 치약이 나왔으므로 일부 치약 속 알갱이는 플라스틱이 들어있다고 할 수 있다. 그러나 치약 속 알갱이 자체가 100% 플라스틱이라고는 확신할 순 없으므로 일반 치약을 구매하여 사용하기보다는 천연 치약을 직접 만들어 보기로 하였다.

(4) 일반 치약 속 알갱이처럼 알갱이 형태로 연마제 역할을 하는 천연 치약을 만들기 위해 치아에 좋은 천연 재료를 넣어 알갱이가 들어있는 천연 치약을 만들었고 일반 치약과 비교하여 세척력을 확인했을 때 일반 치약만큼 세척력도 좋았고, 설문조사를 통해 직접 천연 치약을 사용한 의견을 수집하여 천연 알갱이가 들어간 천연 치약을 완성하였다.

전 세계 환경단체가 우려하고 있는 생활용품 속 미세플라스틱의 존재에 대한 해답을 찾고자 탐구를 시작하게 되었지만, 우리가 사용하고 있는 치약 속 알갱이가 100% 플라스틱일 것이라 할 순 없다. 정말 천연 재료를 사용한 알갱이로 만든 제품도 존재하기 때문이다. 우리나라에서는 치약 전성분을 표기하도록 법으로 정하고 있지 않으므로 치약을 제조하는 회사가 플라스틱을 넣고도 성분 표기를 하지 않는다면 소비자 입장에서는 아주 작은 플라스틱을 선별해 내기는 힘들다고 할 수 있다. 탐구과정에서 플라스틱 밀도를 측정했지만 치약 속 알갱이 자체가 플라스틱은 아니므로(알갱이 만들 때 아주 작은 플라스틱이 섞여 들어간다) 확인하기가 어려웠다. 치약 속 플라스틱 존재 여부에 대해서는 확신할 순 없었지만, 그 대체품을 만들어 사용한다면 플라스틱에 대한 불안함과 위험성에서부터 안전할 수 있다고 생각하여 직접 치약을 만들었다. 치약 속 알갱이가 연마제 역할을 하므로 천연 치약을 만들 때 천연 재료를 알갱이 형태로 넣어 연마제 역할도 하면서 친환경적인 제품을 만들게 되었다. 이번 탐구에서 만든 천연 치약처럼 환경오염을 감소시킬 수 있는 천연 치약을 만들어 사용한다면 눈으로 확인할 수 없는 우리 주위 제품 속 미세플라스틱의 사용량이 줄어들게 될 것이며 환경운동에도 기여할 수 있다고 기대한다.

PART Ⅳ
발명품 대회

해설 및 예시 답안

01 발명을 위한 창의력 향상

Q1 (예시답안) - 개인적인 경험을 떠올려 보고 서술하도록 하자.

p.161

· 나는 영재교육원 준비를 할 때 언어영역에서 '운동화'와 관련있는 단어를 모두 쓰라는 문제에서 다른 아이들보다 2배의 단어 갯수를 말할 수 있었다. (유창성)

· 나는 수학문제를 풀 때 수식에만 의존하지 않고 실생활과 관련지어 문제를 해결하였다.(융통성)

· 나는 공기놀이를 할 때 손등에 공기돌을 올리는 방법을 고안하여 점수를 다른 사람보다 더 많이 딸 수 있었다.(독창성)

· 나는 탐구활동을 할 때 빨대를 다양하게 이용하는 방법과 쓰레기 문제를 해결하여 탐구점수를 높게 받을 수 있었다.(융통성, 정교성)

Q2

p.161

답

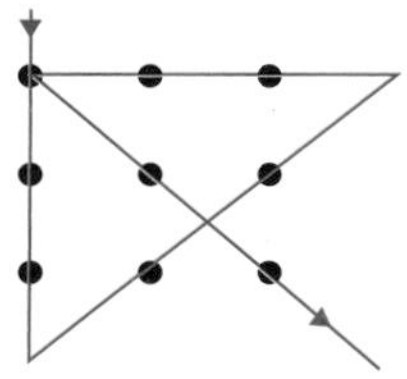

점 안에서만 한붓그리기를 하려고 하면 그릴 수 없다. 점 바깥 부분을 거쳐서 한붓그리기를 한다는 생각을 먼저 하면 그리기 쉽다.

Q3 (예시답안) - 몇명이 브레인스토밍을 하여 다양한 답을 써 보자.

p.162

쓰기, 물건 길이재기, 구멍뚫기, 분해하여 빨대로 사용하기, 분해하여 용수철로 탄성력 재기, 용수철로 흔들리는 장난감 만들기, 앞뒤로 찔러서 압력 실험하기, 녹여서 다른 물체 만들어 보기, 태워서 불밝히기, 볼펜심의 잉크로 그림그리기, 볼펜심을 종이배에 매달아 움직이는 종이배 만들기, 볼펜심의 잉크로 확산 실험하기, 볼펜 몸체를 두개 붙여 새총만들기, 볼펜 몸체를 여러 개 붙여 매트 만들기, 용수철과 볼펜심을 여러 개 연결하여 바구니 만들기 등

Q4 (예시답안) - '비오는 날'이라는 핵심적인 생각으로부터 가지를 쳐서 세부적인 생각들을 적어 보자.

p.163

Q5 (예시답안) - PMI 기법은 제안된 아이디어 중 무엇이 최선인지를 파악하여 결정하는 데 필요한 기법이다.

p.163

· P : 영상을 주로 동영상으로 꾸미되, 부분부분에 PPT를 삽입하여 사고를 당한 아이들의 모습과 사고를 담당하는 경찰관의 말을 말풍선 형태로 띄운다. 유튜브를 활용하여 다른 나라의 사례를 가져온다.

· M : 아이들이 교육을 받으면서 떠드는 이유는 내용이 적절하지 않거나 자기들의 경우와는 달라서 와닿지 않기 때문이다. 그럴 경우 아이들의 입장에서 무엇이 와닿을 이야기인지 조사하고 검토하여 동영상 스토리를 바꿔야 한다.

· I : 교통사고를 당한 아이들의 생생한 목소리가 가미되면 재미있겠다. 아기상어의 음악을 넣어서 아이들이 따라서 할 수 있게하면 주의집중에 도움이 되겠다. 만화 형식으로 만드는 것도 흥미있겠다.

Q6 (예시답안) - 각자 모자색을 정해서 쓰고 역할을 분담하여 이야기해 보자.

p.164

· 나는 노란색 모자를 쓸 것이다. 왜냐하면 나는 긍정적인 사고를 하기를 좋아하고 긍정적으로 생각했을 때 창의적인 아이디어가 떠오르기 때문이다. 그렇게 되면 어떤 사안에 대해 무엇이 타당한지 금방 파악할 수 있다.

· 나는 하얀 모자를 쓸 것이다. 왜냐하면 나는 논리를 잘 따지므로 어떤 사안에 대해 불필요한 점이나 부족한 점을 잘 찾아내는 편이기 때문이다.

Q7 (예시답안) - 각자 신개념 스팀 의류관리기를 떠올리고 세탁의 원리 먼지털이의 원리를 생각하여 각 기능을 어떻게 갖게 되었는지 SCAMPER 기법으로 해석해 보자.

p.165

스팀의류관리기의 기능과 아이디어 출처

① 황사, 미새먼지 털어내기 : 스팀으로 미세먼지를 옷감에서 털어내고 수분을 혼합하여 아래로 떨어지게 한다. 이것은 스팀청소기 기능의 적용하기(Adapt) 기법이 활용된 것이다.

② 스팀을 가하면서 좌우로 흔들어 구김펴기 : 세탁기가 돌아가면서 세탁물에 충격을 주는 것 또는 빨래를 두들기는 것을 응용한 것으로 대체하기(S) 기법이 활용된 것이다.

Q8 (예시답안) - 각자 손난로와 손수건을 강제결합하여 우리 생활에 유익한 물건을 생각해 보자.

p.165

- 따뜻하게 보온이 되는 보온 손수건
- 접으면 손난로가 되고 펴면 손수건이 되는 접이식 손난로
- 평상 시에는 손수건을 건조시키는 용도로 이용하다가 날씨가 추우면 손난로로 사용하는 휴대용 손난로 등

Q9

p.166

(예시답안) - 각자 모순을 해결하기 위한 아이디어를 떠올려 보자. 물을 충분히 담으려면 물통의 부피가 클 수 밖에 없다. 그러나 물이 비었을 때 부피를 많이 차지하지 않아야 한다. 이것은 물리적 모순이다.

- 해결책

· 물통을 자바라 식으로 만든다. 자바라 물통은 물이 없었을 때 접어서 부피를 작게 만든다.

· 물통을 단계적으로 펴서 부피를 증가시킬 수 있는 통으로 만든다. 자바라 물통은 물통에 주름을 넣는 방식이지만 이것은 바깥통이 안쪽 통으로 밀려들어가는 방식이다.

· 통을 찢어지지 않는 신소재 비닐로 만들고, 비었을 때는 입구 역할을 하는 둥근 링으로 비닐이 빨려 올라가는 방식으로 만든다.

Q10 (예시답안) - 각자 창의적으로 문제를 해결하는 방법 중 1개를 선택해서 모순을 해결해 보자.

p.167

- 해결책

· 7. 포개기 , 3. 전체에서 일부를 다르게 하기 기법을 이용하면 말뚝의 끝을 뾰족하게 만들되 끝이 나사를 따라 펴지면서 열리게 만들어서 말뚝을 다 박은 후에 나사를 위에서 돌리면 말뚝의 끝에서 금속이 펴지면서 땅속에 단단하게 고정된다.

· 5. 합치기 29. 공기나 유압을 이용하기 기법을 이용하면 말뚝의 중간 중간에 사방으로 펴질 수 있는 날개같은 것을 합쳐 놓고 유압이나 공기압을 이용해 강한 힘으로 펴질 수 있게 하면 말뚝을 박은 후 날개 부분을 펴서 단단히 고정될 수 있게 한다.

02 창의력 개발 훈련

p.168

Q1

문항 분석 및 평가표

◆ 문항 분석 : 두 물건의 생김새, 활용 방법 등으로 공통점을 다양하게 찾는 것을 통해 융통성을 평가하는 문항이다.

◆ 평가표

타당하게 2 가지 쓴 경우	3점
타당하게 3 가지 이상 쓴 경우	5점

출제자 예시 답안

- 닳으면 쓸 수 없다.
- 이름이 두 글자이다.
- 매일 쓴다.
- 주기적으로 갈아주어야 한다.

학생들 답안

- 부분마다 다른 물질이 있다.
- 칫솔은 이를, 전구는 방을 밝게 해준다.
- 화장실에서 필요하다.
- 사람들의 실생활을 도와준다.
- 캠핑장 갈 때 챙겨야 한다.

Q2

문항 분석 및 평가표

◆ 문항 분석 : 주어진 물건의 사용법으로 주변에서 볼 수 있는 물건을 다양하게 찾을 수 있는지를 통해 유창성을 평가하는 문항이다.

◆ 평가표

1 ~ 2 가지를 쓴 경우	2점
3 가지 이상 쓴 경우	5점

출제자 예시 답안

- 금고
- 휴대폰
- 캐리어 잠금장치
- 도어락
- 이메일 로그인

Q3

문항 분석 및 평가표

◆ 문항 분석 : 도형을 이용해 상상 가능한 그림을 최대한 많이 그려보는 문제로 독창성, 융통성을 평가하는 문제이다.

◆ 평가표

주어진 도형을 모두 이용하여 그림을 그렸을 때	2점
주어진 도형을 모두 이용하여 주제를 잘 나타낸 그림을 그렸을 때	4점
주어진 도형을 이용하여 독창적인 주제를 나타냈을 때 추가 점수	+1점

출제자 **예시 답안**

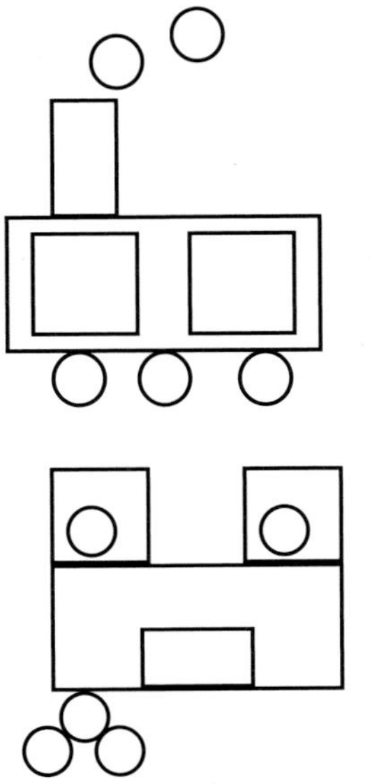

학생들 **답안**

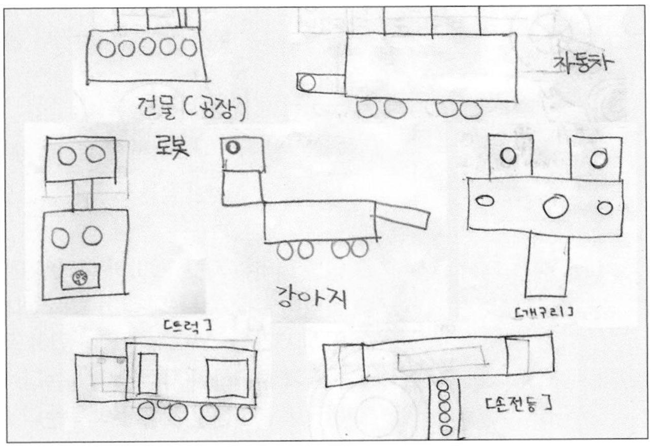

Q4

문항 분석 및 **평가표**

◆ 문항 분석 : 스캠퍼 기법을 활용하여 독창적이고 융통적인 아이디어를 내서 답하는 문제이다.

◆ 평가표

1 ~ 2개	3 ~ 4개	5개 이상
2점	4점	5점

출제자 **예시 답안**

① 친구에게 물통을 빌려 마신다. ② 손가락으로 구멍을 막고 물을 받아 마신다.
③ 물통을 비스듬히 기울여서 구멍으로 물이 새지 않는 만큼만 받아서 마신다.
④ 구멍을 테이프로 막고 물을 받아 마신다. ⑤ 손을 깨끗이 씻고 손에 받아 마신다.
⑥ 빨대를 흐르는 정수기 물에 대고 빨아 마신다.

학생들 **답안**

① 종이컵을 사서 마신다. ② 물을 받을 때 손으로 구멍을 막고 받아서 마신다.
③ 컵을 물통에 끼워넣고 안 빠지게 본드로 붙인다.
④ 구멍에 딱 맞는 딱딱한 플라스틱을 끼워넣고 본드로 붙인다.
⑤ 친구에게 물통을 빌린다. ⑥ 새로 물통을 사서 마신다.
⑦ 생수를 사서 마시고 남은 생수병을 새 물통으로 쓴다.

Q5

문항 분석 및 **평가표**

◆ 문항 분석 : 자석이 생활에 사용되는 예를 얼마나 다양하고, 많이 생각할 수 있는지를 통해 유창성을 평가하는 문항이다.

◆ 평가표

3 ~ 5 가지 작성	6 ~ 9 가지 작성	10 가지 이상 작성
2점	3점	5점

출제자 **예시 답안**

냉장고 문, 도난방지 시스템, 자석 드라이버, 냉장고에 붙이는 오프너, 자동문, 자석 보드판, 차량 거치대, 자기부상열차, 넥타이 핀, 버스카드, 가방 문, 신용카드, 필통 뚜껑 등이 있다.

Q6

문항 분석 및 평가표

◆ 문항 분석 : PMI 기법을 사용하여 실내화의 장점과 단점 흥미로운 점 등을 나열하고 현재 실내화의 단점을 장점화시키거나 흥미로운 점으로 개량시키는 사고를 묻는 문항이다.

◆ 평가표

불편한 점만을 제시한 경우	3점
불편한 점을 쓰고, 타당한 방법을 제시한 경우	10점

출제자 예시 답안

- 금방 더러워 지고, 빨아야 한다. - 고무 재질의 때가 잘 타지 않는 실내화를 만든다.
- 바닥이 얇다 - 푹신한 굽이 있는 실내화를 만든다.
- 땀 냄새가 많이 난다- 구멍이 있어 공기가 통하는 실내화를 만든다.
- 신기가 불편하여 자주 꺽어 신는다.- 슬리퍼 모양이지만 고정이 되는 실내화를 만든다.
- 바닥에 흙이나 먼지가 많이 묻는다. - 바닥을 가죽이나 고무 재질로 바꾼다.

Q7

문항 분석 및 평가표

◆ 문항 분석 : 스스로 여러 가지 색의 모자를 썼다고 가정하고 육색 사고모자 기법(Six Thinking Hats)을 활용하여 여러 가지 관점에서 사고해 본다. 주어진 물건으로 물을 따를 수 있는 방법을 자신만의 독특하고 새로운 방법으로 설명할 수 있는지, 방법을 얼마나 다양하게 설명할 수 있는지를 통해 독창성과 융통성을 평가하는 문항이다.

◆ 평가표

물건 1 가지만을 사용하여 물을 따를 수 있는 방법을 설명한 경우	2점
물건 2 가지 이상을 사용하여 물을 따를 수 있는 방법을 설명한 경우	4점
물건 2 가지 이상을 사용하여 물을 따를 수 있는 방법을 그림과 함께 설명한 경우	5점

출제자 예시 답안

- 페트병 옆에 송곳으로 구멍을 뚫고, 구부러진 빨대를 꽂은 후 고무찰흙으로 물이 새지 않게 막는다. 페트병 뚜껑을 열어 빨대를 꽂고 찰흙으로 막은 후 불면 페트병 옆쪽의 빨대에서 물이 나온다.
- 위와 같고 뚜껑에 빨대가 아닌 주사기를 꽂아 공기를 불어 넣는다.

Q8

문항 분석 및 평가표

◆ 문항 분석 : 분필칠판의 장점, 단점, 흥미로운 점을 각각 논의하는 PMI 기법을 활용한다. 독특하고 다양한 답안을 하여 독창성, 유창성을 발휘해 보는 문항이다.

◆ 평가표 : 좋은 점이건 나쁜 점이건 서술한 답안의 개수를 기준으로 한다.

1 ~ 2개	3 ~ 4개	5개 이상
2점	4점	5점

출제자 예시 답안

◆ 좋은 점

① 커서 많은 학생들이 볼 수 있다. ② 지웠다 쓰면서 계속 사용할 수 있다.
③ 자석을 이용해서 종이를 붙여둘 수 있다. ④ 쓰다가 틀리면 틀린 부분만 살짝 지우고 다시 쓸 수 있다.

◆ 나쁜 점

① 가루가 날린다. ② 일일이 손으로 지우기 힘들다. ③ 쓰던 부분에 손이 닿으면 지워져 버린다.

학생들 답안

◆ 좋은 점
① 자석이 잘 붙는다. ② 잘 그려진다. ③ 그림 그리기가 쉽다.
④ 색깔이 다양하다. ⑤ 지우기도 편리하다.
◆ 나쁜 점
① 분필이 많이 닳는다. ② 가루가 많이 날린다. ③ 끽끽 소리가 난다.
④ 많이 그리면 손이 아프다. ⑤ 손에 가루가 묻는다. ⑥ 글씨를 쓰기가 어렵다.

Q9

문항 분석 및 **평가표**

◆ 문항 분석 : 여러 명이 있다면 브레인스토밍 방법으로 각종 상황을 고려하여 답해 본다. 유창성과 융통성을 발휘하는 문항이다.

◆ 평가표

고양이가 가지고 놀 수 있는 물건을 1~2가지 골랐을 때	2점
고양이가 가지고 놀 수 있는 물건을 3가지 골랐을 때	4점
고양이가 가지고 놀 수 있는 물건을 3가지 고르고 그 이유를 설명했을 때	5점

출제자 **예시 답안**

① 플라스틱 물통 : 앞발로 차고 굴러갈 때마다 뽀작뽀작 소리가 나서 고양이가 좋아할 것이다.
② 야구공 : 고양이가 쫓아가기 좋게 크기가 적당하고, 가죽 표면이 튼튼해서 발톱이나 이로 물어도 쉽게 헤지지 않는다.
③ 두루마리 휴지 : 굴리면 휴지가 풀리면서 나풀거려 고양이가 쫓아가고 싶어지는 모습을 만들 것이다.

학생들 답안

① 공 ② 쥐 ③ 실뭉치 ④ 구슬 ⑤ 달걀
⑥ 풀 ⑦ 구슬사탕 ⑧ 테이프 심 ⑨ 탱탱볼

Q10

문항 분석 및 **평가표**

◆ 문항 분석 : 상어처럼 모양이 변해서 육지에 살게되었을 때의 장점, 단점, 흥미로운 점을 하나씩 거론하여 논의하는 PMI 기법을 활용한다. 융통성과 민감성을 발휘해 본다.

◆ 평가표

상어의 특성에 맞추어서 필요한 물건을 묘사했을 때	3점
상어의 특성과 자신의 상상력을 가지고 독창적인 물건을 묘사했을 때	5점

출제자 **예시 답안**

- 다리가 없어 걸어다닐 수 없기 때문에 휠체어나 수레 등을 타고다녀야 할 것이다.
- 숨을 쉴 수 있도록 물이 찬 어항같은 것을 뒤집어쓰고 있어야 할 것이다.
- 사람들과 의사소통을 하기 위해 지느러미로 칠 수 있는 큰 타자기가 필요할 것이다.
- 육지에서도 앞과 주위를 잘 볼 수 있도록 특수 제작된 안경을 써야할 것이다.

학생들 답안

- 물고기를 먹어야 한다.
- 사람과 논다.
- 바다에 학교를 만든다.
- 겁을 준다.
- 작은 물고기와 논다.
- 물고기를 도운다.
- 물고기 케이크를 만들어서 친구 집에 놀러간다.
- 내가 좋아하는 고기만 먹을 것이다.
- 바다에 있는 쓰레기를 물어 바다 밖으로 던져버릴 것이다.
- 빠르게 헤엄쳐서 물고기를 잡아먹고, 냄새도 잘 맡고 나보다 센 애들도 잘 피해 다닐 거고 숨어 있는 애들도 잡아먹을 것이다.

Q11

문항 분석 및 **평가표**

◆ 문항 분석 : 이 문항은 브레인스토밍 기법을 활용하는 문제이다. 많은 아이디어를 내어 유창성을 발휘해 보도록 한다.

◆ 평가표

1 ~ 2개	3 ~ 4개	5개 이상
2점	4점	5점

출제자 **예시 답안**

① 리모콘을 쓴다.
② 발을 쓴다.
③ 다른 사람에게 부탁한다.
④ 팔꿈치를 쓴다.
⑤ 물건을 던져서 버튼을 맞춘다.
⑥ 애완동물을 훈련시킨다.
⑦ 초능력을 쓴다.
⑧ 연필, 펜 등으로 누른다.
⑨ 음성인식 TV를 사용한다.
⑩ 핸드폰 리모컨 기능을 쓴다.
⑪ 비닐장갑을 끼고 만진다.
⑫ 적외선 인식 기능으로 닿지 않고 버튼이 눌리게 한다.

학생들 **답안**

① 탱탱볼을 튕겨서 TV켜는 버튼을 누른다.
② TV를 뚫어지게 바라보면 TV가 켜지는 초능력을 갖는다.
③ 리모콘을 떨어뜨려서 누른다.
④ 머리, 발, 방귀, 볼펜, 핀으로 버튼을 누른다.
⑤ 다른 사람들이 채널을 돌려준다.
⑥ 말하면 저절로 채널이 바뀌는 TV를 산다.
⑦ 내가 미래에 발명가가 되어서 TV에 버튼이 있어 막대기로 버튼을 누르면 채널, 알람, 소리 등을 맞추어 쓸 수 있게 만들고, 소파를 TV 앞에 놓고 소파에 반동을 주면 켜지는 TV를 만들면 된다.

Q12

문항 분석 및 **평가표**

◆ 문항 분석 : 여러 명이라면 브레인스토밍 기법을 사용해서 아이디어를 많이 내보거나, 혼자라면 상황 별로 마인드맵을 사용하여 많은 아이디어를 내는 문제이다.

◆ 평가표

1 ~ 2개	3 ~ 4개	5개 이상
2점	4점	5점

출제자 **예시 답안**

① 먹을 것으로 유인한다.
② 마취총을 쏜다.
③ 먹이에 수면제를 타서 놓아둔다.
④ 술을 뿌려 취하게 한 후 잡는다.
⑤ 다른 성별을 가진 기린을 데려와 유혹시킨다.
⑥ 아기 기린을 데려와서 돌보러 오게 한다.

학생들 **답안**

① 만약 기린이 엄마, 아빠면 아기 기린을 데려와서 동물원으로 데려간다.
② 기린이 나를 보고 있을 때 옆 사람들이 기린을 마취해서 데려간다.
③ 기린보다 더 빠른 동물을 사람이 타고 가서 잡는다.
④ 위치추적기로 기린이 있는 곳을 알아내고 기린이 좋아하는 것을 미끼로 둔 후, 기린이 먹는 동안 큰 우리에 가둔다.
⑤ 동물원 사육사가 기린으로 변장하고 동물원을 숲으로 색칠한 다음 기린을 유인해 동물원으로 데려간다.
⑥ 먹이 100개를 기린 앞에 놓은 다음 나무에 투명한 사육 상자를 묶어 기린이 먹이를 먹을 때 떨어뜨려 잡는다.

Q13

문항 분석 및 **평가표**

◆ 문항 분석 : 스캠퍼(scamper)기법을 활용할 수 있는 전형적인 예이다. 대체, 결합, 적용, 수정, 다른 용도로 사용하기, 재배치하기 등을 활용하여 방법을 여러 가지 이끌어내 보자.

◆ 평가표

1 ~ 2개	3 ~ 4개	5개 이상
2점	4점	5점

출제자 예시 답안

① 던져서 앞뒤 내기를 할 수 있다.
② 동전을 던져 맞추는 놀이를 할 수 있다.
③ 종이에 대고 작은 원을 그린다.
④ 다른 나라의 동전과 함께 수집한다.
⑤ 구리로 만들어졌으므로 냄새 제거와 살균을 할 수 있다.

학생들 답안

① 동전을 녹여서 공예품을 만든다.
② 친구들과 알까기를 한다.
③ 딱지치기 용으로 쓴다.
④ 동전 쌓기 용으로 쓴다.
⑤ 박물관에 기증한다.
⑥ 복권을 긁을 때 쓴다.
⑦ 외국에 가서 쓴다.
⑧ 은행에 가서 우리나라 동전으로 바꾼다.
⑨ 1센트짜리 동전으로 만든다.
⑩ 외국 돈을 모으는 사람에게 교환한다.
⑪ 친구들에게 외국돈을 가지고 있다고 자랑한다.
⑫ 동전에 구멍을 뚫어 목걸이로 쓴다.
⑬ 땅속에 타입캡슐로 묻어두었다가 10년 후에 꺼내본다.
⑭ 1센트짜리 동전이 필요한 불우이웃에게 나눠준다.
⑮ 잠글 수 있는 상자의 열쇠를 넣고 돌리는 부분을 만든다.

Q14

문항 분석 및 평가표

◆ 문항 분석 : 스캠퍼 기법을 활용할 수 있는 또 다른 예이다. 대체하기, 결합하기, 적용하기, 수정-축소하기, 다른 용도로 사용하기, 제거하기, 재배치하기 등의 방법을 활용해서 답안을 다양하게 작성해 본다.

◆ 평가표

1 ~ 2개	3 ~ 4개	5개 이상
2점	4점	5점

출제자 예시 답안

① 닭 꼬치로 끼워서 사용한다.
② 맛살, 야채를 끼워 산적꼬치를 만든다.
③ 샌드위치에 꽂아 내용물이 흘러나오지 않게 한다.
④ 잘라낸 수박에서 씨를 뺀다.
⑤ 운동화 밑창의 좁은 틈에 낀 때를 뺀다.

학생들 답안

① 뜨개질할 때 뜨개바늘로 쓴다.
② 이쑤시개로 길이를 잰다.
③ 허수아비 팔로 만든다.
④ 화살로 만든다.
⑤ 도형을 만든다.
⑥ 배가 아플 때 이쑤시개로 손톱을 딴다.
⑦ 지워지지 않는 잉크를 이쑤시개에 묻힌 다음 문신을 하거나 타투를 한다.
⑧ 스티로폼과 같은 물품에는 못을 꽂을 수 없기 때문에 이쑤시개를 못과 같은 용도로 사용한다.

Q15

문항 분석 및 평가표

◆ 문항 분석 : 브레인스토밍 기법을 사용하여 다양한 답을 내 본다.

◆ 평가표

새들을 다른 곳으로 보낼 수 있는 방법을 설명했을 때	2점
새들을 다른 곳으로 보낼 수 있는 효과적인 방법을 설명했을 때	4점
새들을 다른 곳으로 보낼 수 있는 창의적인 방법을 설명했을 때	+1점

출제자 예시 답안

- 폭죽을 터트리는 것 같은 큰 소리를 내서 도망치게 한다.
- 새들이 무서워하는 천적의 울음소리를 녹음해서 틀어둔다.
- 새들이 앉으려는 곳에 약한 전기를 통하게 해서 앉지 못하게 한다.
- 활주로에 새들의 먹이가 될 것을 모두 치우고, 다른 곳에 먹이를 듬뿍 놓아 유인한다.

학생들 답안

- 여우로 새들을 쫓아낸다.
- 새가 싫어하는 소리를 낸다.
- 새들이 건널 수 있는 길을 만들어 준다.
- 모터 소리를 크게 내서 도망가게 한다.
- 활주로 바깥쪽에 새들이 좋아하는 먹이를 뿌려놓는다.
- 새들이 싫어하는 냄새의 약을 활주로에 바른다.
- 새들만을 위한 공간을 만들거나 비행기를 만들어 다른 곳으로 보낸다.
- 새들이 우리말을 알아들을 수 있도록 한 다음 새들의 우두머리와 상의한다.

Q16

문항 분석 및 평가표

◆ 문항 분석 : 주어진 조건으로 문제점과 해결 방안을 상황에 맞게, 자세하게 설명하였는지를 통해 융통성, 정교성을 평가하는 문항이다.

◆ 평가표

문제점에 대한 해결 방안이 구체적이지 않은 경우	3점
타당한 문제점과 정확한 해결 방안을 제시한 경우	5점

출제자 예시 답안

- 문제점 : 무한이와 상상이는 다리의 힘이 다르기 때문에 각각 다른 사람이 달린 자전거로는 성능을 비교할 수 없다.
- 해결 방안 : 두 대의 자전거를 한 사람이 타서 같은 힘으로 탄 거리를 비교한다.

이외에도 자전거의 기아가 다를 수 있고, 바퀴 안의 공기의 양 등이 문제점이 될 수 있다.

학생들 답안

- 문제점 : 3번
- 해결 방안 : 만약 무한이와 상상이 중 무한이가 힘이 세고, 상상이의 자전거 성능이 더 좋다면 앞으로 나간 거리로 성능을 비교하는 것은 잘못된 방법이다.

Q17

문항 분석 및 평가표

◆ 문항 분석 : 스캠퍼 기법을 활용할 수 있는 문제이다. 생물의 모습에서 아이디어를 얻어 발명된 우리 주변 사물에 대해 얼마나 다양하게 알고 있는지를 통해 융통성과 정교성을 평가하는 문항이다.

◆ 평가표

1 ~ 2 가지를 쓴 경우	2점
3 가지 이상 쓴 경우	5점

출제자 예시 답안

· 오리발 - 오리나 개구리의 물갈퀴를 본떠 만든 것이다.

· 흡착기 - 문어의 빨판을 보고 만든 것이다.

· 포크레인 - 두더지의 앞발을 보고 만든 것이다.

Q18

문항 분석 및 **평가표**

◆ 문항 분석 : 스캠퍼 기법을 활용해 보자. 하나의 물건을 다양한 장소에서 다양하게 사용하는 방법을 얼마나 독특하고, 새롭게 표현하였는지를 통해 융통성과 독창성을 평가하는 문항이다.

◆ 평가표

1 ~ 2가지 작성	3 가지 작성	4 가지 작성	5 가지 작성	6 가지 작성
1점	2점	3점	4점	5점

학생들 **답안**

내 방에서	부엌에서
책받침대로 이용하기 친구와 같이 팽이 놀이 한다.	음식이 식지 않도록 그릇위에 놓기 라면을 뚜껑에 덜어서 먹는다.
거실에서	**교실에서**
냄비 뚜껑을 뒤집어, 고정시킨후 팽이 돌리기 TV 볼때 더우면 뚜껑 유리 쪽으로 불을 댄다.	쉬는시간에 구슬치기 음악 시간에 심벌즈로 쓴다.
운동장에서	**바다에서**
피구를 할때 선으로 비가 올때 냄비 뚜껑을 쓴다.	조개 모을때 모래성을 만들때 냄비 뚜껑으로 모양을 만든다.

Q19

문항 분석 및 **평가표**

◆ 문항 분석 : 좋은점, 나쁜점, 흥미로운 점 을 생각하는 PMI 기법이 응용되는 문항이다. 용수철이 실생활에 쓰이는 이유를 알고 있는지, 또 어떤 물건에 사용되는지 쓸 수 있어야 한다. 이를 통해 융통성과 정교성을 평가하는 문항이다.

◆ 평가표

(1) 채점 기준

1 ~ 2 가지를 쓴 경우	1점
3 가지를 쓴 경우	2점

(2) 채점 기준

1 ~ 2 가지만 쓰고, 장점을 쓴 경우	2점
3 가지를 쓰고, 장점을 쓴 경우	3점

출제자 **예시 답안**

(1) · 긴 줄을 용수철과 같이 감아 놓으면 공간을 적게 차지한다.
· 줄이 꼬이는 것을 방지한다.
· 먼 곳에서 길게 늘려 사용할 수 있다.
· 선이 곡선이라 유연하다.
(2) · 침대 : 매트 안에 용수철이 들어 있어 탄성때문에 폭신폭신하다.
· 악력기 : 탄성때문에 구부이는 것이 어려워 손에 힘을 주어야 하므로 근육 발달에 도움이 된다.
· 머리끈 : 용수철 모양으로 머리를 묶어도 자국이 남지 않는다.

Q20

문항 분석 및 평가표

◆ 문항 분석 : PMI 기법을 활용해 보자. 우리 주변에서 쉽게 볼 수 있는 멀티탭의 불편함을 보완할 수 있는 새로운 아이디어를 내고, 설명할 수 있는지를 통해 독창성과 정교성을 평가하는 문항이다.

◆ 평가표

단점을 생각하고, 단점을 보완할 수 있는 방법을 생각하여 그린 경우	5점

출제자 예시 답안

플러그의 방향이 위쪽으로만 되어 있어 코드를 항상 한 방향으로만 꽂아야 하는 불편함이 있으므로 다양한 방향으로 돌릴 수 있게 만든다.

여러 코드를 꽂을 때는 어떤 전자기기의 코드인지 헷갈릴 수 있으므로 그림으로 표시할 수 있게 만든다.

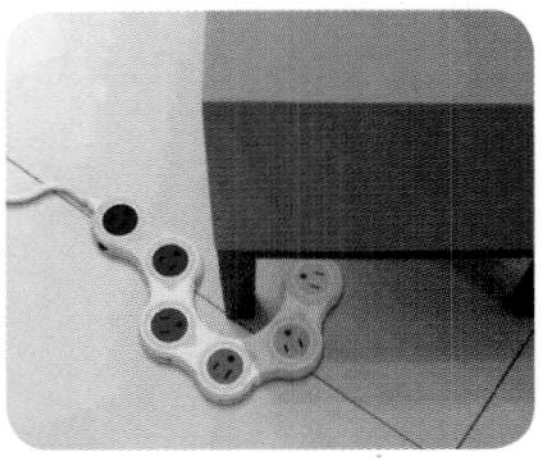

멀티탭이 직선으로만 되어 있어 바닥에 놓을 때 공간차지가 크다. 곡선으로 된 멀티탭을 만들어 공간에 따라 배치되게 만든다.

점수에 따른 성취도 등급

각 문제의 배점표에 따른 점수를 더해서 자신의 성취도 등급을 매겨 봅시다.

등급	1등급	2등급	3등급	4등급	5등급
평가	90점 이상	70점 이상 ~ 89점 이하	50점 이상 ~ 69점 이하	30점 이상 ~ 49점 이하	29점 이하

총점 100점

(등급 해설)

1등급 : 열정적이고 동기화되어 있는 학생으로 각 분야에 창의력을 나타냅니다.

2등급 : 매우 우수한 학생으로 실생활에 관련된 문제를 풀 때 자기만의 창의적 방식으로 해결책을 제시합니다.

3등급 : 창의력을 익혀가고 있는 학생으로 열정적이고 동기화되어 가고 있는 과정의 학생입니다.

4등급 : 창의력이 잠재되어 있는 학생으로 좀 더 노력하면 열정적이고 동기화되어 창의력이 기대되는 학생입니다.

5등급 : 잠재되어 있는 창의력이 아직 발현되고 있지 않는 학생입니다. 각종 과학도서를 접해 보고 과학 행사 등에 참석해 보길 권유합니다.

03 발명품 대회 주제 찾기

A. 발명 아이디어 연습하기

예시 01 긴 우산 짧은 우산 모두 편하게 꽂을 수는 없을까? p.179

Q1
(예시 답안) - 자유롭게 써 보자.

· 업소마다 우산꽂이가 제대로 구비된 곳은 많지 않다.
· 업소에서는 주로 아무 통이나 놓고 우산꽂이로 대용한다.
· 비가 올 때 쇼핑이나 식사자리에 우산을 같이 가져가면 물이 묻고 불편하다.
· 짧은 우산꽂이가 구비된 곳은 거의 없다.
· 은행 등에서는 우산꽂이 대신에 우산 넣는 비닐을 제공하기도 한다.
· 접는 우산을 긴 우산과 같이 꽂으면 찾기도 힘들고 긴 우산으로부터 물이 떨어져 우산이 흠뻑 젖기도 한다.

Q2
(예시 답안) - 다양한 해결책을 제시해 보자.

방법1) 적당한 크기의 판에 여러 구멍을 두어서 구멍마다 우산을 꽂을 수 있도록 하고, 각 구멍에는 우산을 꽂는 사람이 꼽아 내리면 그 깊이에서 고정될 수 있는 장치를 각각 설치한다. 블라인드커튼의 원리를 적용해 본다. 우산이 꽂힌 후 기울어지지 않아야 한다. 우산을 빼면 자동으로 처음 상태로 되돌아 간다. 탄성력을 이용해 원래의 위치로 되돌아가는 줄자의 원리를 응용한다.

방법2) 적당한 크기의 판에 깊고 얕은 끝이 막힌 구멍을 둔다. 바깥쪽은 깊은 구멍을 두어 긴우산을 꽂을 수 있도록 하고, 안쪽은 얕은 구멍을 두어 짧은 우산을 꽂을 수 있도록 한다.

예시 02 미끈미끈 지저분한 배수구 거름망 p.180

Q3
(예시 답안) - 자유롭게 써 보자.

· 배수구 거름망은 항상 음식찌꺼기로 인한 세균이 득실거린다.
· 배수구 거름망이 없으면 음식물 쓰레기가 하수구을 막을 우려가 있다.
· 어떨 때는 배수구 거름망의 음식물 찌꺼기 때문에 물이 안 빠질 때도 있다.
· 배수구 거름망에 있는 음식물 찌꺼기 때문에 냄새가 많이 난다.
· 설겆이 후에는 배수구 거름망에 있는 음식물 쓰레기를 꼭 치워야 한다.

Q4
(예시 답안) - 다양한 해결책을 제시해 보자.

방법1) 싱크대를 만들 때 버튼을 누르면 배수구 거름망이 자동으로 교체될 수 있도록 장치한다. 이때 사용한 배수구 거름망은 싱크대 내부에서 물 분사 방식으로 세척이 되고 건조시켜 다시 사용하도록 한다. 또 떨어져 나간 음식물 찌꺼기도 한쪽으로 옮기는 장치를 만들어 건조시켜 모아두었다가 한꺼번에 쓰레기통에 버린다.

방법2) 배수구 통에 뚜껑을 달되 평소에는 싱크대 속으로 들어가 보이지 않다가 설겆이가 끝나고 버튼을 누르면 배수구 통의 뚜껑이 닫히고, 내부에서는 자동 세척 방식으로 배수구 거름망을 씻어내고 건조시킨 후 뚜껑이 열린다. 이때 떨어져 나온 음식물 찌꺼기는 한쪽으로 옮기는 장치를 만들어 건조시켜 모아두었다가 한꺼번에 쓰레기통에 버린다.

예시 03 컵과 접시를 하나로?

p.181

Q5 (예시 답안) - 자유롭게 써 보자.

· 뷔페에서는 접시를 하나만 사용하는 경우 국이나 소스를 담고 오기가 귀찮다.
· 뷔페에서 물이나 음료수를 따로 담아 같이 들고 오는 경우 진짜 다른 사람과 부딪칠까봐 조마조마 했다.
· 뷔페에는 음식의 종류가 많아서 다 먹을 수가 없기 때문에 접시에 음식을 조금씩만 담아야 하는데, 무지 많이 담는 사람도 있다.
· 다들 좋아하는 갈비 등은 많은 사람들이 줄을 서서 기다리는데, 기다리는 시간 동안에 부딪쳐 음식물을 많이 쏟기도 한다.
· 씨름 선수들이 오면 엄청 먹어서 뷔페는 망할 것 같다.

Q6 (예시 답안) - 다양한 해결책을 제시해 보자.

방법1) 접시에 컵을 담을 수 있는 홈을 판 형태를 고안하여 컵을 올린다.

방법2) 휴대용 상(개인용 크기)으로 음식을 담을 수 있게 하여 접시를 올리고 컵도 올리고, 스프 그릇도 올릴 수 있도록 한다.

방법3) 컵과 접시의 크기를 조절하고, 접시 밑바닥에 컵이 들어가 꼭 낄 수 있게 하여 컵 위에 접시를 올려 고정시키고 컵의 손잡이를 잡고 음식을 접시 위에 담게 한다.

예시 04 평균대, 재밌지만 무거워서 옮기기 힘들어요~

p.182

Q7 (예시 답안) - 자유롭게 써 보자.

· 학교에서는 평균대 놀이를 거의 하지 않는다.
· 조립식으로 만들면 여러 모양으로 평균대를 펼칠 수 있어서 좋겠다.
· 체조 선수들이 평균대를 할 때 '저러다가 다치지' 하는 생각이 든다.
· 어떻게 저 위에서 덤블링을 할 수 있을까?

Q8 (예시 답안) - 다양한 해결책을 제시해 보자.

방법1) 평균대를 서너 조각으로 분리해 평균대 옆면이나 앞뒷면에 홈을 파서 레고처럼 맞출 수 있게 한다. 각 조각에는 접이식 다리를 설치하고 맞춘 곳에는 다리를 두어 그 부분에 올라가도 빠지지 않게 한다.

방법2) 평균대 재질을 가볍고 튼튼한 신소재로 하되 다리와 바닥 사이 부착 장치를 둬서 올라가서 활동할 때 넘어지지 않게 한다.

예시 05 크레파스, 자리를 너무 차지해!

p.183

Q9 (예시 답안) - 자유롭게 써 보자.

· 36색 크레파스를 선물 받았으니 너무 좋겠다.
· 책상이 너무 좁으니 바닥에서 그려야 할까?
· 필통을 사용할 필요는 없지. 연필만 있으면 되니까.

Q10 (예시 답안) - 다양한 해결책을 제시해 보자.

크레파스를 세워서 꽂는 투명 거치대를 마련한다. 빼고 꽂기 쉽도록 거치대는 크레파스의 절반 높이로 한다. 연필도 꽂을 수 있고 지우개를 놓을 수 있는 곳도 거치대에 따로 설치한다.

예시 06 상대의 돌을 이용해서 이기는 오목게임은 없을까?

p.184

Q11 (예시 답안) - 자유롭게 써 보자.

· 오목게임을 잘 하면 바둑도 잘 둔다던데?

· 학교에서 친구랑 오목게임을 하다가 숙제를 못했다.

· 폰에도 오목게임이 있는데 정말 이기기 힘들어!

Q12 (예시 답안) - 다양한 해결책을 제시해 보자.

방법1) 흰돌이나 검은돌 전후좌우 사방에 검은돌(흰돌)에 쌓여 있다면 검은돌(흰돌) 중에서 한 돌만 선택해서 흰돌(검은돌)로 바꿀 수 있게 한다.

방법2) 흰돌(검은돌) 바로 주변에 검은돌이 6개 이상 있으면 검은돌(흰돌)을 흰돌(검은돌)로 모두 바꿀 수 있게 한다.

예시 07 살랑 살랑, 팽글 팽글, 연과 바람개비를 한꺼번에?

p.185

Q13 (예시 답안) - 자유롭게 써 보자.

· 연날리기도 재밌겠고, 바람개비놀이도 재밌겠다.

· 바람이 안불면 연을 날릴 수가 없어. 그런데 보통은 하늘 높은 곳에서는 바람이 불고 있지.

· 바람개비를 이용하면 좀 색다른 모양의 연이 가능할지도 모르겠다.

Q14 (예시 답안) - 다양한 해결책을 제시해 보자.

방법1) 연의 맨 앞에 침핀을 고정시키고 침핀에 바람개비를 설치해 연이 날고 있을 때 바람개비도 함께 돌아갈 수 있게 한다.

방법2) 연의 앞 좌우 꼬리에 바람개비를 설치하여 연이 날고 있을 때 4개의 바람개비도 같이 돌 수 있게 한다.

방법3) 연을 여러 개 같은 실에 이어서 날릴 때 실의 각 부분에 각 색깔의 바람개비를 설치하여 연이 줄줄이 날면서 여러 개의 바람개비가 같이 돌아가게 한다.

예시 08 폐 회전의자를 재활용해서 재미있는 돌림판 만들기

p.186

Q15 (예시 답안) - 자유롭게 써 보자.

· 버려지는 가구는 아까운 것이 많이 있어.

· 버려지는 가구들은 모아서 다른 가구를 만들던가 활용할 데가 많을 것 같아.

· 버려지는 종이는 가져가는 사람들이 무척 많던데?

Q16 (예시 답안) - 다양한 해결책을 제시해 보자.

방법1) 폐 회전의자의 다리 부분을 떼내고 바퀴를 제거한 다음 둥근 다트판을 붙여 다트 놀이를 한다. 중심 부분은 벽에 고정시킬 수 있게 나사못 구멍을 뚫는다.

방법2) 폐 회전의자의 다리 부분을 떼어내어 이동이 어려운 커다란 식탁의 가운데에 설치하고, 바퀴를 올렸다 내렸다 하는 장치를 설치해 커다란 식탁을 쉽게 돌리거나 이동시키는 용도로 활용할 수 있다.

Q17~Q18

p.187

지금까지의 연습을 바탕으로 생활 주변의 발명 소재를 선정하여 자유롭게 서술해 보자.

B. 주제 집중 탐구

주제1 어디를 찍을까?

p.188

Q1 (예시 답안)

편한점 : 종이를 묶을 필요가 없이 찍기만 하면 낱장의 종이들이 묶음 종이가 된다.

불편한 점 : ① 찍을 곳을 정확히 알 수가 없어 엉뚱한 곳에 철침이 찍혀 가끔씩 철침을 빼내고 다시 찍어야 한다.

② 수직으로 찍지 않으면 철침이 밀려 잘 찍히지 않을 때가 있다.

③ 철침이 두개씩 나와 철침을 제거하고 다시 찍어야 할 때가 있다.

④ 종이가 두꺼울 때는 철침이 종이를 뚫지 못하여 난감할 때가 있다. 이때는 더 큰 스테이플러가 필요하다.

Q2 (예시 답안) - 나름대로의 경험을 서술해 보자.

스테이플러 윗덮개를 지면에 수직하게 지긋이 눌러야 한다. 지면에 수직하지 않으면 압력이 옆으로 가해져 철침이 찌그러져 잘 박히지 않아 클린치가 잘 일어나지 않는다. 또 너무 갑자기 누르면 철침이 정확하지 않은 경우 더 잘 찌그러져 잘 박히지 않게 된다.

집중 탐구 문제

p.191

01 정답 : ㉠, ㉡, ㉢, ㉤, ㉦, ㉧

㉠ 가위는 1종지레이다.

㉤ 병따개, ㉦ 장도리, ㉧ 스테이플러 는 2종 지레이다.

㉡ 핀셋, ㉢ 젓가락 은 3종 지레이다.

02 정답 : C

스테이플러의 뒷부분이 받침점이고, 윗덮개의 누르는 부분은 힘점, 철핀이 꽂히는 부분은 작용점이므로 작용점보다 받침점으로부터 먼 부분을 누르는 경우 철핀에 가해지는 힘이 커진다.

03 정답 : 5 N

받침점으로부터의 거리가 1 : 3 이므로, 드는 힘은 3 : 1 이다. 지레의 원리가 적용된다 ; $w \times a = F \times b$

04 정답 : ①

$$\text{압력} = \frac{\text{면을 누르는 힘}}{\text{힘을 받는 면적}} = \frac{50\ \text{N}}{0.5\ \text{m}^2} = 100\ \text{N/m}^2$$

발명 아이디어 정리

p.192

Q1 (예시 답안) - 각자 자유롭게 적어 보자.

· 스테이플러 찍을 때 엉뚱한 곳에 찍히는 경우가 많았다. 여러 번 찍다보면 어느 정도 찍어야 할지 감이 잡힌다.

· 종이가 어느 정도 두꺼운 경우 스테이플러를 잘 찍기 위해서는 수직으로 지긋이 찍어야 하는데, 찍을 때마다 수직으로 맞추는 것은 좀 번거로운 일이다.

· 스테이플러는 누르는 위치에 따라 2종 지레가 될 수도 있고, 3종 지레가 될 수도 있겠다.

· 스테이플러의 클린치 과정이 흥미롭다.

· 호치키스가 일본 회사의 삼품명이었구나!

· 생각해보니까 스테이플러와 병따개가 비슷한 점이 있었구나.

Q2 (예시 답안) - 각자 자유롭게 아이디어를 떠올려 보자.

방안) 스테이플러의 윗덮개에 버튼을 장치하고 윗덮개를 누르면 버튼이 눌러지면서 아랫몸체의 한 점에서 작은 레이저포인터가 작동이 되어 찍을 곳을 정확하게 비추게 한다.

이유) 레이저포인터는 장치하기가 편하고 스테이플러의 구조를 바꾸지 않아도 되므로 실현 가능하다. 또 빛이 나와서 찍을 곳을 알려주는 경우 제품이 고급스럽게 보이는 효과도 있다.

Q3 (예시 답안)

1. 윗덮개의 버튼는 스위치이므로 압력을 계산하여 윗덮개가 눌러지기 시작할 때 스위치가 닫혀져 빛이 들어오게 한다.
2. 아랫몸체에는 작은 구멍을 내고 함몰식으로 레이저포인터를 설치하고 겉에서 보이지 않게 스위치와 연결한다.
3. 종이에 비쳐지는 빛의 모양은 종이에 박혔을 때의 철핀의 모양으로 철핀이 박히는 곳과 일치하게 한다.

Q4 (예시 답안) - 각자 유용한 점을 서술해 보자.

유용한 점1. 철핀이 찍히는 곳을 확인하느라 신경쓰지 않아도 된다.

유용한 점2. 철핀이 잘못 찍혀 다시 빼서 찍는 수고가 줄어든다.

유용한 점3. 빛이 나와서 찍는 곳을 가리키는 기능을 장착하면 제품이 고급스러워 보이고 제품가치가 상승한다.

유용한 점4. 밤에 불이 나갔을 때도 스테이플러로 정확하게 종이를 찍을 수 있다.

Q5 (예시 답안) - 각자 실현 시 문제점을 서술해 보자.

문제점1. 레이저포인터가 고장나는 경우 교체해 줘야 하는데 쉽게 교체할 수 있도록 장치를 정밀화해야 한다.

문제점2. 아랫몸체도 약간 기울어져 있어 정확한 곳을 찍기 위해서 보정이 필요하다.

발명계획서 작성해 보기 (예시)

p.194

발명 주제

기존의 스테이플러를 레이저포인터를 이용하여 종이의 찍을 곳을 정확히 찍을 수 있는 스테이플러로 개량하기

발명 동기 및 목적

발명 동기 : 스테이플러로 종이를 찍을 때 종이의 찍을 곳을 정확히 찍지 못하여 철핀을 다시 빼내고 다시 찍곤 했던 기억이 있다. 철핀이 한 번 찍히면 다시 빼내기가 무척 성가셨고 종이가 두꺼우면 그 성가심이 더했다. 다른 친구에게 물어보니 모두 그런 경험을 기억해 내었다. 그렇다면 그러한 불편함을 없앨 수 있는 아이디어가 없을까 하고 생각을 하게 되었다.

발명 목적 : 스테이플러를 사용할 때 종이의 찍을 곳을 정확히 찍을 수 있도록 할 것이다. 레이저 포인터가 철핀이 찍히는 자리를 정확히 가리키는 스테이플러 개량품을 발명해 볼 것이다.

발명품 설명

① 스테이플러의 윗덮개에 버튼을 장치하고 윗덮개를 누르면 버튼이 눌러지면서 아랫몸체의 한 점에서 작은 레이저포인터가 작동이 되어 찍을 곳을 정확하게 비추게 한다.

② 윗덮개의 버튼는 스위치이므로 압력을 계산하여 윗덮개가 눌러지기 시작할 때 스위치가 닫혀져 빛이 들어오게 한다.

③ 아랫몸체에는 작은 구멍을 내고 함몰식으로 레이저포인터를 설치하고 겉에서 보이지 않게 스위치와 연결한다.

④ 종이에 비쳐지는 빛의 모양은 종이에 박혔을 때의 철핀의 모양으로 철핀이 박히는 곳과 일치하게 한다.

발명품 제작 과정 (예시)

p.195

준비물

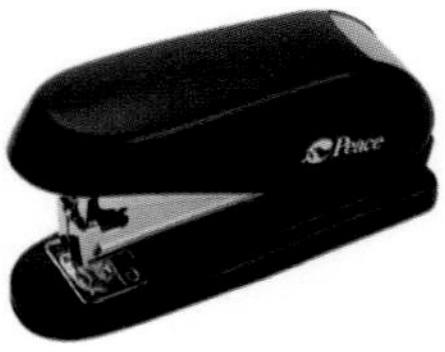

① 스테이플러

② 누름단추식 스위치

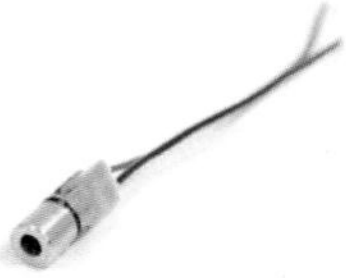

③ 레이저포인터 모듈

④ 얇은 와이어

⑤ 버튼

⑥ 납땜 기구

⑦ 와이어 폴더

⑧ 와이어 스트리퍼

⑨ 전기 드릴

⑩ 글루건

제작 과정

① 스테이플러의 윗덮개의 보호커버 앞부분에 누름단추식 스위치가 들어가도록 전기드릴로 구멍을 뚫는다.

② 스테이플러의 아랫몸체에 구멍을 뚫되, 철핀의 이동이 방해를 받지 않도록 정중앙에 구멍을 뚫는다.

③ 클린처와 종이가 있을 때 레이저포인터가 가리키는 곳과의 평균 오차를 계산한다.

④ 아랫몸체 구멍에 레이저포인터를 글루건으로 고정하되 레이저포인터가 가리키는 곳이 ③에서 계산한 오차를 감안한 곳이 되도록 정확히 고정한다.

⑤ 윗덮개에 누름단추식 스위치를 납땜으로 단단히 고정하고 누르기 쉽게 버튼을 부착한다.

⑥ 바깥에서 안보이게 가는 전선으로 몸체를 통해서 레이저포인터와 스위치를 연결한다.

⑦ 스테이플러의 밑판에 종이를 넣고 윗덮개를 눌러 레이저포인터의 빛이 찍을 곳을 정확히 비추는지 확인한 다음 종이를 찍어본다.

⑧ 찍히는 곳을 레이저포인터의 빛이 정확하게 가리키지 않으면 레이저 포인터를 떼어내어 보정한다.

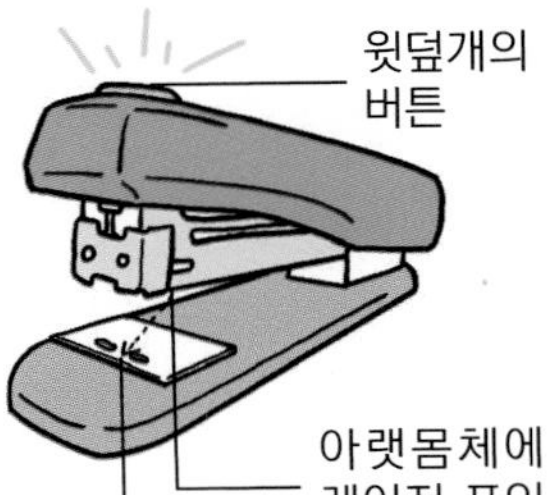

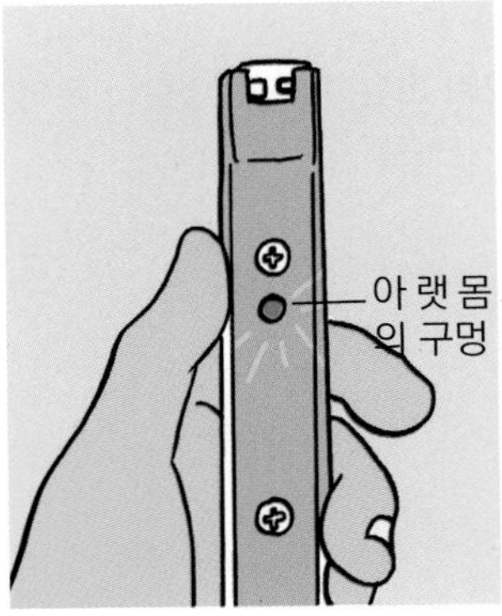

발명품의 효과, 활용성과 전망

① 철핀이 찍히는 곳을 확인하느라 신경쓰지 않아도 된다.

② 철핀이 잘못 찍혀 다시 빼서 찍는 수고가 줄어든다.

③ 빛이 나와서 찍는 곳을 가리키는 기능을 장착하면 제품이 고급스러워 보이고 제품가치가 상승한다.

④ 밤에 불이 나갔을 때도 스테이플러로 정확하게 종이를 찍을 수 있다.

주제2 맛있는 길러 먹는 감자

p.196

Q1 (예시 답안)

농업시험장에서 본 적이 있다. 수경재배는 식물이 크는데 필요한 여러 가지 영양분을 물에 녹여(크롭액) 식물에게 공급하는 방식이었다. 흙을 사용하지 않기 때문에 토양전염성 병해를 예방하고 양수분에 의한 생육 조절을 쉽게 할 수 있고, 날씨나 계절의 변화, 온도, 습도, 햇빛 등 외부 환경에 관계없이 1년 365일 신선한 채소를 키울 수 있으며, 작물이 뿌리를 통해 토양 속 영양분을 흡수하는 것보다 물을 흡수하면서 영양분도 함께 흡수하기 때문에 생육이 빠르고, 토양 재배가 불가능한 지역에서도 재배가 가능하다.

집중 탐구 문제

p.199

01 정답 : ②

감자는 줄기의 일종인 덩이줄기이다. 감자도 꽃이 피고, 열매도 있으나 독이 있어 먹으면 안된다.

02 정답 : ⑤

① 장미나 선인장의 가시는 잎이 변형된 것이다.

② 완두나 포도의 덩굴손은 잎이 변형된 것이다.

③ 감자는 덩이줄기이지만 고구마는 뿌리이다.

④ 나팔꽃의 줄기는 감는줄기이나 양파는 저장줄기인 비늘줄기이다.

⑤ 선인장의 몸체는 물을 저장하는 저장줄기이고, 감자는 덩이줄기로서 영양분을 저장하는 저장줄기이다.

03 정답 : BDCA 물의 흐름 : A→C→D→B

뿌리는 식물의 생장에 필요한 물과 무기양분을 흡수하는데, 삼투압의 원리로 흡수하며 이 삼투압은 뿌리압으로 나타나게 된다. 삼투압은 용질을 녹인 용매가 농도가 낮은 곳에서 높은 곳으로 이동하여 평형을 이루려는 현상을 말한다. 물은 이러한 삼투현상에 의해 농도가 가장 낮은 흙 속에서 농도가 가장 높은 물관으로 이동한다.

04

① 감자가 햇볕에 노출되면 녹색으로 변하며 감자싹이 나오는데 이때 솔라닌이라는 독성물질이 나온다. 솔라닌을 그냥 먹으면 위장병, 신경병이 나타나게 된다.

② 감자는 저온성 작물로 14~23℃ 에서 잘 자라고, 적당한 수분이 필요하므로 흙 속에서 재배해야 한다. 수분이 너무 과하면 썩어서 재배할 수 없다.

05 정답 : ⑤

식물을 완전 배양액(물+무기양분)과 특정 원소가 결핍된 배양액(물+무기양분)에서 각각 식물을 재배하는 방법이 수경재배인데, 생장 결과를 비교하여 특정 원소의 기능, 결핍증을 알 수 있다. 감자의 경우 씨감자를 생산할 때 이 방법이 유용하다.

발명 아이디어 정리

p.200

Q1 (예시 답안) - 각자 자유롭게 적어 보자.

· 감자는 뿌리가 아니라 줄기였다는 것이 놀랍다. 양파처럼 영양분을 저장하는 저장줄기이다.

· 감자를 재배할 때 햇빛에 노출시키면 안된다. 솔라닌이라는 독소가 나오기 때문인데, 솔라닌은 싹을 보호하는 역할을 한다.

· 식물을 땅에 심지 않고 재배하는 방법도 있을 법하다.

· 감자를 수경재배하면 계속 감자를 얻을 수 있을까?

· 감자는 줄기이므로 싹이 트기 쉬울 것 같다.

· 감자는 척박한 환경에서도 잘 자라고 찌거나 삶으면 맛도 좋으므로 조상들이 많이 먹었을 것 같다.

Q2 (예시 답안) - 각자 자유롭게 아이디어를 떠올려 보자.

방법1) 감자를 돌이 담긴 화분에 심고 적절하게 무기양분이 섞인 물을 주면 감자는 잘 자라므로 계속 수확할 수 있을 것 같다. 감자를 수확할 때에는 화분 옆면에 작은 문을 사방에 둬서 문을 열어서 수확한다.

방법2) 물속에서 감자를 재배할 수 있을 것 같다. 무기양분이 적절히 섞인 물이 들어있는 통에 감자를 심고 뚜껑을 통해서 감자잎이 나올 수 있도록 한다, 감자를 수확할 때에는 뚜껑을 열어서 수확한다.

Q3 (예시 답안)

방법1 처럼 감자를 돌이나 흙이 담긴 화분에 심고 재배하는 방법이다. 감자를 고정해야 하고 무기양분이 섞인 물을 제때에 공급해 줘야 한다. 화분에는 사방에 작은 문을 설치하고 감자를 수확할 때 열 수 있게 한다.

Q4 (예시 답안) - 각자 그림으로 나타내 보자.

Q5 (예시 답안) - 각자 문제점을 서술해 보자.

문제점1. 문을 열고 감자를 수확할 때 햇빛이 비추면 감자가 파란색으로 변할 수 있다. 따라서 수확할 때는 햇빛을 차단해야 한다.

문제점2. 물을 주고 물이 빠지지 않으면 감자가 썩을 수도 있으므로 배수가 잘 되도록 만들어야 한다. 수확하기 위해서 기간이 어느 정도 필요할 지 실험을 해 볼 필요가 있다.

발명계획서 작성해 보기 (예시)

p.202

발명 주제

감자를 계속 키우면서 수확하는 장치 만들기

발명 동기 및 목적

발명 동기 : 맛있게 찐 감자를 먹다가 감자를 캐고 남아 버려지는 감자 식물이 아깝다는 생각이 들었다. 만약 감자를 기르면서 계속 캐먹을 수 있다면 얼마나 좋을까라고 생각을 했다. 그러면 버려지는 감자 식물도 없을 것이고, 매번 사서 먹는 불편도 없을 것이다. 감자를 통제 가능한 화분에 키우면 어떨까라는 생각도 했다.

발명 목적 : 감자식물을 죽이지 않고 계속 감자를 수확할 수 있는 장치를 만들 것이다.

발명품 설명

① 화분의 크기는 직경 30cm, 높이 30cm 정도이고, 사방으로 문을 내서 안에서 자란 감자를 꺼낸 후 밀폐시킬 수 있다.

② 감자나무는 화분 안에서 계속 자라게 되고 잎은 화분 밖으로 나오게 된다. 무기양분이 적절하게 포함된 물을 주면 감자가 작은 자갈 사이에서 먹을 만하게 커진다.

③ 화분에는 너무 많은 물을 주지 않아야 하며, 14~23℃의 기온을 유지해야 한다. 물을 많이 주면 감자가 썩을 우려가 있다.

④ 화분 밑면은 구멍을 뚫어 물이 잘 빠질 수 있도록 한다.

⑤ 화분에 심어진 감자나무는 화분과 고정되어 기울어지지 않는다.

⑥ 감자가 먹을 만하게 커지면 문을 열어 감자를 따내고 자갈을 잘 다져 놓는다.

발명품 제작 과정 (예시)

p.203

준비물

① 도자기 화분(직경30cm, 높이 30cm) ② 얇은 알루미늄판 또는 아연판 15×15cm 4장

③ 얇은 철판 200cm(길이)×5cm(폭) ④ 납땜용구 ⑤ 드릴 ⑥ 드라이버 ⑦ 씨감자

⑧ 어항용 자갈 10kg ⑨ 크롬액 ⑩ 물 ⑪ 작은 경첩 8개

제작 과정

① 직경 30cm, 높이 30cm의 원기둥 모양의 화분을 준비한다.

② 화분의 허리춤에 약 10cm 간격으로 얇은 철판 띠를 둘러 납땜하여 고정시킨다.

③ 화분의 옆면에 철판 띠 사이로 사방으로 폭 15cm의 문을 만들기 위해 화분의 사방을 드릴로 뚫고 사각형 모양으로 마감처리 한다.

④ 화분을 뚫은 4곳에 문을 만들기 위해 드릴로 상하 두 철판 띠에 구멍을 뚫고 경첩을 나사 등으로 고정시킨 다음 준비한 얇은 알루미늄판 또는 아연판을 문 모양으로 만들어 4곳에 각각 붙인다.

⑤ 화분 밑면은 작은 구멍을 뚫어 물이 잘 빠질 수 있도록 한다.

⑥ 화분에 작은 자갈을 2/3 정도 넣는다.

⑦ 감자를 화분에 심고 무기양분이 든 물을 지속적으로 뿌려주어 감자나무가 잘 자랄 수 있도록 한다.

⑧ 감자나무가 충분히 자라면 잎이 화분 위로 올라올 것이고 그때 감자나무 줄기가 기울어지지 않도록 철판 띠로 구조물을 만들어 화분에 고정시킨다.

⑨ 자갈 사이에 감자가 자라서 충분히 먹을만하게 커지면 수확하고 또다른 감자가 충분히 커지도록 물을 주며 기다린다.

발명품의 효과, 활용성과 전망

① 집안에서 물을 주어 화초처럼 감자나무를 기를 수 있다.

② 감자를 지속적으로 재배해서 수확할 수 있다.

③ 감자 키우는 새로운 방법으로 특허 취득이 가능하며, 다른 사람들도 쉽게 따라할 수 있다.

④ 감자 외에 다른 작물도 같거나 비슷한 방법으로 재배가 가능하다.

주제3 침대에서도 불을 끄고 싶어!

p.204

Q1 (예시 답안)

전등 스위치가 멀리 있어서 불을 끄는 것을 깜박하고 그냥 잠든 적이 많다. 가까운 곳에 전등 스위치가 있다면 전등을 끄고 잠들지 않았을 것이다. 그래서 부모님에게 에너지를 아끼라고 말을 들은 적도 있다.
또 전등 스위치가 멀리 있어서 불을 켜지 않고 물을 찾다가 실수하고 물을 쏟은 적도 있다.

Q2

물의 높이 차가 크면 물의 흐름이 세진다. 이때 물의 높이를 '흐른다'라고 하지 않는다. 물의 높이 차는 전기회로에 있어서 전위차(전압)에 비유할 수 있고, 물의 높이 차에 의해서 한 곳에서 다른 곳으로 물이 흐르듯이 전위차(전압)에 의해서 한 곳에서 다른 곳으로 전류가 흐르는 것이다.

집중 탐구 문제

p.207

01 정답 : ⑤

① ㉠ 은 원자핵이 아니라 자유롭게 이동하고 있는 자유전자이다.
② ㉡ 은 고정되어 있는 원자핵이다.
③ 전류가 흐르는 방향은 전자의 이동 방향과 반대 방향인 B→A이다. 전자는 (−)전기를 띠고 있기 때문이다.
④ 도선에는 전자가 한쪽 방향으로 이동하고 있으므로 전류가 흐르고 있는 상태이다.
⑤ 전류의 방향은 (+) 전기의 흐름으로 전자의 이동 방향과 반대이다.

02 정답 : ③

그림의 전기 회로처럼 전지 − 전류계 − 스위치 − 전지 가 차례대로 연결된 전기회로도는 ③ 이다.

03 정답 : 아래 그림과 같다. 저항과 전압계는 병렬로 연결되어 있는 것에 주의하자.

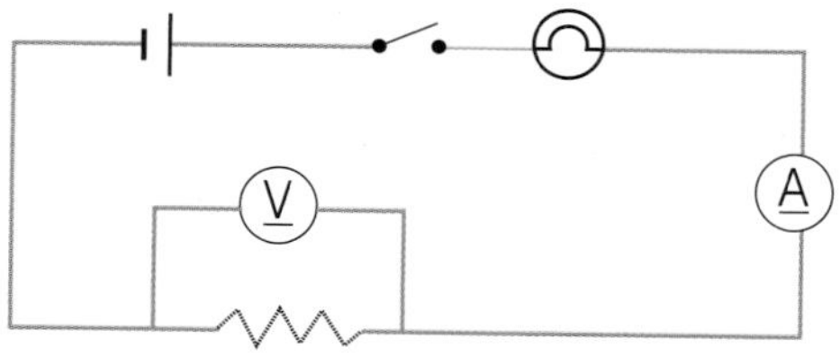

04 정답 : 20 V

옴의 법칙 $V = I \times R$ 이다. 전압은 전류×저항이고, 회로에서 저항 R 을 흐르는 전류는 2 A 이고, 저항에는 20 V 의 전압이 걸리므로 전지의 전압도 20 V 임을 알 수 있다.

발명 아이디어 정리

p.208

Q1 (예시 답안) - 각자 자유롭게 적어 보자.

· 전류는 물의 흐름과 비유되고, 전압은 물의 높이차와 비유된다고 했을 때 저항은 무엇과 비유될 수 있을까?

· 전구도 저항이라고 했으니 저항에서는 에너지가 발생하는 것이니까 수압을 이용해 에너지를 발생시키는 장치와 비유될 수 있는 것이 저항일거야.

· 어떻게 스위치를 두 곳에 설치해서 한 전등을 켜고 끌 수 있을까? 한 스위치가 전등을 끄면 다른 곳의 스위치로 전등을 켠다?

· 전기 회로가 복잡해지면 옴의 법칙을 어떻게 사용하는 것일까?

Q2 (예시 답안) - 각자 자유롭게 아이디어를 떠올려 고안해 보자.

방법1) 한 쪽 스위치를 켜면 다른 곳의 스위치와 관계없이 전구에 전기가 통해야 한다.

방법2) 전구가 켜져 있을 때 아무 쪽이나 스위치를 열면 전구에 전기가 통하지 않아야 한다.

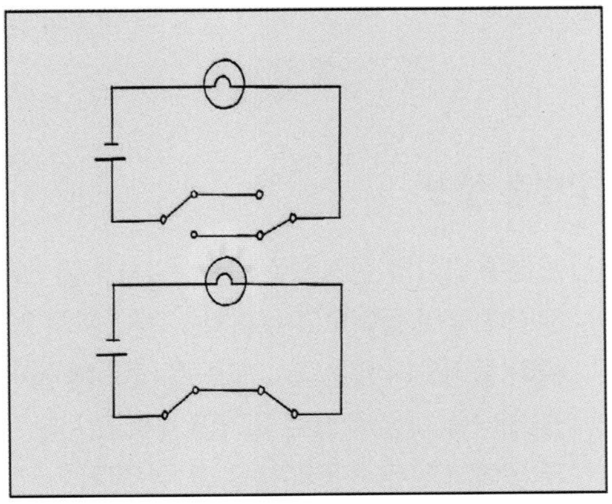

Q3 (예시 답안)

방의 모양을 그리고 스위치, 침대, 문, 전등을 자유롭게 배치하여 침대와 방문에서 동시에 스위치가 작동되도록 해보자.

Q4 (예시 답안) - 각자 문제점을 서술해 보자.

문제점1. 전선이 벽이나 천장에 노출되면 지저분하게 보이므로 전선을 보이지 않게 설치해야 한다.

문제점2. 기존에 있던 스위치를 사용하려면 먼저 방안의 전기회로도를 알아야 한다.

문제점3. 새로운 전선과 스위치를 구입할 때 규격에 맞는 것을 선택하여 구입해야 한다.

발명계획서 작성해 보기 (예시)

p.210

발명 주제

방의 전등을 방문과 침대에서 동시에 켜고 끌 수 있도록 하기

발명 동기 및 목적

발명 동기 : 침대에서 불을 끄기가 귀찮아 불을 켜고 잔 적이 있고, 부모님이 불 끄고 자라고 말씀을 하신 적도 있다. 방문앞까지 가서 불을 켜기 싫어서 물을 마실 때 흘린 적도 있다. 이번 기회에 방문과 침대에서 동시에 전등을 켜고 끌 수 있도록 해 보기로 했다.

발명 목적 : 방의 전등이 켜져 있을 때 방문과 침대에서 어디서든 끌 수 있고, 전등이 꺼져 있을 때 두 군데 어디서든 켤 수 있는 장치를 고안할 것이다.

발명품 설명

① 오른쪽 그림의 전기회로도는 스위치 1 과 스위치 2 가 두 전선의 같은 쪽에 연결되면 전구에 불이 들어오고 스위치 1 과 스위치 2가 두 전선의 다른 쪽에 연결되면 전지에 불이 들어오지 않는다. 그러므로 전등에 불이 켜져 있을 때 스위치 1 이나 스위치 2 중 하나를 다른 쪽으로 옮기면 불이 꺼지며, 전등의 불이 꺼져 있을 때도 마찬가지로 두 곳에서 모두 전등의 불을 끌 수 있다.

② 만약 방의 전등과 전원을 오른쪽 그림의 전기 회로도와 같이 연결하고, 스위치 1 을 침대에 스위치 2 를 방문에 설치한다면 두 곳에서 전등을 켜고 끌 수가 있다.

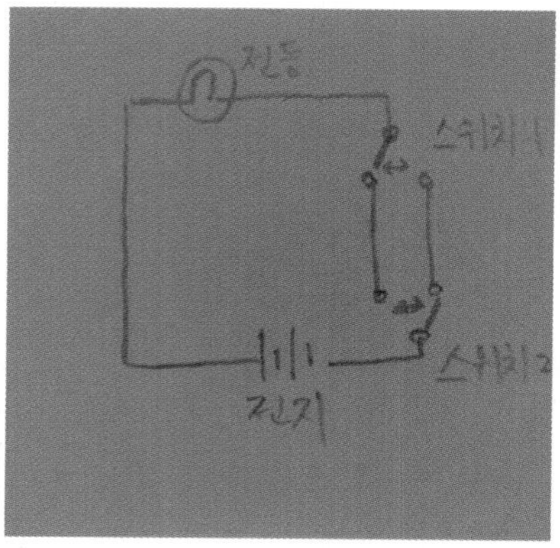

발명품 제작 과정 (예시)

p.211

준비물

① 전선 (방에 사용된 같은 굵기의 전선) 20 m ② 와이어스트리퍼 ③ 텀블러스위치(220V) 2개
④ 드라이버 ⑤ 드릴 ⑥ 나사못 ⑦ 몰딩(전선가림) 1m 5개

제작 과정

① 방문과 침대에 텀블러스위치를 노출식으로 설치한다.
② 전기를 차단하고 방으로 들어오는 전선 2가닥을 분리하여 각각을 회로도와 같이 연결한다.
③ 전기 차단을 해제하고 텀블러스위치를 작동하여 방문과 침대에서 각각 전등이 켜지고 꺼지는지 확인한다.
④ 몰딩으로 전선을 보이지 않게 마감 처리한다.

발명품의 효과, 활용성과 전망

① 침대에서 전등을 끄거나 켜기 위해 방문까지 가지 않아도 된다.
② 전등을 쉽게 끄거나 켤 수 있으므로 전등을 켜고 자는 등의 에너지 낭비 행동이 줄어든다.
③ 집안의 다른 곳이나 건물 등에서도 활용하면 에너지를 절약하는 한 방법이 될 것이다.

무한상상

창의력과학 세페이드 시리즈 – 창의력과학의 결정판, 단계별 영재 대비서

1F 중등 기초
물리(상,하), 화학(상,하)

2F 중등 완성
물리(상,하), 화학(상,하),
생명과학(상,하), 지구과학(상,하)

3F 고등 I 물리(상,하), 물리 영재편(상,하), 화학(상,하), 생명과학(상,하), 지구과학(상,하)

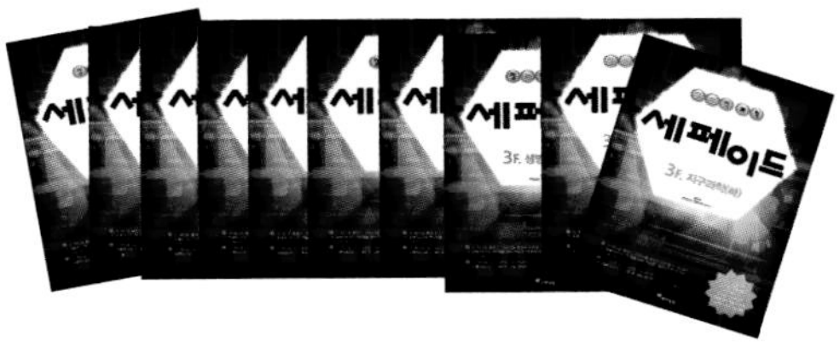

4F 고등 II
물리(상,하), 화학(상,하), 생명과학 (영재편,심화편), 지구과학(상,하)

5F 영재과학고 대비 파이널
(물리, 화학)/
(생물, 지구과학)

세페이드 모의고사

세페이드 고등 통합과학

창의력과학 아이앤아이 시리즈 – 특목고, 영재교육원 대비 종합서

창의력 과학 아이앤아이 *I&I* 중등
물리(상,하)/화학(상,하)/
생명과학(상,하)/지구과학(상,하)

창의력 과학 아이앤아이 *I&I* 초등 3~6

영재교육원 수학과학 종합대비서
아이앤아이 꾸러미

아이앤아이 영재교육원 대비
꾸러미 120제 (수학 과학)

아이앤아이 영재교육원 대비
꾸러미 48제 모의고사 (수학 과학)

아이앤아이 꾸러미 과학대회 (초등/중고등)

i&i 아이앤아이 꾸러미 과학대회

과학토론대회 과학탐구산출물대회 발명품대회

Ⅰ. 각종 과학대회를 해부하였습니다. 참가하고 싶은 대회를 선별하세요.
Ⅱ. 과학토론대회 준비를 실전처럼 할 수 있습니다.
Ⅲ. 과학탐구 산출물대회를 스스로 준비할 수 있게 연습합니다.
Ⅳ. 발명품대회에 직접 참가할 수 있게 연습합니다.
Ⅴ. 또래들이 직접 작성하여 입상한 작품을 해설편에서 만날 수 있습니다.
Ⅵ. 본문과 해설은 실제로 지도한 내용를 바탕으로 정밀하게 작성되었습니다.
Ⅶ. 과학논술 /서술 연습을 하면서 창의적 문제해결력을 극대화시킬 수 있습니다.

아이앤아이

누구나 마음속에

고래 한 마리가 살지

가끔은

마음 속에 살고 있는 고래를 위해서

밤 하늘의 별들을 바라보렴-

무한상상

http://cafe.naver.com/creativeini